四轴飞行器 DIY
——基于 STM32 微控制器

吴　勇　罗国富　刘旭辉
周定江　肖　松　杨松和　编著

北京航空航天大学出版社

内容简介

本书主要讲述如何自己动手制作(DIY)一个微型多旋翼飞行器。书中内容主要分四篇：第一篇主要介绍飞行器的相关基础知识，让读者对多旋翼飞行器有个感性的认知；第二篇重点介绍飞行器的硬件平台，包括模块详细解说、实物组装、固件下载方法和飞行器的操作说明等；第三篇重点介绍飞行器的软件开发环境、软件各个功能部分的讲解和各个模块部分的连接、飞控系统的核心算法等；第四篇介绍多旋翼飞行器的拓展，控制操作入门和技巧，以及其在不同行业的应用。

本书配套资料里面包含了微型多旋翼飞行器的代码，同时也包含遥控器代码。这些代码均有详细的注释，读者可参考它设计自己的固件，亦可通过书中介绍的方法，将编译后的代码下载到飞行器和遥控器中来体验飞行。

本书主要针对未入门而有强烈意愿 DIY 的飞行器爱好者和即将参加赛事的大学生朋友，引导他们着手进行设计；也可供初中生和高中生课外阅读，以培养兴趣和提高动手能力。

图书在版编目(CIP)数据

四轴飞行器 DIY：基于 STM32 微控制器 / 吴勇等编著
.-- 北京 ：北京航空航天大学出版社，2016.1
ISBN 978-7-5124-1983-4

Ⅰ.①四… Ⅱ.①吴… Ⅲ.①旋翼机—飞行控制
Ⅳ.①V275②V249.1

中国版本图书馆 CIP 数据核字(2015)第 300906 号

四轴飞行器 DIY——基于 STM32 微控制器

吴 勇 罗国富 刘旭辉 周定江 肖 松 杨松和 编著
责任编辑 冯 颖
*
北京航空航天大学出版社出版发行
北京市海淀区学院路 37 号(邮编 100191) http://www.buaapress.com.cn
发行部电话：(010)82317024 传真：(010)82328026
读者信箱：emsbook@buaacm.com.cn 邮购电话：(010)82316936
艺堂印刷（天津）有限公司印装 各地书店经销
*
开本：710×1 000 1/16 印张：17.25 字数：388 千字
2016 年 2 月第 1 版 2019 年 1 月第 4 次印刷 印数：10 001～14 000 册
ISBN 978-7-5124-1983-4 定价：39.00 元

前　言

从开始做微型多旋翼飞行器以来，我经常和一大批有着同样爱好的朋友们互相交流，他们走着我曾经走过的路，也经历着我所经历过的坎坷。无论我在何坛何群，总有朋友追问着很多重复的问题，未能全部一一解答很是抱歉。也正是因为如此，一直以来都想写点东西给他们，但因时间和精力所限都没能让我提笔。终于，北京航空航天大学出版社给了我这次机会，我甚是激动并深表感谢，于是抛开所有阻扰开启了这段思想旅程……

每当在论坛分享我的成果时，总能得到满满的支持，这也是我能排除万难一直坚持到现在的动力。而我唯一能回馈他们的就是分享我的经验使他们不再经历我的痛楚。所以在开启本书时，一段电影似的回忆会进入你的脑海，那是我与微型多旋翼飞行器从认识到熟知再到成为我生命中一部分的历程，犹如一对恋人从相识到相知再到相恋。

硬件设计方面，刚接触的朋友们总有很多不明白的地方，故我在书中对常常被提及的问题做了说明。这不仅仅需要理论知识的支持，更多的是需要理论与实践的有机结合，它是靠实际经验做依托的。比如在群里，多次有人问到数字电源地与模拟电源地为何隔离的问题，为了让朋友们更好地理解，我在书中用到了形象比喻，虽说不一定准确，但相信能对大家有所帮助。

在设计飞行器时，难点之一是硬件方面的设计，更多的难点无疑都指向数据融合和各种算法。网上的资料对此都是泛泛而谈，很少有一些更为具体的应用，想深入涉足飞行器的朋友常常望洋兴叹。为此，我们团队从最基本的开始，对各个模块逐一讲解说明，带领大家一起 DIY 属于自己的多旋翼飞行器。

本书由烈火团队成员共同编著，感谢好兄弟罗国富、刘旭辉、周定江、肖松、杨松和。因为共同的爱好，我们聚集在一起，有的是国内知名企业资深工程师，有的是拿到硕士学位的华为资深工程师，有的是远在美国留学、常年研究飞行器算法的博士，有的是国内知名企业的 CEO。本书的成功出版自然少不了各位兄弟的监督和助阵，没有他们也就不可能有这本书。同时也要感谢我的爱人，没有她的支持和鼓励，也不会有我的今天。

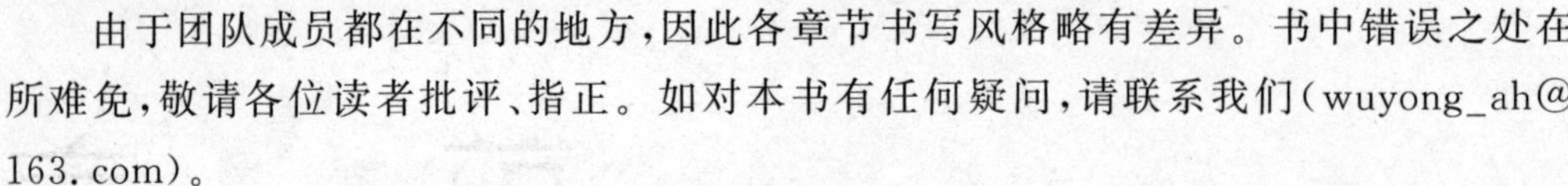

由于团队成员都在不同的地方,因此各章节书写风格略有差异。书中错误之处在所难免,敬请各位读者批评、指正。如对本书有任何疑问,请联系我们(wuyong_ah@163.com)。

关于本书配套资料:

读者可以从 http://pan.baidu.com/s/1o7sVC8a 免费下载,密码:bpcd;也可以从北京航空航天大学出版社网站(http://www.buaapress.com.cn/)的"下载专区"下载。

套件购买链接:http://fire-dragon.taobao.com。

作　者

2016 年 1 月

目 录

第一篇 基础篇

第 1 章 多旋翼飞行器的起源与发展 …… 2

第 2 章 多旋翼飞行器的工作原理和组成 …… 8

2.1 多旋翼飞行器的工作原理 …… 8

2.2 多旋翼飞行器的基本组成 …… 10

2.2.1 电 机 …… 10

2.2.2 电 调 …… 11

2.2.3 正反桨 …… 12

2.2.4 电 池 …… 13

2.2.5 机 架 …… 14

2.2.6 遥控器 …… 15

2.2.7 飞 控 …… 16

第 3 章 烈火微型四旋翼飞行器介绍 …… 18

3.1 初识四轴飞行器 …… 18

3.2 折腾的开始 …… 24

3.3 顺利起飞 …… 25

3.4 进 阶 …… 27

3.5 微型飞行器 …… 40

第二篇 硬件篇

第 4 章 烈火飞行器硬件平台 …… 44

4.1 烈火飞行器硬件资源介绍 …… 44

4.2 烈火飞行器原理图解读 …… 49

第 5 章 DIY 遥控器硬件平台 …… 55

5.1 DIY 遥控器硬件资源介绍 …… 55

5.2 DIY 遥控器原理图解读 …… 56

第 6 章 烈火飞行器的硬件实物与组装 …… 59

6.1 飞行器的组装 …… 60

6.2 遥控器的组装 …… 67

第 7 章　烈火飞行器固件下载和使用说明 …… 71
7.1　SWD 模式 …… 71
7.2　串口 ISP 模式 …… 74
7.3　烈火飞行器操作说明 …… 77
7.3.1　摇杆对中及传感器校正 …… 78
7.3.2　开机顺序 …… 78
7.3.3　微调旋钮 …… 79
7.3.4　关机顺序 …… 79
7.3.5　锁尾模式 …… 79
7.3.6　LED 开关 …… 79
7.3.7　电池电量检测 …… 79
7.3.8　电池充电 …… 79

第三篇　软件篇

第 8 章　开发环境之 RVMDK …… 82
8.1　新建工程指导 …… 82
8.2　开发环境介绍 …… 91
8.2.1　开发周期 …… 93
8.2.2　μVision5 集成开发环境 …… 94
8.3　下载与调试 …… 94
第 9 章　STM32 交叉编译环境 Eclipse …… 98
9.1　ARM 嵌入式交叉编译工具链 …… 98
9.2　Cygwin 工具安装 …… 99
9.3　JRE + Eclipse 安装 …… 107
第 10 章　软件设计之各功能模块实验 …… 112
10.1　STM32 时钟 …… 112
10.2　LED 指示灯实验 …… 120
10.3　STM32 的 USART 实验 …… 125
10.3.1　相关介绍 …… 125
10.3.2　程序讲解 …… 126
10.4　STM32 的 ADC 与 DMA 实验 …… 131
10.4.1　相关介绍 …… 131
10.4.2　用到的 GPIO …… 131
10.4.3　代码讲解 …… 132
10.5　STM32 的 PWM 驱动电机实验 …… 136
10.5.1　相关介绍 …… 136
10.5.2　用到的 GPIO …… 136

10.5.3 代码讲解 …… 137
10.6 STM32 与 MPU6050 I²C 通信实验 …… 140
10.6.1 MPU6050 介绍 …… 140
10.6.2 I²C 总线介绍 …… 148
10.6.3 模拟 I²C 驱动详解 …… 149
10.7 STM32 与 NRF24L01 SPI 通信实验 …… 158
10.7.1 SPI 总线相关介绍 …… 158
10.7.2 NRF24L01 介绍 …… 158
10.7.3 用到的 GPIO …… 165
10.7.4 程序详解 …… 166
第 11 章 飞行器的姿态解算 …… 174
11.1 姿态解算的意义 …… 174
11.2 飞行器姿态表示方法 …… 174
11.2.1 旋转矩阵和欧拉角、转轴-转角表示法 …… 174
11.2.2 四元数表示法 …… 176
11.2.3 四元数运动学方程 …… 178
11.3 互补滤波算法 …… 180
11.4 基于四元数的姿态解算互补滤波算法 …… 182
第 12 章 PID 算法在多旋翼飞行器上的应用 …… 186
12.1 PID 算法介绍 …… 186
12.1.1 反馈的基本概念 …… 187
12.1.2 历史及应用 …… 187
12.1.3 公式定义 …… 188
12.2 飞行器 PID 参数调试 …… 191
12.2.1 各方法的简介 …… 192
12.2.2 PID 调试软件 …… 193
12.2.3 PID 控制的限制 …… 194
12.2.4 PID 算法的修改 …… 194
12.2.5 串级 PID 控制器 …… 196
12.2.6 其他 PID 的形式及其表示法 …… 196
12.2.7 飞行器 PID 参数调试 …… 199
第 13 章 上位机功能介绍 …… 201
13.1 上位机环境 …… 201
13.2 上位机与飞行板的通信 …… 202
13.3 加速度计和陀螺仪的校准 …… 204
13.4 PID 参数的调试 …… 204
13.5 遥控器的数据监视 …… 204

第 14 章　飞行器的软件实现 …… 206
14.1　主函数 …… 206
14.2　主循环中运行频率为 1 000 Hz 的任务 …… 209
14.3　主循环中运行频率为 500 Hz 的任务 …… 217
14.4　主循环中运行频率为 250 Hz 的任务 …… 219
第 15 章　遥控器的软件实现 …… 222
15.1　遥控器的作用 …… 222
15.2　遥控器的初始化 …… 223
15.3　主循环中运行频率为 500 Hz 的任务 …… 225
15.4　主循环中运行频率为 100 Hz 的任务 …… 228
15.5　主循环中运行频率为 25 Hz 的任务 …… 229
15.6　主循环中运行频率为 4 Hz 的任务 …… 231
15.7　串口数据的处理 …… 233

第四篇　拓展篇

第 16 章　飞行器控制操作入门 …… 242
16.1　练习“对尾飞行” …… 242
16.2　练习“对头飞行” …… 245
16.3　练习飞航线 …… 245
第 17 章　微型四旋翼的航拍和 FPV …… 246
17.1　微型四旋翼的航拍 …… 246
17.2　微型四旋翼的 FPV …… 249
第 18 章　深入算法研究 …… 251
18.1　四轴飞行器动力学 …… 251
18.2　四轴飞行器的线性化控制方法 …… 253
18.3　卡尔曼滤波器介绍 …… 254
18.3.1　系统模型 …… 254
18.3.2　卡尔曼滤波方程 …… 255
18.3.3　卡尔曼滤波器在四轴飞行器上的应用 …… 255
第 19 章　多旋翼飞行器的应用 …… 258
19.1　在影视行业的应用 …… 258
19.2　在消防行业的应用 …… 259
19.3　在电力行业的应用 …… 260
19.4　在农业行业的应用 …… 261
19.5　在快递行业的应用 …… 261
19.6　在载人多旋翼飞行器 …… 262
参考文献 …… 265

第一篇　基础篇

本篇将与您一起认识与了解多旋翼飞行器的起源与发展、工作原理和基本组成，并对烈火微型四旋翼飞行器的成长历程进行介绍。

第1章 多旋翼飞行器的起源与发展

谈到无人机，就不得不先谈谈飞行器、固定翼、旋翼航空器、航模等话题。

先说飞行器，来自百度百科的定义如下："飞行器(flight vehicle)是由人类制造、能飞离地面、在空间飞行并由人来控制的在大气层内或大气层外空间(太空)飞行的机械飞行物。在大气层内飞行的称为航空器，在太空飞行的称为航天器。"有点高大上呀，但这就是人类给出的定义，如果我是一只鸟，恐怕定义应该改成如何让自己长出一双更加强壮的翅膀吧。

飞行器一般分为5类:航空器、航天器、火箭、导弹和制导武器。

在大气层内飞行的飞行器称为航空器，如气球、滑翔机、飞艇、飞机、直升机等。它们靠空气的静浮力或空气相对运动产生的空气动力升空飞行。

在大气层外空间飞行的飞行器称为航天器，如人造地球卫星、载人飞船、空间探测器、航天飞机等。它们在运载火箭的推动下获得必要的速度进入太空，然后在引力作用下完成轨道运动。

火箭是以火箭发动机为动力的飞行器，可以在大气层内飞行，也可以在大气层外飞行。

导弹是装有战斗部的可控制的火箭，有主要在大气层外飞行的弹道导弹和装有翼面在大气层内飞行的地空导弹、巡航导弹等。

制导武器是能够按照一定规律进行的、在大气中飞行的高命中率武器，如末敏弹、制导炮弹等。

如果要按归属分类的话，我们要说的无人机应暂时归属到航空器这个类别，但是未来不排除划分为航天器的可能性，毕竟未来是太空的时代。

按飞行平台结构分类，通常我们把飞行器分为3类:固定翼、直升机、多旋翼。

固定翼飞行器:顾名思义就是"翅膀"形状固定、靠流过机翼的风提供升力的飞行器。动力系统包括桨和助推发动机。固定翼根据机翼尺寸的不同还有很多小的分类，在此不细说。固定翼飞行器的优点是在3类飞行器里，其续航时间最长，飞行效率最高，载荷最大;缺点是起飞的时候必须要助跑，降落的时候必须要滑行。平时大家乘坐的客机波音747、空客A380，还有F-16、歼-15之类的都是固定翼飞机。图1-1所示为固定翼飞行器。

图 1-1　固定翼飞行器

说到航空器，就不得不说旋翼航空器。

旋翼航空器(rotary wing aircraft)是一种机身密度大于空气的航空器，其在空中飞行的升力由一个或多个旋翼与空气进行相对运动产生的反作用力获得，与固定翼飞机为相对的关系。现代旋翼机通常包括直升机、旋翼机和旋翼式螺旋桨飞机 3 种类型。旋翼航空器因为其名称常与旋翼机混淆，实际上旋翼机全称为自转旋翼机，是旋翼航空器下属的一种。

所以，我们又不得不说说自转旋翼机。

自转旋翼机(autogyro 或 gyroplane)简称自旋翼机或者旋翼机，实物如图 1-2 所示。自转旋翼机是旋翼航空器的一种，介于飞机和直升机之间。旋翼机大多以尾桨提供动力前进，用尾舵控制方向。它的旋翼没有动力装置驱动，仅依靠前进时的相对气流吹动旋翼自转以产生升力。旋翼机不能垂直上升或悬停，必须像飞机一样滑跑加速才能起飞，但可实现近乎零距离起落。旋翼机的结构相对简单，安全性亦较好，一般用于旅游或体育活动。

旋翼机通常由发动机驱动的独立水平螺旋桨产生推进力升空和前进。正常飞行时旋翼机的旋翼被前进时的相对气流吹动而自旋，从而产生将机身维持在空中的升力。由于其外形像一个横放的风车，所以最初发明时也被称为风车飞机。这种航空器飞行时通常阻力比较大，速度较慢，但飞行安全性好，尺寸小，不会出现失速现象，出现空中发动机“停车”故障后可以自旋滑翔降落。这是旋翼航空器(包括直升机在内)独有的安全特性。

由于旋翼在飞行时无动力驱动，旋翼机无法像直升机一样垂直上升或悬停，而必须像固定翼飞机一样不断向前飞才能产生升力。虽然现在部分型号的旋翼机可以用离合器在起飞时供应动力给主旋翼(预旋)使其短暂变成直升机，但还是需要清空前方的障碍物，起飞之后依然靠空气作用力驱动。

图 1-2　自转旋翼机

说到现代社会应用最广泛的一种旋翼航空器，当之无愧的就是直升机了，所以下面我们再来说说直升机。来自维基百科的定义如下："直升机是一种由一个或多个水平旋转的旋翼提供上升力和推进力而进行飞行的航空器。"直升机具有大多数固定翼航空器所不具备的垂直升降、悬停、低速向前或向后飞行的特点。这些特点使得直升机在很多场合大显身手。

直升机与固定翼飞机相比，其缺点是速度低、油耗高、航程较短。

直升机实物如图 1-3 所示。

图 1-3　直升机

直升机按照旋翼的个数可以分成单旋翼和双旋翼。双旋翼在结构设计上较单旋翼更复杂，在电机技术没有成形的年代，发动机和变距结构是直升机设计的关键。而多旋翼的思路很早就有了，但是当时并没有足够的技术形成实际的飞行器。随着科技不断发展进步，尤其是 MEMS 技术的发展和电机技术的使用，多旋翼飞行器获得了越来越多的关注。

典型的多旋翼飞行器如图 1-4 所示。

图 1-4 多旋翼飞行器

多旋翼(multi-rotor)指 3 个或者更多个旋翼的直升机，能够垂直起降。但是通常只有直升机叫直升机，多旋翼就叫多旋翼，而不叫多旋翼直升机。四旋翼使用 quadrotor 一词。多旋翼机械结构非常简单，动力系统只需要电机直接连接螺旋桨就行。从图 1-3 和图 1-4 的对比，可以看出多旋翼要简单得多。多旋翼的优点是机械简单，能垂直起降，缺点是续航时间短，载荷小。

四轴飞行器又称四旋翼、四转子，是一种多轴飞行器，有 4 个旋翼来悬停、维持姿态及平飞。和固定翼飞机不同，它通过旋翼提供的推力使飞机升空。它的四个旋翼大小相同，分布位置接近对称。对于简单的设计来说，仅仅通过调整不同旋翼之间的相对速度来调节不同位置的推力，并克服每个旋翼之间的反扭力矩，就可以控制飞机维持姿态或完成各种机动飞行。这一点和直升机不同，常见的直升机有两个旋翼，尾桨只起到抵消主旋翼产生的扭矩和控制飞机偏航运动的作用。

资料记载，最早的多旋翼应该是 1923 年美国制造的四轴飞行器“飞行章鱼”(flying octopus)，实物如图 1-5 所示。

图 1-5 “飞行章鱼”

“飞行章鱼”档案：

用途：实验的旋翼机；

制造商：乔治·德·波扎特；

设计师：乔治·德·波扎特，伊凡杰罗姆；

第一次飞行：1922 年 12 月 18 日；

退役时间：1924 年；

军事使用：美国陆军航空服务；

建造数量：1；

项目成本：200 000 美元。

乔治·德·波扎特是从俄罗斯逃到美国的难民，他于 1921 年收到美国陆军建造一架实验性直升机的合同并建立了一个工作室。德·波扎特的直升机是在 1922 年 12 月完成的。经过最初的地面测试后，德·波扎特的直升机于 1922 年 12 月 18 日完成首次飞行，并在接下来的一年里完成了上百次困难重重的飞行测试。

历史总是给我们实践的勇气和努力的方向，即便是最差最坏的教训也是我们继续努力的推动力。多旋翼的发展并没有因此停下脚步。

多旋翼的各个旋翼动作全部由人来控制，难度相对较高，最好有自动控制器来控制飞行器的姿态。对于自动控制器，固定翼的自动控制器比较好做，而直升机和多旋翼的自动控制器比较难做。让事情更加难办的是，飞行器自动控制器通常需要惯性导航系统获取自身的姿态，而在 20 世纪 90 年代之前，惯性导航系统一般是十几千克的大铁疙瘩。为了把这么重的东西放到一个多旋翼飞行器上，飞行器的载荷必须很大。可是人们发现，不管是用油还是用电来驱动多旋翼飞行器的动力系统，都很难得到足够的载荷。同时，因为固定翼和直升机已经足够实际使用了，所以没有人愿意多花工夫去研究多旋翼飞行器这个棘手的问题。很长一段时间里，只有美国一些研发性的项目做出了多旋翼飞行器的样机。

20 世纪 90 年代之后，随着微机电系统(MEMS)研究的成熟，几克重的 MEMS 惯性导航系统被制作了出来，使得多旋翼飞行器的自动控制器可以实现了。但是 MEMS

传感器数据噪声很大，不能直接读出来用，于是人们又花了若干年的时间研究 MEMS 去噪声的各种数学算法。这些算法以及自动控制器本身通常需要速度比较快的单片机来运行，于是人们等待速度比较快的单片机诞生，然后又花了若干年的时间理解多旋翼飞行器的非线性系统结构，给它建模、设计并实现控制算法。

因此，直到 2005 年左右，真正稳定的多旋翼无人机自动控制器才被制作出来。之前一直被各种技术瓶颈限制的多旋翼飞行器系统突然出现在人们的视野中，大家惊奇地发现居然有这样一种小巧、稳定、可垂直起降、机械结构简单的飞行器存在。一时间研究者趋之若骛，纷纷开始多旋翼飞行器的研发和使用。

四旋翼飞行器是多旋翼飞行器中最简单、最流行的一种。如上所述，最初的一段时间主要是学术研究人员研究四旋翼。四旋翼飞行器最早出现在公众视野可能要追溯到 2009 年的著名印度电影《三傻大闹宝莱坞》。2010 年，法国 Parrot 公司发布了世界上首款流行的四旋翼飞行器 AR. Drone。作为一个高科技玩具，它的性能非常优秀：轻便、灵活、安全、控制简单，还能通过传感器悬停，用 WiFi 传送相机图像到手机上。

AR. Drone 的流行让四旋翼飞行器开始广泛进入人类社会。在玩具这个尺寸上，多旋翼飞行器的优势就显示出来了，同尺寸的固定翼基本飞不起来，而同尺寸的直升机因为机械结构复杂，根本无法低成本地制作出性能稳定的产品。

2012 年 2 月，宾夕法尼亚大学的 Vijay Kumar 教授在 TED 上做出了四旋翼飞行器发展历史上里程碑式的演讲。这一场充满数学公式的演讲大受欢迎，迄今已经有三百多万人次观看，是 TED 成百上千场演讲中浏览量最高的演讲之一。

自此之后，四旋翼飞行器受到的关注度迅速提升，成为了新的商业焦点。

“人类对飞行的梦想是与生俱来的。”人们的创意在一两年内被四旋翼点燃起来，当人们更加了解了 3 类飞行器的优缺点之后，将会有更多的公司进入各种飞行器行业，更多的飞行器被制造出来，更多的想法也会被应用，由此，更大的市场将会形成。在未来 10 年，无人机行业将会逐步壮大，我们今天产生的所有想法都会实现，无人机的应用也会越来越多，无人机将会变成我们生活中不可或缺的一部分。

第2章 多旋翼飞行器的工作原理和组成

2.1 多旋翼飞行器的工作原理

下面以四旋翼飞行器为例，介绍多旋翼飞行器的工作原理。

四旋翼飞行器的旋翼对称分布在机体的前、后、左、右4个方向，4个旋翼处于同一高度水平面，且其结构和半径都相同。4个电机对称地安装在飞行器的支架端，支架中间的空间安放飞行控制计算机和外部设备，结构形式如图2-1、图2-2所示。图2-1所示为十字模式，图2-2所示为X模式。

对于姿态测量和控制来说，两种方式差别不大。考虑到可能会使用图像相关传感器，为了使视线不被遮挡，通常采用X模式。

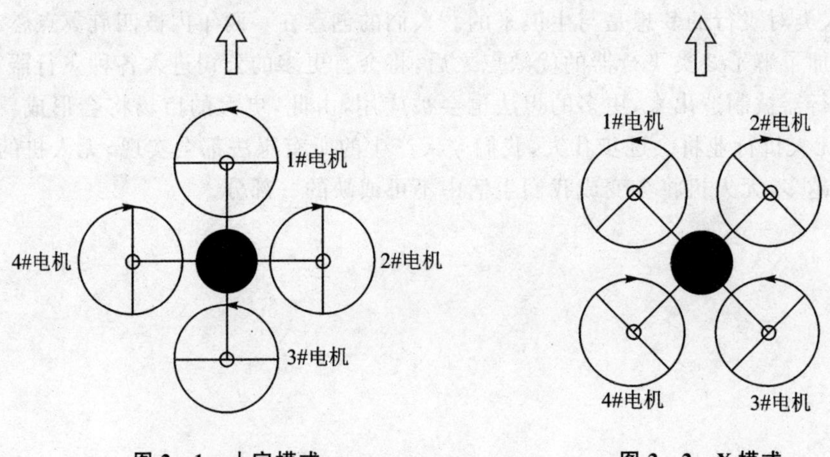

图2-1 十字模式　　图2-2 X模式

四旋翼飞行器通过4个电机来带动桨叶旋转产生升力，通过调节相对应电机的转速实现升力的变化，从而控制飞行器的姿态和位置。

四旋翼飞行器的垂直升、降运动工作原理为：飞行器自稳后，1#、2#、3#、4#这4个电机同时加速或同时减速，飞行器会发生垂直上升运动或垂直下降运动，如图2-3、图2-4所示。

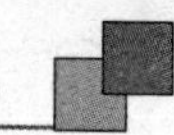

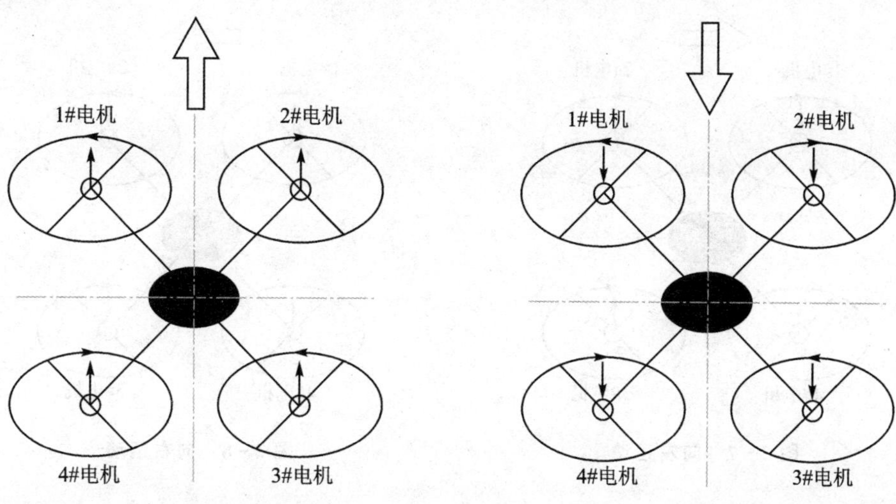

图 2-3 垂直上升运动　　图 2-4 垂直下降运动

四旋翼飞行器的向前(向后)运动工作原理为:飞行器自稳后,1♯、2♯电机转速减小(增大),3♯、4♯电机转速增大(减小),飞行器会向前运动(向后运动),如图2-5、图 2-6 所示。

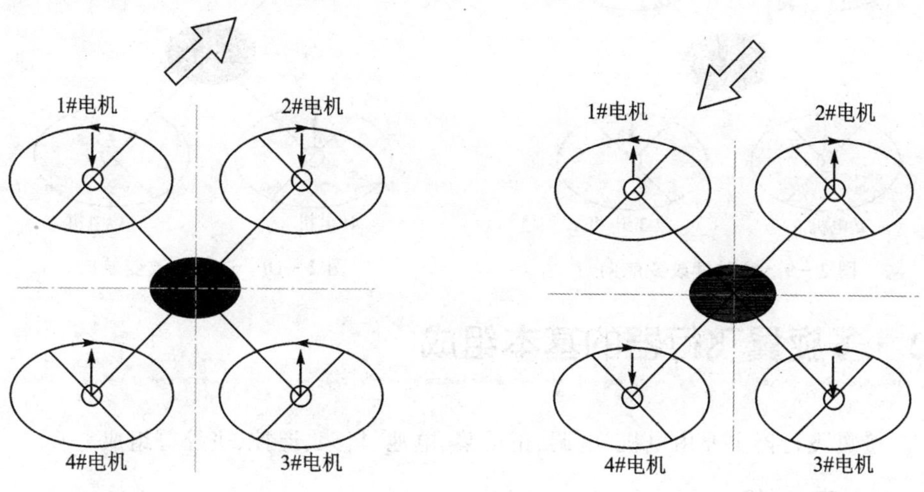

图 2-5 向前运动　　图 2-6 向后运动

四旋翼飞行器的向左(向右)运动工作原理为:飞行器自稳后,1♯、4♯电机转速减小(增大),2♯、3♯电机转速增大(减小),飞行器会向左(向右)运动,如图 2-7、图 2-8 所示。

四旋翼飞行器的航向顺时针(逆时针)转动工作原理为:飞行器自稳后,1♯、3♯电机转速减小(增大),2♯、4♯电机转速增大(减小),飞行器会在原地发生航向顺时针(逆时针)转动,如图 2-9、图 2-10 所示。

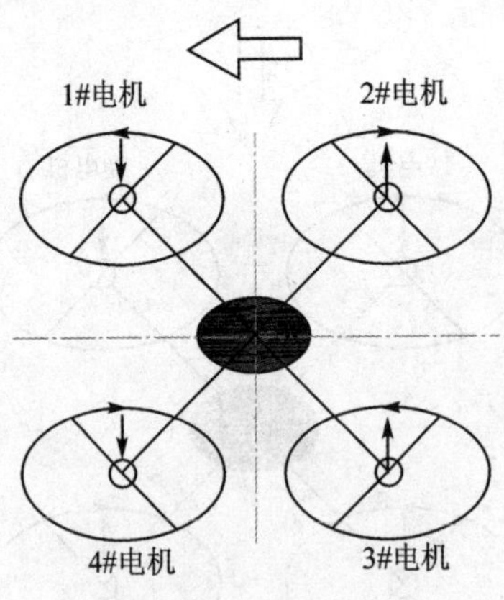

图 2-7　向左运动

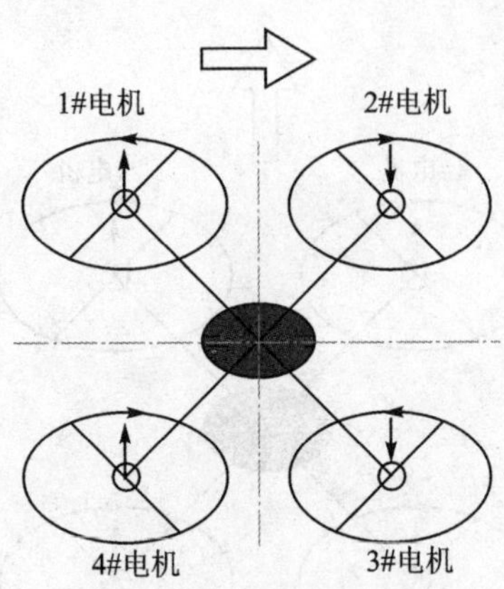

图 2-8　向右运动

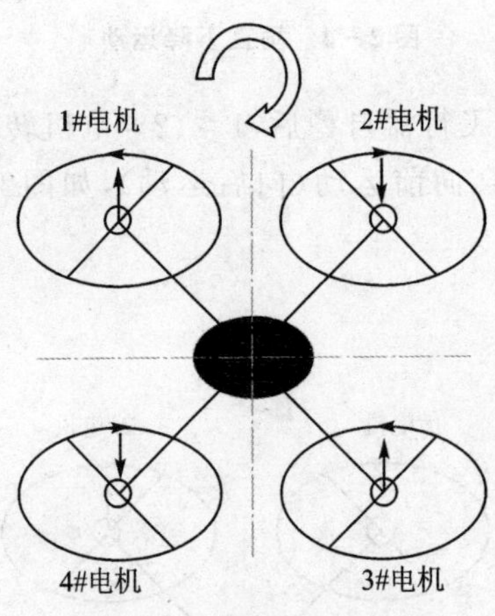

图 2-9　顺时针改变航向

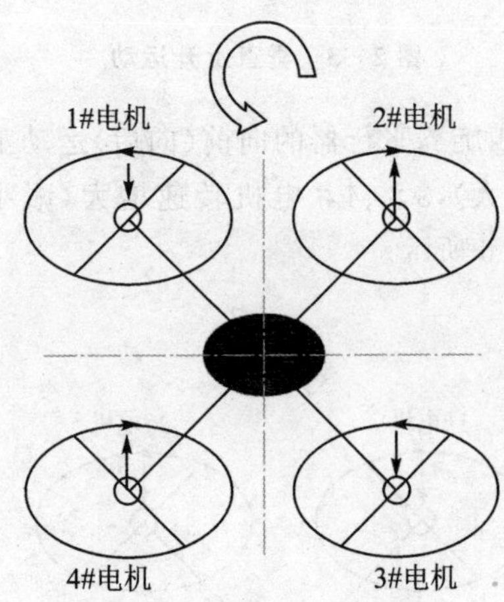

图 2-10　逆时针改变航向

2.2　多旋翼飞行器的基本组成

多旋翼飞行器主要由电机、电调、正反桨、电池、机架、遥控、飞控等组成。

2.2.1　电　机

电机分为有刷电机(如图 2-11、图 2-12 所示)和无刷电机(如图 2-13、图 2-14 所示)两类。

有刷电机主要有空心杯和碳刷型的直流电机,主要是可以体积做到非常小,价格相对较低。

无刷电机的应用一般为稍大型的飞行器,载重大,可以有更广泛的用途。无刷电机的型号如 2218 KV2000,22 代表电机的外转子直径 22 mm,18 代表转子的高度为 18 mm,KV2000 代表电压每增加 1 V 则电机的实际转速增加 2 000 r/min。

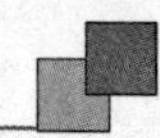

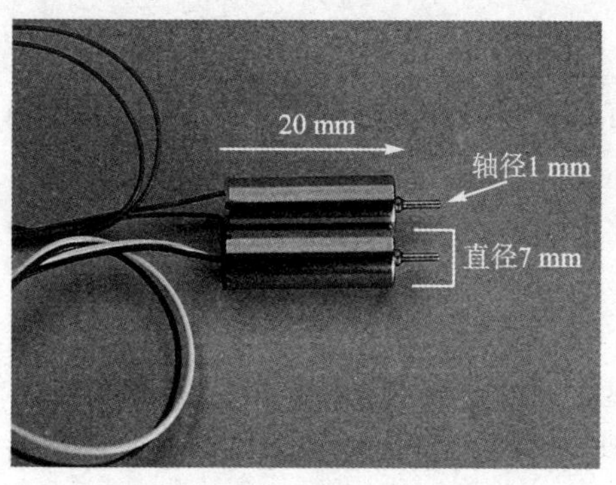

图 2-11　有刷电机(一)

图 2-12　有刷电机(二)

图 2-13　无刷电机(一)

图 2-14　无刷电机(二)

2.2.2 电　调

电调即为驱动电机用的调速器。无刷电机的驱动相对来说较为复杂,需要单独的 MCU 控制三相桥驱动。有刷电机一般用一个功率器件去驱动,通过调节 PWM 信号的脉冲宽度来控制各个电机的转速。实物图见图 2-15、图 2-16。有刷电机的电调通常为一个功率管,通过飞控的 PWM 输出来驱动。

为什么需要电调?

电调的作用就是将飞控板的控制信号转变为电流的大小,以控制电机的转速。

因为电机的电流是很大的,通常每个电机正常工作时平均有 3 A 左右的电流,如果没有电调的存在,飞控板 I/O 根本无法承受这样大的电流。

需要多大的电调?

电调都会标上多少 A(如 20 A、40 A),这个数字就是电调能够提供的电流。大电流的电调可以兼容用在小电流的地方。小电流电调不能超标使用。

根据简单测试,常见的新西达 2212 加 1045 桨最大电机电流有可能达到 5 A。为了保险起见,建议这样的配置用 30 A 或 40 A 电调(用 20 A 电调的也比较多),买大一点以后还可以用到其他地方去。

什么是四轴专用电调?

因为四轴飞行要求电调快速响应,而电调有快速响应和慢速响应的区别,所以四轴需要快速响应的电调。

其实大多数常见电调是可以通过编程来设置响应速度的,所以其实并不存在"专用"一说。

什么是电调编程?

首先要说明电调是有很多功能模式的,选择不同的功能就需要对电调编程。

编程的途径可以是直接将电调连接至遥控接收机的油门输出通道(通常是 3 通道),按照说明书在遥控器上通过扳动摇杆进行设置。这个方法比较麻烦,但成本较低。另外,还可以通过厂家的编程卡来进行设置(需要单独购买),方法简单,不需接遥控器。

为了保险起见,一定要将购买的电调设置为一致,否则难以控制。如果电调的启动模式不一样,那么有些都转得很快了,有些还很慢,这就有问题了。注:通过遥控器进行电调设置,一定要接上电机,因为说明书上说的"滴滴"的声音是通过电机发出来的。

图 2-15　无刷电调(一)

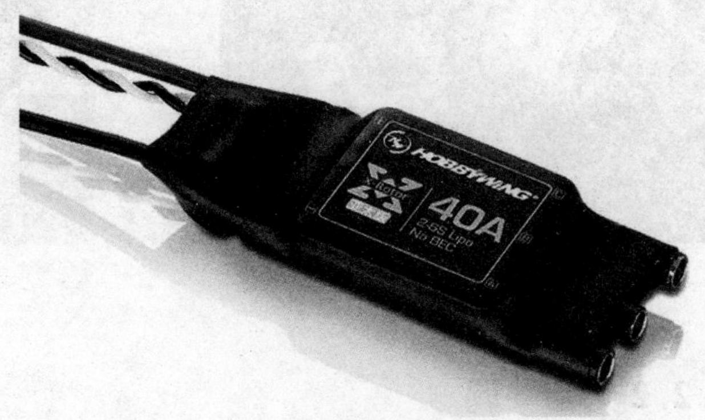

图 2-16　无刷电调(二)

2.2.3　正反桨

桨的型号有何含义?

同电机类似,桨也有 1045、7040 这些 4 位数字,其前面 2 位代表桨的直径(单位为英寸,1 英寸=25.4 mm),后面 2 位是桨的螺距。实物图见图 2-17、图 2-18。

什么是正反桨?为什么需要它?

四轴飞行为了抵消螺旋桨的自旋,相隔的桨旋转方向是不一样的,所以需要正反桨。正反桨的风都向下吹。适合顺时针旋转的叫正桨,适合逆时针旋转的是反桨。安装的时候,一定记得无论正反桨,有字的一面是向上的(桨叶圆润的一面要和电机旋转方向一致)。

电机与螺旋桨如何搭配?

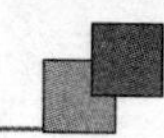

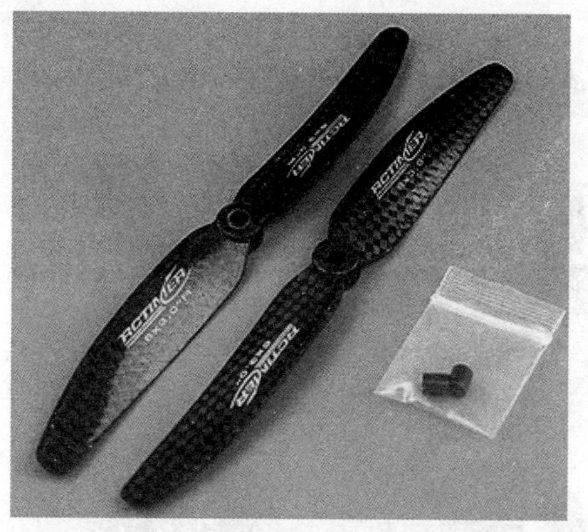

图 2-17 5030 正反桨

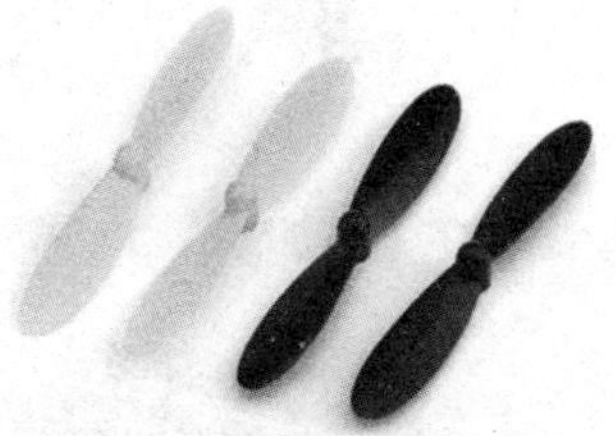

图 2-18 56 mm 正反桨

这是非常复杂的问题，所以建议读者采用常见的配置，这里简单阐述一下其原理。

螺旋桨越大，升力就越大，但对应需要更大的力量来驱动；螺旋桨转速越高，升力越大；电机的 kV 越小，转动力量就越大；综上所述，大螺旋桨就需要用低 kV 电机，小螺旋桨就需要高 kV 电机（因为需要用转速来弥补升力的不足）。

如果高 kV 带大桨，力量不够，那么就很困难，实际还是低速运转，电机和电调很容易烧掉。

如果低 kV 带小桨，完全没有问题，但升力不够，可能会造成无法起飞。

例如：常用 1 000 kV 电机，配 10 英寸左右的桨。

2.2.4 电 池

四旋翼使用重量轻、容量大的电源，动力型锂电池是首选。2 200 mAh 25C 4S 锂电池见图 2-19。

为什么要选锂电池？

同样的电池容量，锂电池最轻，起飞效率最高。

电池上标注的 mAh 是什么意思？

表示电池容量，如 2 200 mAh 电池，如果以 2 200 mA 放电，可持续放电 1 h。如果以 4 400 mA 放电，可以持续放电 0.5 h。

电池后面的 2S、3S、4S 是什么意思？

2S、3S、4S 代表锂电池的节数。锂电池 1 节的标准电压为 3.7 V，2S 代表有 2 个 3.7 V电池在里面，电压为 7.4 V。

电池后面多少 C 是什么意思？

代表电池放电能力。这是普通锂电池和动力锂电池最重要的区别，动力锂电池需要很大的电流放电，这个放电能力就是用 C 来表示的。如 2 200 mAh 电池标准为

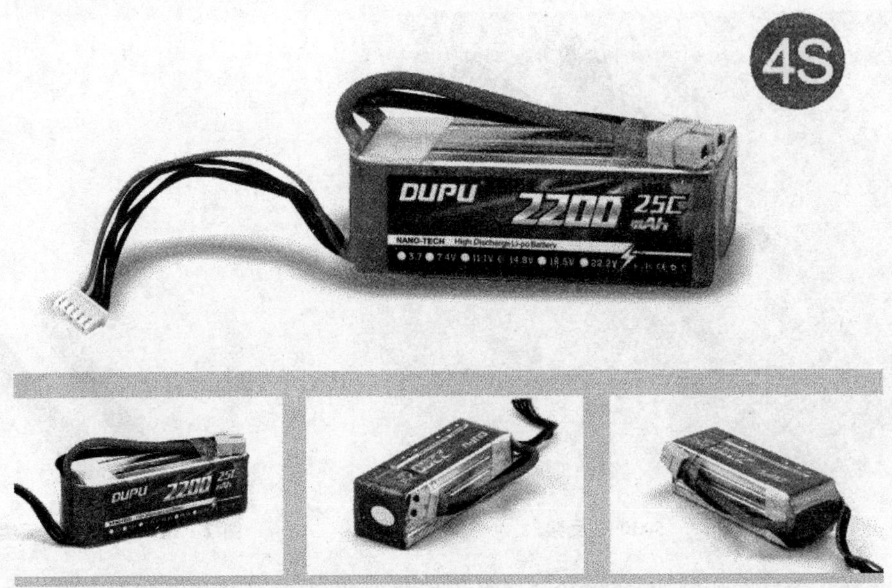

图 2-19　2 200 mAh 25C 4S 锂电池

25 C，那么用 25×2 200 mAh 得出电池可以以 55 A 的电流放电。

这很重要，如果用低 C 的电池，大电流放电会导致电池损坏，甚至自燃。

多少 C 快充是什么意思？

这个与上面的 C 一样，只是将放电变成了充电。如 2 200 mAh 电池，2C 快充，就代表可以用 4 400 mA 的电流来充电。千万不要图快而贸然用大电流，超过规定参数充电，电池很容易损坏。

怎么配电池？

这与选择的电机、螺旋桨，想要的飞行时间相关。

容量越大，C 越高，S 越多，电池就越重。

基本原则是用大桨，因为整体搭配下来功率高，自身升力大。为了保证飞行时间，可选高容量、高 C、3S 以上的电池。

我们的小四轴属于微型四轴，因为自身升力有限，整体功率也不高，故可以考虑小容量、低 C、2S 以下电池。经过多次的筛选，最终确定用 360 mAh 25C 1S 的锂电池（实物见图 2-20）。

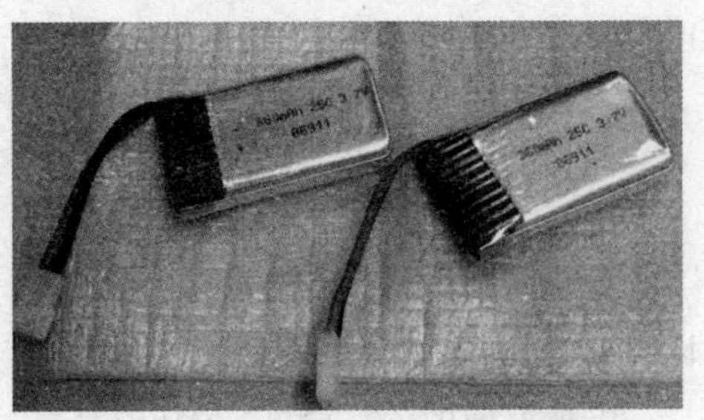

图 2-20　360 mAh 25C 1S 锂电池

2.2.5　机　架

机架主要就是固定电机等的地方，外形可以多种多样。一般都采用超轻、结实、薄的材料加工而成。

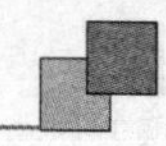

通常大的飞行器的机架由碳纤板切割加工而成，如图 2-21 所示。

图 2-21 无刷电机飞行器的机架

微型飞行器——烈火飞行器，直接由 PCB 焊上所需的元件即成为飞行控制器，以减少不必要的重量，如图2-22 所示。

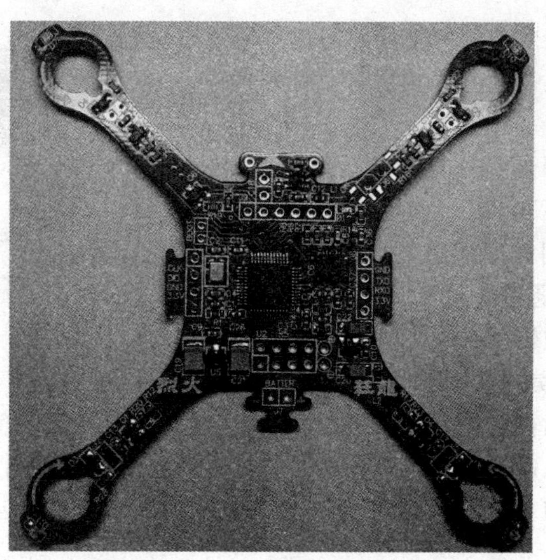

图 2-22 烈火飞行器的机架和飞控

2.2.6 遥控器

遥控器主要用于发送各种控制命令。常用的频段为 2.4 GHz。正常的四旋翼至少为 4 通道。通道越多,说明可以控制的功能也就越多。商用遥控器实物图见图 2-23。

图 2-23　商用遥控器

什么是接收机?

接收机是用来接收遥控的信号并将信号通过自身的端口输出的模块。遥控接收机实物图见图 2-24。

图 2-24　遥控接收机

什么是通道?

通道就是可以用遥控器控制的动作路数,比如遥控器只能控制四轴上下飞,那么就是 1 个通道。但四轴在控制过程中需要控制的动作路数有上下、左右、前后、旋转,所以起码得是 4 通道遥控器。如果想以后玩航拍,就需要更多通道的遥控器了。

什么是日本手、美国手?

遥控器上油门的位置在右边的是日本手,在左边的是美国手。遥控器油门在四轴飞行器当中控制供电电流大小。电流大则电机转得快,飞得高,力量大,反之同理。判断遥控器的油门很简单,遥控器 2 个摇杆当中上下扳动后不自动回到中间的那个就是油门摇杆。

2.2.7　飞　控

飞控为四旋翼飞行器的核心部件。飞控的主要组成为微处理器、陀螺仪、加速度传感器、地磁传感器、气压计、空速计、GPS、无线接收模块。PixHawK 飞控实物图见图 2-25,APM 飞控实物见图 2-26。不同厂家的飞控外形不尽相同,但是功能类似。

图 2－25　PixHawK 飞控

图 2－26　APM 飞控

飞控有什么用途？

如果没有飞控板，四轴飞行器就会因为安装、外界干扰、零件之间的不一致性等原因形成飞行力量不平衡，后果就是上下左右翻滚，根本无法飞行。飞控板的微处理器通过从各路传感器获取实时的数据，经过捷联惯导算法求出姿态角，再根据无线接收机收到的遥控命令数据进行比较，计算出控制量，然后分别对这些控制量进行 PID 计算，最后将这些输出量转化为 PWM 信号，分别控制各个电机转速，达到想要的姿态和位置。

对四轴飞行状态进行快速调整，至少需要 50～500 Hz 的调整率。调整率越高，说明电机改变转速的时间就越频繁，响应就越迅速，实际飞行就会更稳定。当每个电机超过1 Hz的调整率的，就无法再用人工进行调节了，所以不要想用人工的方式来实时控制各个电机的转速。这些全部由飞控来完成。

第 3 章

烈火微型四旋翼飞行器介绍

第 2 章和大家分享了多旋翼飞行器的工作原理和组成，本章将介绍烈火四旋翼飞行器的成长历程。

3.1 初识四轴飞行器

作为一位资深电子爱好者，我常在各大电子交流论坛浏览，也时常发个帖子分享自己的 DIY 经历，时常逐坛逐帖地搜索以解开自己的疑惑，时常与坛友讨论设计改进方案……于 2011 年的一次偶然机会，从一坛友处得知一个较好玩的玩具——四轴飞行器。虽说不是第一次听说，但那时的四轴飞行器都是高大上的玩具，少则上千，多则上万甚至十万，绝非我等平民可以触及的东西。当时常见的能飞的玩具只有直升机之类的。而这位坛友介绍的恰恰是经济型四轴，价格也相当优惠，激起我想拥有它的强烈欲望，于是乎，打着给儿子玩的旗号向老婆提交了申请……

东西到手后，我傻了眼：分分钟的时间里，我开关电源好几次，每次刚起飞锂电池就保护了，我又得关闭电源重启，玩得甚是不快；还有遥控器与飞行器间采用的是红外通信，到屋外由于没有东西反射信号，红外信号根本就接收不到，飞行器启动后就摆脱了控制，我只能眼睁睁地看着它炸机，唯一能做的就是祈祷它能安然无恙！终于，我受不了它对我的折腾，于是我决定折腾它！

目前遥控器最常见的通信方式有无线和蓝牙，我选择了无线。开始准备材料，焊板、飞线，花了不少工夫后，终于将遥控完成，再拿到室外准备飞，这时竟然不动了！拿回家检测通信确认正常，最后发现是驱动电机的管子烧了……我刚好手头有几个 SS8550 的三极管，匆匆换上后，轻启油门，启动了！按捺住心中的激动，把它挪到屋外，一加油门，飞行器刚刚启动，只见一缕青烟升了上来，飞行器停在那里又不动了。拿回家仔细核算电机电流竟高达 1～2 A，而 SS8550 的最大导通电流也就 500 mA，所以我不得不去淘宝购买型号为 AO3402 的 MOS 管。

刚买回的四轴飞行器照片见图 3－1，别以为这玩意儿有多大，实际比我手掌大不了多少，正面看过去像只大的蝙蝠。图 3－2 是飞行器改装后的图，图 3－3 是遥控器改装后的图，这次是将红外通信改造成 315M 无线通信了。我还算能折腾吧？

图3-1　红外控制四轴飞行器整机图片

图3-2　飞行器改装图

图3-3　遥控器改装图

由于MOS管未到，处于空闲状态的我想到出去玩时围观的人较多，这样的东西（遥控器）似乎有点羞于见人，心中开始萌发设计一款遥控器的想法……最初，我在主控单片机选型时徘徊不定，ATMEL的AVR系列和新唐的M0都是我熟悉的平台，两个系列单片机的性能和资源都完全满足这个控制器的需求。有网友说新唐M0性能很差，而我也试用过它的M0516，发现实际上它的性能非常给力，这次何不选用ARM核的M0呢？平台敲定后，选哪个型号也很纠结，是M0516还是NUC120？NUC120带USB，那就选它吧，有机会再玩玩USB也是不错的，USB口还可以充电或升级固件，或者可以当成电脑版遥控器或鼠标之类的，还可以玩USB通信等（可惜，我到目前为止还未玩过USB，依旧是一个门外汉，不懂它的通信原理）。接下来规划遥控器的功能和资源：将原来遥控器的功能全部实现，并且是8通道（8路AD全用上），红外发射，红外接收，蜂鸣器，无线发射（留一个2.4G无线模块接口），一个串口通信口。设计这款遥控器也是为后期DIY一款飞行器做准备。接下来就是按照上面的规划开始设计原理图

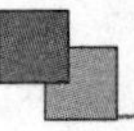

和画线路板了。在画线路板时要设计板子外形，由于没有参考，这个外形比较难搞，在校对时花了不少时间和精力。设计遥控器的 PCB 板前前后后差不多用了 2 天时间。图 3-4 所示为四轴遥控器 PCB 正面，图 3-5 所示为四轴遥控器 PCB 反面。

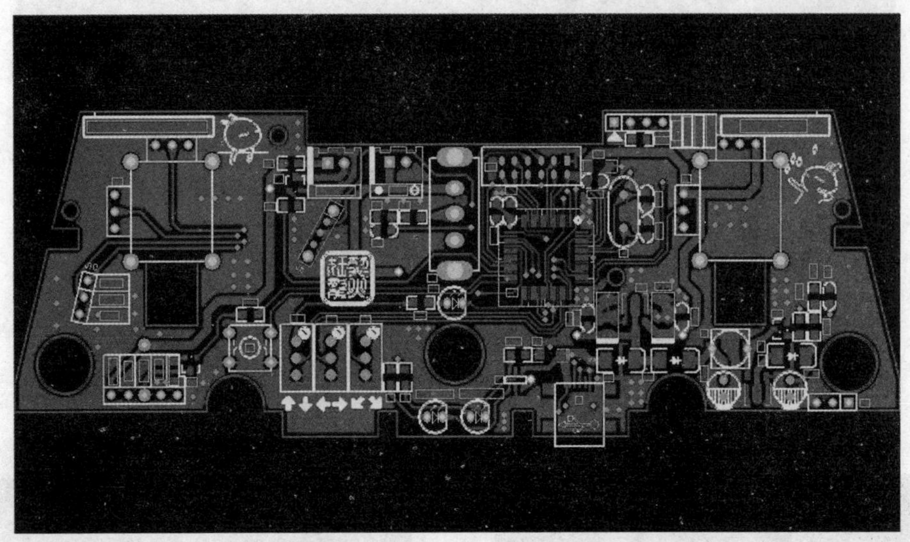

图 3-4　四轴遥控器 PCB 正面

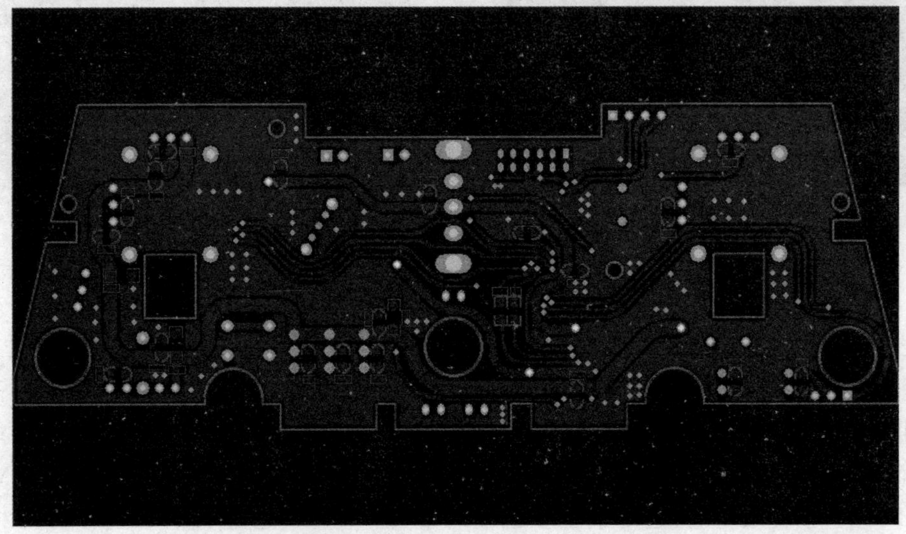

图 3-5　四轴遥控器 PCB 反面

四轴遥控器的原理图见图 3-6。

几天后，板子完工了，从淘宝买的 AO3402 也收到了。我迫不及待地将原来烧掉的管子换掉，测试正常了，控制和飞行正常了，但电池太不给力，动不动就放电保护，这个问题不解决，也无法到外面试飞。继续查找问题吧……这次我把电池解剖了，它共由 3

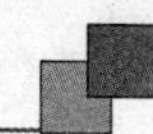

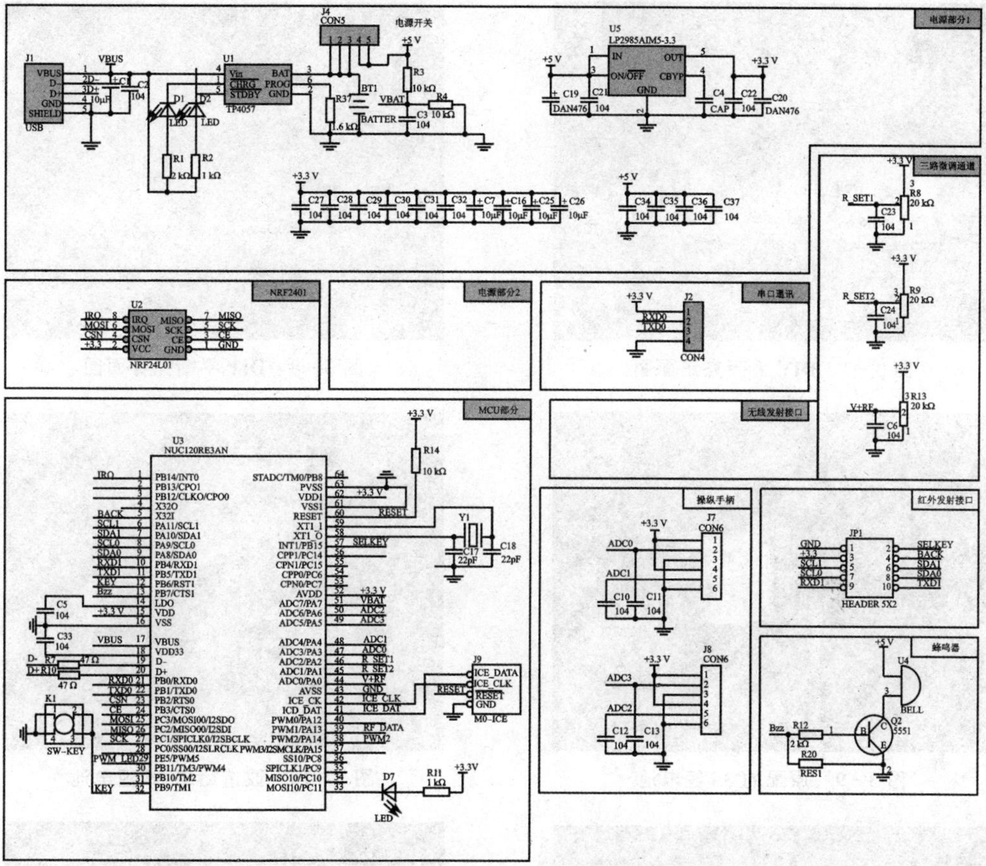

图 3-6　四轴遥控器原理图

块电池板组成，单独测量它们的电压，结果分别是 3.7 V、4.1 V 和 3.8 V。原来如此：3 块电板是串联方式，而原配的充电器是直接对 3 块电板串联充电，只要一块电板电压达到充电设定值，电池的保护板为保护自己不因过充而损坏，就会停止充电，这样导致 3 块电板充电不均衡。怎么办呢？我们的目的是要将每块电池板都充满啊。接下来我得想法子对 3 块电池板单独充电，那就得把每块电池板的正负极都引出来，然后再 DIY 一个平衡充电器，即 3 块电池板单独同时充电的充电器。思路有了：通过 USB 将 5 V 作为充电电源，这样出去玩可以多带些充电宝之类的移动电源。安全起见，采用 DCDC 隔离模块(0505)隔离，以防后级发生故障而损坏前端电源，加一个电位器以便能调节充电电流。为了早点玩上飞行器，把自己家底全翻了出来，找到了洞洞板、锂电充电芯片 TP4057 及其他材料，几个小时后 DIY 平衡充就完工了，如图 3-7、图 3-8 所示。

图 3-9 所示为原配的 3S 锂电池，采用串联充电；我将其改成了如图 3-10 所示的改造后的 3S 锂电池，每节锂电池可单独充电。

图 3-11 所示为 DIY 充电器和原配充电器，图 3-12 所示为移动电源充电中充电时 3 个红灯亮，充满后 3 个绿灯亮。

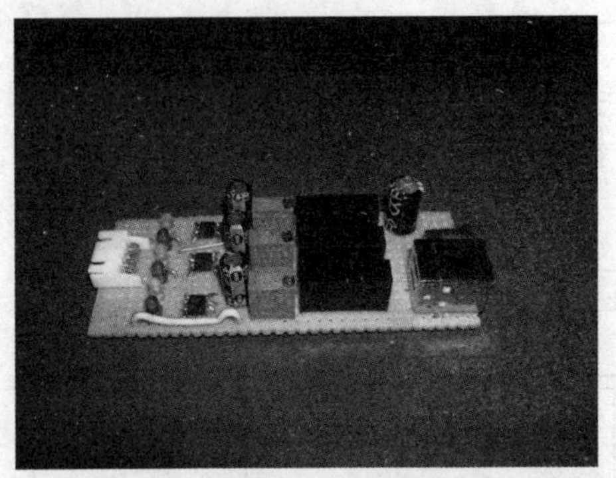

图 3-7　DIY 平衡充正面图

图 3-8　DIY 平衡充背面图

图 3-9　原配的 3S 锂电池

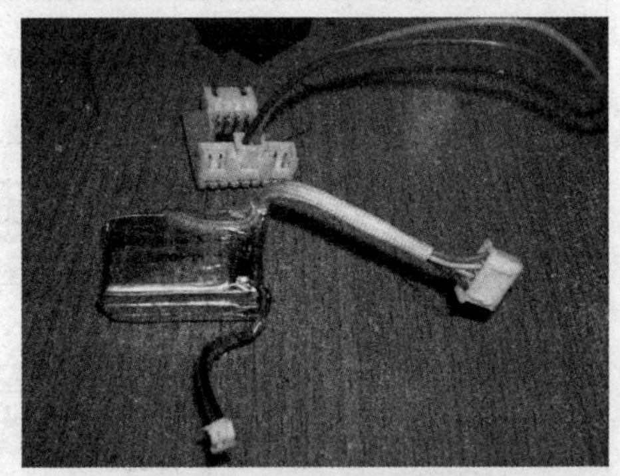

图 3-10　改造后的 3S 锂电池

图 3-11　DIY 充电器和原配充电器

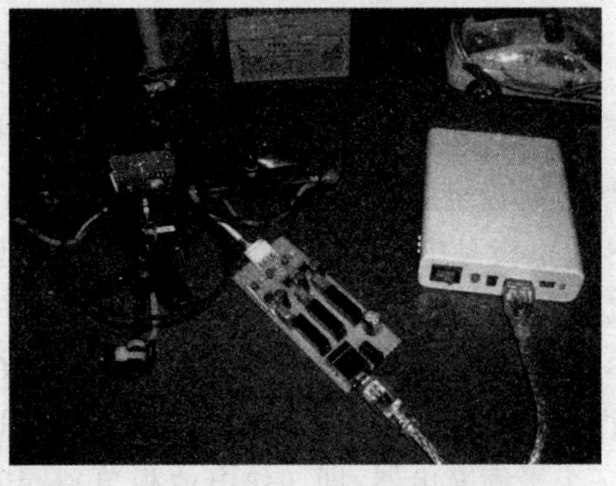

图 3-12　移动电源充电中

经测试，我 DIY 的充电器工作正常。当充电器上的红色指示灯都切换到绿色指示灯时，说明 3 块电池板的电全部充满。再试飞，电池频繁保护的问题消失了！续航时间由以前的 1 分钟增加到现在的 6 分钟，性能是以前的 6 倍，成就感油然而生！

这次做足了功课，准备再次到室外飞。天气不是很好，有风，这么小的机器抗风能力差，真担心炸机。结果却还不错，虽然炸机了，但是经过修正还能继续玩。

整个过程的照片见图 3-13～图 3-17。

图3-13　室外准备起飞

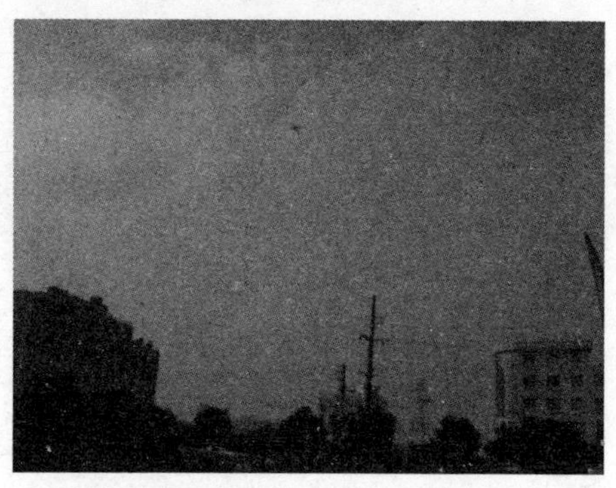

图3-14　顺利升空

图3-15　撞树炸机

图3-16　室外充电进行中

儿子看到飞行器直升天空，兴奋不已，抢着要玩。没有经验的他顾不上听我的指点，一拿起遥控器便将油门直推到底，见飞行器猛地飞走又惊慌地直接关油门！最后的结果可想而知：飞行器重重地摔在了地上！好在摔断的只是一根保护杆，对飞行器的飞行并没有影响，见图3-18。

图3-17　再次高飞

图3-18　再次炸机

3.2 折腾的开始

买回来的四轴飞行器玩过一段时间之后，我觉得它还有提升的空间，于是准备继续折腾……

微型四轴飞行器直接用 PCB 板作为机架，为减轻重量将机架做成中间镂空，整体采用积木式结构，主控板叠在机架上方，中间用排针连接，这样可以任意更换主控板。无论平台采用 M0、M3、M4 还是 51，只要将主控板做成 30 mm×30 mm 大小就可以更换。

即使机架撞坏了也可以方便地更换，不过 PCB 的机架非常结实，撞了 *N* 次墙，坠了 *N* 次地，到目前为止还没坏过。

和网友水王一起 DIY 飞控，我设计原理图和 PCB，他画 PCB 封装。2012 年 5 月 8 日，第一版飞行器打样回来，在焊接飞行器元件时发现 ENC03 的封装对不上，只得重新画板，这次在原有基础上增加了加速度传感器。这次飞控板用到的资源有：M0516＋ENC03×3＋NRF24L01P＋PA＋M7660。选择陀螺仪 ENC03R 和加速度用的 M7660 是因为它们价格低。无线通信部分做成通用接口，可以兼容蓝牙模块和 NRF24L01，所以无论用手机还是遥控器都可以直接控制微型四轴飞行器。这次主控板做回来后还是不能令人满意，因为安装到机架上有些难度。做回的 PCB 板以及焊接完成后的实物图如图 3－19～图 3－23 所示。

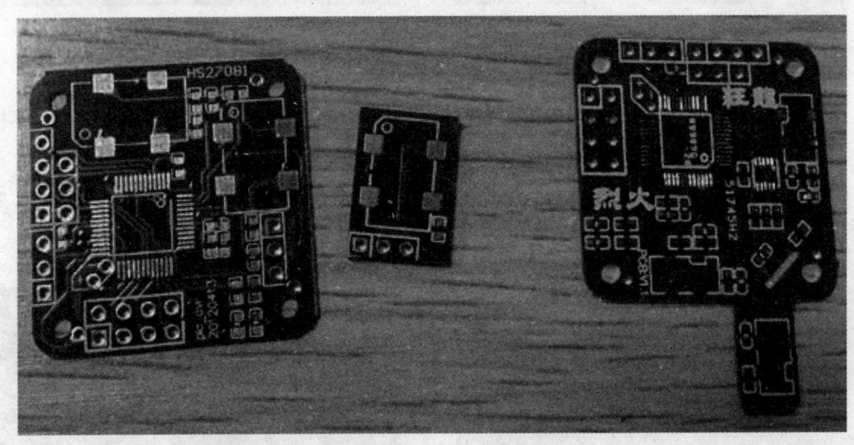

图 3－19　两块飞控板子

接下来是调试代码和硬件性能测试。原以为这个陀螺仪输出的是飞行器的实际角度信号，在测试过程中才发现它实际输出的是角速度信号，需要靠时间积分才能得到实际角度，而且积分时间越长，计算出的角度与实际角度的误差就越大。后经上网查阅相关资料得知，需要用加速度和陀螺仪的数据融合才能解决这个问题。今天很多网友能轻松移植，轻松地让微型四轴飞行器飞起来，殊不知前人在设计时走了多少弯路，经过了多少坎坷,突破了多少难关才有了今天的发展! ENCO3 价格低廉,但不好用,振动稍大就极有可能出故障,因此这个方案就没再进行下去。后面我计划用 MPU6050(三轴陀螺仪和三轴加速度集成芯片),全数字信号输出,这样在软件处理时就非常方便,但它价格不菲,每片几十元。选定后便买了几片样品,重新着手飞控板方案的设计。

图 3-20 初步焊接完成

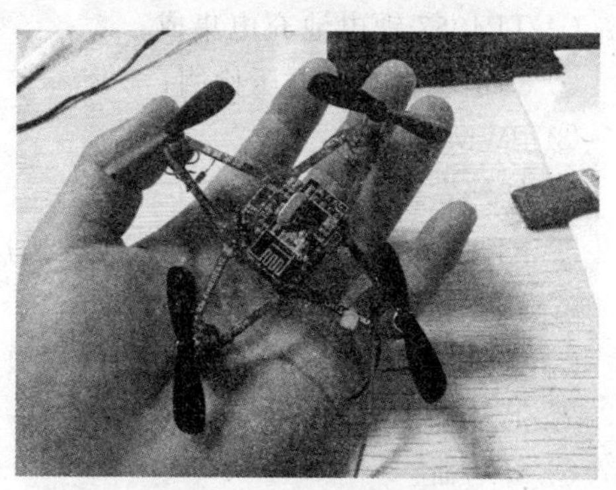

图 3-21 实际大小

图 3-22 飞行器底面

图 3-23 飞行器脚架

3.3 顺利起飞

2013 年 1 月 21 日,新的方案实施。

飞行器的基本架构如下:

飞控(一):M0516+HMC5883L+BMP085+MPU6050+NRF24L01P+PA;

飞控(二):STM32F103CBT6 + HMC5883L + BMP085 + MPU6050 + NRF24L01P +PA;

遥控:NUC120RE3AN+NRF24L01P+PA+摇杆 2 个,拨动开关 1 个+按键 1 个+可调电位器 3 个+……

想法是好的,但现实是残酷的。经过测试发现,HMC5883L 地磁芯片用于小四轴上面完全是个摆设，4 个有刷空心杯电机所产生的磁场，足够让它数据错乱。所以说微型四轴（轴距小于 10 cm）上面用地磁芯片是不合适的。

BMP085 还没有用上，小四轴上面也不一定合适，留空焊盘位置待用。

遥控器主要功能如下：

① TP4057 锂电池充电集成；

② 8 路 AD，电池电压检测；

③ PWM 输出；

④ 红外发射接口；

⑤ RF PPM 315M 无线发射、接收接口；

⑥ NRF24L01P 接口；

⑦ USB 端口，可以用来升级固件或通信；

⑧ TTL232 端口；

⑨ 蜂鸣器。

如果不用来做四轴遥控器，它也是一块非常好的新唐 M0 学习板。

经过几个月的软件调试，各个模块功能调试都通过了，其中经历过无数次的失败，最后我的飞行器终于飞起来了！在起飞的那一刻，我的心情万分激动，成功来得太不易了。

图 3－24 所示为飞行器的正面照，图 3－25 所示为我自己做的遥控器照片。

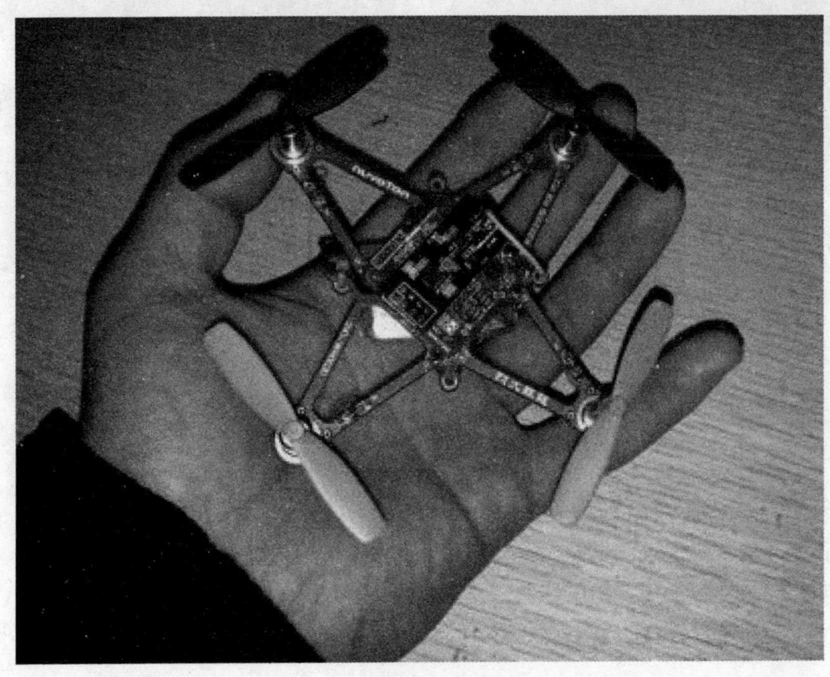

图 3－24　飞行器正面

图 3－26 所示为所有的工程细节，左侧导航框内的每一个工程文件夹都是呕心沥血之作。

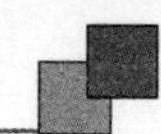

图 3-25　自己做的遥控器

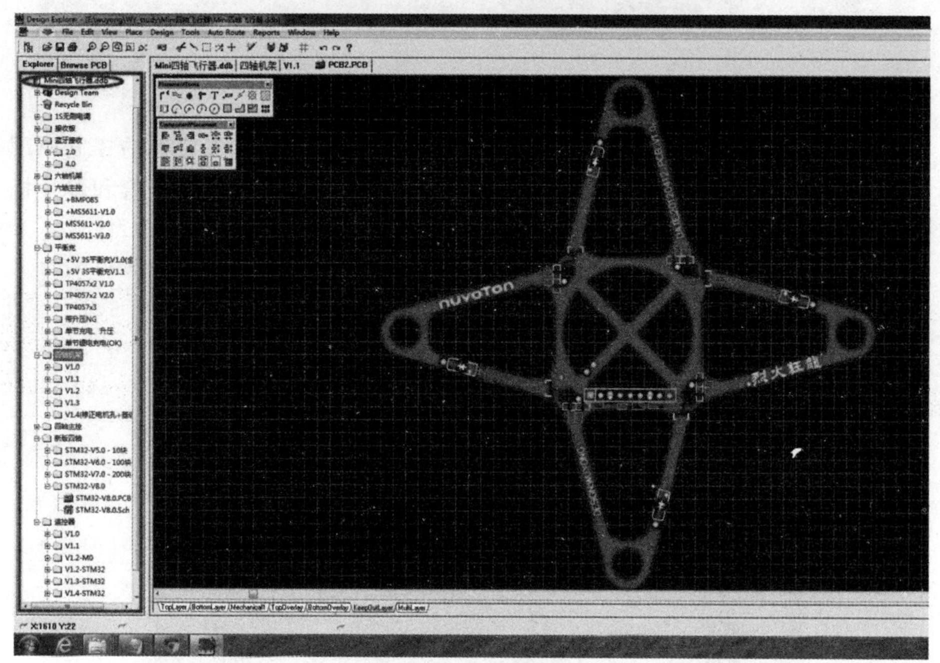

图 3-26　工程目录

3.4　进　阶

2013 年 4 月，经过前段时间的经验积累，接下来的时间里我制作了第一款安卓版飞行器（见图 3-27），采用的是蓝牙 2.1 模块和手机通信，实际就是无线串口通信。通过特定的数据格式，直接用手机替代手持遥控器的控制。

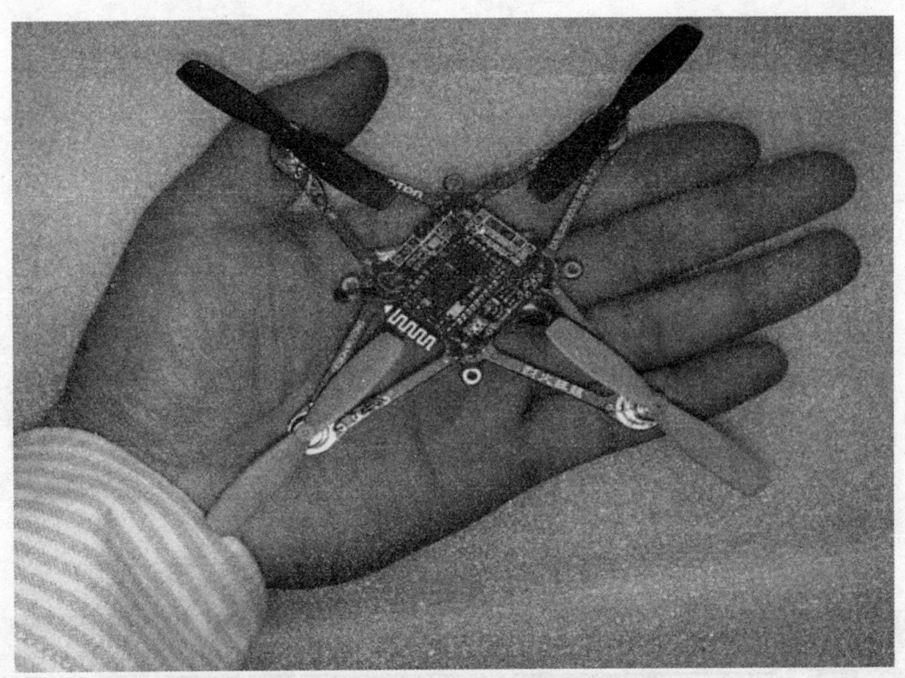

图 3-27　第一台安卓飞行器

四轴做得差不多了，接下来做台小六轴（见图 3-28）吧！就多旋翼的控制原理来讲，二者其实是一样的，只是多了 2 个电机和桨，另外驱动电机的 MOS 管和单片机多了 2 路 PWM 输出。

图 3-28　第一台微型六轴飞行器

2014 年 3 月，我准备接下来向通用的无刷电机飞行器进军，因此先做台微型的练练手。要做到微型只能选合适的电机和桨。微型的无刷电机价格非常高昂，175 元一个。每个无刷电机驱动都用单独的 MCU 去控制，每个电机用了 6 个 MOS 管驱动(3 个 NMOS，3 个 PMOS)，组成三相 H 桥。这次 PCB 采用 4 层板，外形还是沿用空心杯小四轴，所有的芯片和电机驱动全部集成在一块板子上面，从发板到打样回来再到焊接、调试，一气呵成。经室外测试，其动力性能非常强劲，后因成本原因，仅仅做了台样机(见图 3-29)。

图 3-29　第一台微型无刷飞行器

第一台小无刷飞行器做好后，我寻思着做台轻量型的无刷飞行器。这次直接买的成品机架，轴距 200 mm，5030 正反桨，电池采用 2S 700 mAh，飞控采用单独的控制板，MCU 采用 STM32F103CBT6，Flash 容量比微型四轴上的 STM32F103C8T6 大了一倍，传感器改成了 MPU9150(9 轴传感器)，气压计改成高精度的 MS5611。采用商用的 2S 7 A 电调，遥控器用的成品接收机。因为有过前期的设计经验，这次没有花太多的时间调试硬件和软件就轻松 DIY 出一台样机。试机效果非常理想，续航时间超过 15 min。图 3-30 所示为我的第一台轻量型无刷飞行器。

2015 年 1 月，烈火 FPV 穿越机问世，默认设计为高速穿越机。图 3-31 所示为烈火 FPV 穿越机正面，图 3-32 所示为烈火 FPV 穿越机侧面。其配置如下：

① 全套 280 轴距 3K 纯碳纤机架和螺丝等；

② 模块化可拆卸飞控 MWC 32 位；

③ 基板带开源电调，机身 LED 以及轴距 LED 灯接口，带 XT60 插头；

④ 模块化可插拔 5.8 GHz 图传，带双天线，即机尾 5.8 GHz 天线，机底部平板

图 3-30　第一台轻量型无刷飞行器

天线；

⑤ 图传内置 MiniOSD，已经刷 Rush-OSD 固件；

⑥ 定制动力电机 2204KV2300，强硬尼龙玻纤桨 6030；

⑦ 专配版本内置 5.8 GHz 接收双目大屏视频眼镜，以及 2.4 GHz 调频遥控器 FlySky I6。

图 3-31　烈火 FPV 穿越机正面

飞控可以刷 32 位 MWC 的最新固件，但需要玩家有调试能力，刷烈火优化后的固件，可以免去一切调试，完美驾驭本穿越机。

它默认的配置是为专业多旋翼竞技穿越设计的配置，适合高速飞行控制，这仅仅是设计的一个最基本的特性，它最大的魅力在于提供一个完全开放且开源的平台，给玩

图 3－32　烈火 FPV 穿越机侧面

家、专业人士以及那些充满智慧而没有足够设备的人们一个可能。

烈火 FPV 穿越机集合了如下特征。

第一，采用简洁的碳纤板材结构，设计为模块化，方便玩家维护，同时提供碳纤机架的结构图纸，玩家可以自行通过 3D 打印机更新机架，因此即便是在没有任何资源的情况下，玩家也能自己完成易损件的替换，同时也可以通过官网指定渠道购买相应的配件。由于采用模块化设计，非常方便玩家维护。图 3－33 所示为烈火 FPV 穿越机机架，结构非常简洁，所有螺丝都是一个 M3 内六角，拆卸仅仅需要一把螺丝刀，标配套装会送安装教程、备用螺丝包以及螺丝刀，玩家基本有一点动手能力就可完成安装。

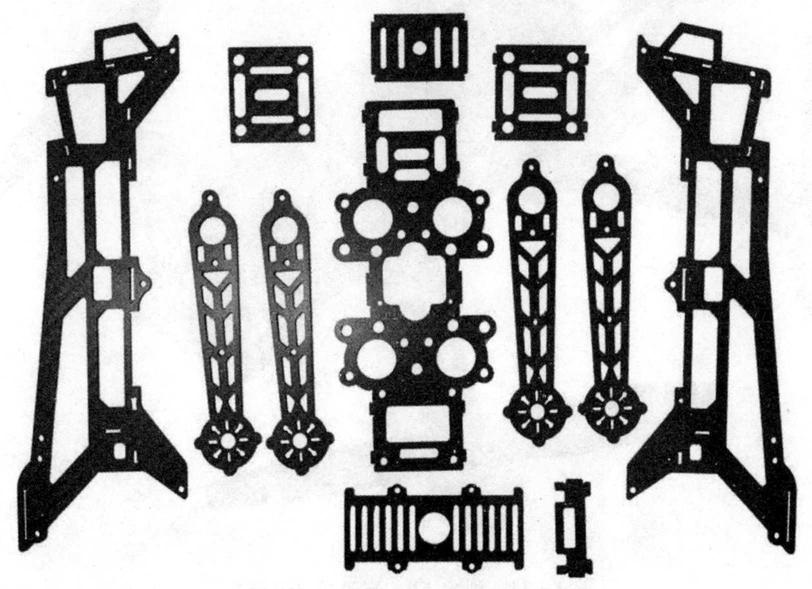

图 3－33　烈火 FPV 穿越机机架

第二，双摄像头设计。图 3-34 所示为烈火 FPV 穿越机 3D(一)，图传是直接连接 FPV 航模航拍专用彩色摄像头(注意是低照度自适应的摄像头)。其参数如下：

① 感光芯片：1/3 in HD Color CMOS；

② 视频制式：PAL；

③ 有效像素：PAL=720 H×576 V/NTSC=720 H×487 V；

④ 清晰度：600 TV Lines(高清)；

⑤ 最低照度 0.01 lx(低照度)；

⑥ 视频输出：1.0 V(峰-峰值)/75 Ω；

⑦ 功率消耗：40 mA，±10%；

⑧ 同步系统：内同步；

⑨ 信噪比：大于 50 dB；

⑩ 电子快门：(N)1/60-1/10 000 s，(P)1/50-1/10 000 s；

⑪ 工作电压：DC 5～15 V，±10%(宽范围供电)；

⑫ 产品尺寸：21 mm×21 mm×28 mm，±0.5 mm；

⑬ 工作温度：0～45 ℃，RH 95% Max；

⑭ 储存温度：-40～85 ℃，RH 95% Max；

⑮ 质量：约 15 g。

航拍设备可选配 Mobius FPV 摄像机等常见的录制设备。

图 3-34　烈火 FPV 穿越机 3D(一)

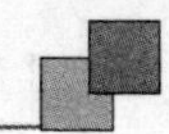

第三，强大的图传体系，32频道的5.8G发射，定制化的双天线模式，即机尾部为普通5.8 G天线，机头底部为特制的平板天线。图3-35所示为烈火FPV穿越机3D(二)。向下120°的圆锥体覆盖下方视频盲区，默认功率为400 mW，无延时传输距离为2 000 m，同时图传内置的Mini-OSD，默认刷入了特制的Rush-OSD可以配合飞控实现飞行参数回传。

图3-35 烈火FPV穿越机3D(二)

第四，采用了高度集成的设计方案，所有电路设计模块化，全部集成到一块电路板上，使得玩家外接线路只需要焊接电机线即可，同时电路板与机身采用了减震器隔离处理，一是为了给飞控减震，二是为了在飞行器炸机的时候，对线路板起到很好的保护作用，电池插头采用了XT60的标准插头，并且采用插头与线路板保护的机构，即便用户用较大的力量插拔电源插头，也不会对电路板造成损坏。

第五：飞控开源，玩家可以自行将硬件和软件发挥到极致。下面重点介绍控制系统使用的主要芯片。

① 主控制器。

STM32F103CBT6，ARM 32位Cortex-M3 CPU，最高工作频率72 MHz，1.25 DMIPS/MHz，128 KB Flash，20 KB SRAM。单周期乘法和硬件除法，设有USB、USART、SPI、I^2C等共9个外设接口。比8位的ATMEL AVR运算能力更强，

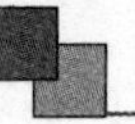

可以实现更多、更复杂的软件算法，可扩展更多。它的调试模式：串行调试（SWD）和 JTAG 接口，还可以用内置的 BOOTLOAD 实现串口下载。

② MPU6050 MEMS 三轴加速度计＋三轴陀螺仪。

这是最主要的姿态传感器。InvenSense 公司的 MPU6050 芯片内部集成了三轴加速度计和三轴陀螺仪，不仅消除了我们焊接电路板时易造成的加速度计和陀螺仪之间的对准误差（alignment error），而且由于其内置了数字可编程的低通滤波器，在飞行器受到较大振动时，可用程序设置适当频率的低通滤波器，用来滤掉高频振动。这是一种很有效的方法用来减小四轴机体振动对陀螺仪数据的影响，陀螺仪最大量程：±2 000(°)/s，加速度计：±16G。

③ HMC5883L 三轴磁强计电子指南针。

霍尼韦尔 HMC5883L 是一种表面贴装的高集成模块，并带有数字接口的弱磁传感器芯片，应用于低成本罗盘和磁场检测领域。HMC5883L 包括最先进的高分辨率 HMC118X 系列磁阻传感器，并附带霍尼韦尔专利的集成电路包括放大器、自动消磁驱动器、偏差校准、能使罗盘精度控制在 1°～2°的 12 位模/数转换器。在 MWC 飞控中主要用于测定地球磁场强度，以标定飞行器航向。最大量程为±8 Gauss，分辨率为 2 mGauss，在传感器周围不应该有比较大的带磁物质或者通过大电流的线路，对于蜂鸣器以及含铁物件尽量保持比较远的距离。

④ MS5611 高精度气压计。

MS5611 气压传感器是由 MEAS（瑞士）推出的一款 SPI 和 I^2C 总线接口的新一代高分辨率气压传感器，分辨率可达到 10 cm。该传感器模块包括一个高线性度的压力传感器和一个超低功耗的 24 位 Sigema－delta ADC（工厂校准系数）。MS5611 提供了一个精确的 24 位数字压力值和温度值以及不同的操作模式，可以提高转换速度并优化电流消耗。高分辨率的温度输出无需额外传感器可实现高度计/温度计的功能。可以与几乎任何微控制器连接。通信协议简单，无需对设备内部寄存器编程。MS5611 压力传感器只有 5.0 mm×3.0 mm×1.0 mm 的小尺寸可以集成在移动设备中。这款传感器采用领先的 MEMS 技术并得益于 MEAS（瑞士）十余年的成熟设计以及大批量制造经验，保证产品具有高稳定性以及非常低的压力信号滞后。在 MWC 飞控中主要起的作用就是用于定高。

⑤ CP2102 USB 转串口。

CP2102 内置 USB 2.0 全速功能控制器、USB 收发器、晶体振荡器、EEPROM 及异步串行数据总线（UART），它与其他 USB－UART 转接电路的工作原理类似，通过驱动程序将 PC 的 USB 口虚拟成 COM 口以达到扩展的目的。飞控通过这个芯片和电脑端串口通信，实现飞控本身的固件下载和上位机软件调节参数。

⑥ 飞控状态指示灯。

飞控状态指示灯为运行指示灯、状态指示灯。

⑦ 遥控器接收机接口。

THRO：油门通道。

ROLL:横滚通道。

PITCH:俯仰通道。

YAW:偏航通道。

AUX1～AUX4:自定义通道。

⑧ 电调的 PWM 驱动接口。

电调的 PWM 驱动接口为 PWM1～PWM6。

⑨ 可供外扩接口。

可供外扩接口有 UART 接口(接蓝牙、数传等)、I^2C 接口 (接 I^2C - GPS/Sonar 导航板等)。

未来我们将提供更多传感器的应用拓展。

第六,电调开源,最大电流高达 12 A,独立的电调模块,采用积木方式固定于电源基板上,方便玩家更换以及维护。如果玩家有需要,可以更换更大容量的电调模块。无刷电调实物图见图 3-36。

图 3-36 无刷电调

第七,整机的性能参数如下:

飞行时间:18 min 悬停(根据飞行姿态不同,飞行时间有所变化)。

电池:建议使用 2 200 mAh-3S-25C/1 500 mAh-4S-25C 锂电电池组。

质量/尺寸:390 g (但是如果换上加强版的 5 mm 机臂和 2 mm 侧板,应该在 420 g 左右)/280 mm。

工作温度：－10～＋50 ℃。

起飞质量：0.5～1 kg。

GPS 模式：无

最大仰角：180°。

最大上升/下降速度：±20 m/s。

最大飞行速度：30 m/s。

遥控参数：工作频率为 2.4 GHz ISM。

遥控通道：8 通道。

有效工作距离：300～1 000 m，实际距离视不同厂家的遥控器和接收器性能而定。

第八，视频眼镜为选配件，其实物见图 3－37。如果玩家要体验极致的 FPV 第一视角飞行，最好是配置视频眼镜。视频眼镜提供双天线，32 个频点对频，并有 AV IN 功能，提供 NP－F330、NP－F530/F550/F570、NP－F730/F750/F770、NP－F930/F950/F960/F970 接口电池盒，采用 18650 电芯更加安全可靠。

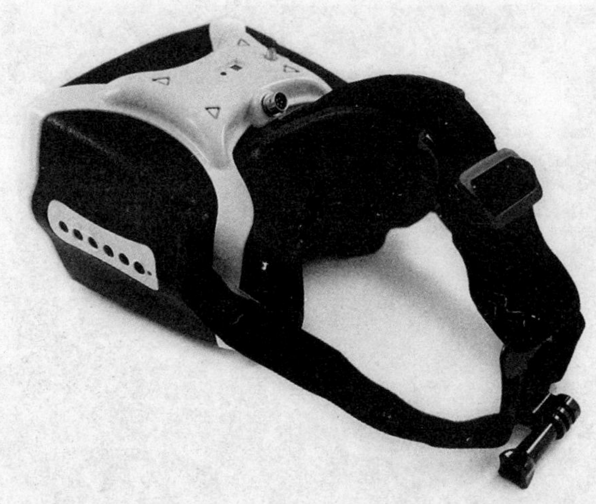

图 3－37 视频眼镜

图 3－37 所示依然是工程版本，最终以实际量产版为准，量产版电池后盖以及电源线都会隐藏到头挂绳里面，玩家出行更加方便，同时也提供一个 XT60 接口，以备不时之需。图 3－38 所示为没信号时屏幕显示雪花点的实际效果图，图 3－39 所示为正常图传信号输入显示的实际效果图。

第八，遥控器部分暂时采用商业遥控器，玩家可自行购置，也可购买我们推荐的 FlySky i6。通道对应关系如下：

① CH1 对应 ELEV；

② CH2 对应 AILE；

③ CH3 为 NC；

④ CH4 为 NC；

⑤ CH5 对应 THRO；
⑥ CH6 对应 RUDD；
⑦ CH7 对应 AUX1；
⑧ CH8 对应 GEAR。

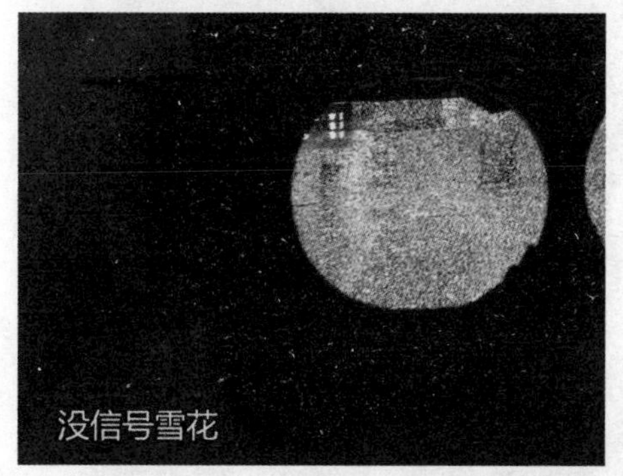

图 3 - 38　没信号时屏幕显示雪花点

图 3 - 39　正常图传信号输入显示

相关的实物与细节见图 3 - 40～图 3 - 44。

图 3 - 40　烈火 FPV 穿越机正面实物图

图 3-41 烈火 FPV 穿越机底面实物图

图 3-42 烈火 FPV 穿越机的接收机部分

图 3-43　烈火 FPV 穿越机的飞控和基板

图 3-44　烈火 FPV 穿越机的摄像头

3.5 微型飞行器

自入门至今，我从不会玩四轴，到自己设计有个人特色的产品，花费了非常多的时间和精力，当中经历了很多的坎坷，走了太多的不寻常路。为了使读者朋友少走弯路，下面和大家一起交流经验。

烈火微型飞行器和遥控器的实物图见图 3-45 和图 3-46，它们是最终版本。经过前面几年的努力，软件和硬件都在不断升级和改进，这个版本的硬件已没有什么需要再改进的地方。每一处细节和外形的每一个凸凹部分都有特定的用处，没有任何的多余部分。硬件运用更为灵活，飞行器硬件可以支持蓝牙通信，2.4G NRF24L01 无线通信和自己做的遥控器通信，也可以直接将商用的接收机插在飞行器 PWM 输入接口上，用成品的商用遥控器控制它。

图 3-45　烈火微型飞行器的最终版本

烈火微型飞行器最终版本的特色如下：

① 板子硬件升级，飞行器及遥控器的细节处再次修改，新设计更合理。遥控器和飞控的主要芯片为 STM32F103C8T6，传感器为 MPU6050 集成三轴加速度和三轴陀螺仪，引出非常多的外扩接口，可以满足不同的需要。

② 具有多种遥控控制方式，可以用 DIY 的遥控器控制，或是用安卓手机通过蓝牙通信接口控制，也可以用商用遥控器接收机，主机上都留有接口。

③ PCB 线路板上预留 SPI、UART、I^2C、PWM 输入、SWD 等。

④ 可选保护罩，加装保护罩后非常“耐炸”，建议作为新手必备项。

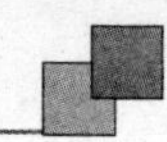

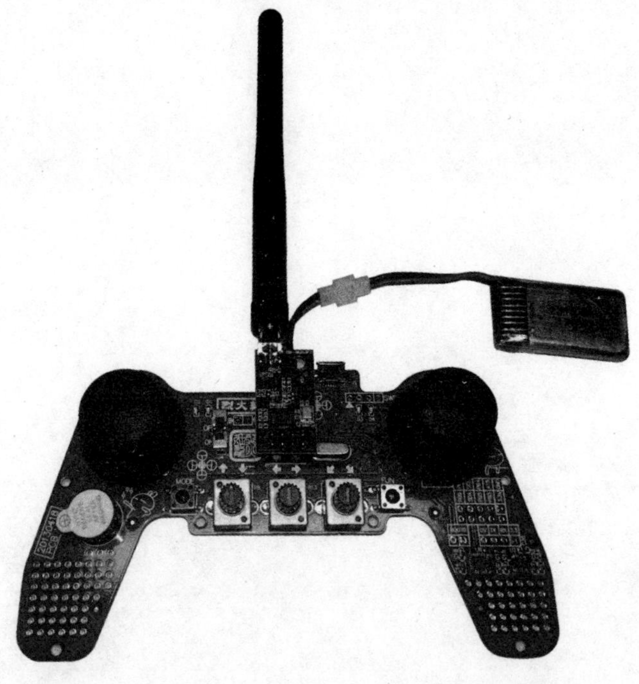

图 3-46 烈火遥控器最终版本

⑤ 机身LED可以通过手机来随意控制开、关，或是通过遥控器上按钮实现开、关控制。

⑥ 锂电池低电量提醒，飞行器锂电池快用完时机身LED会快速闪烁。遥控版的可以在遥控器上蜂鸣提醒，采用无线双向通信，再也不用担心电量不够而飞不回来。

⑦ 可以实现锁尾。很多网友不会玩而手忙脚乱，有了这个功能后新手也好飞了。这个功能可是玩具四轴上面没有的。

⑧ 板载电源开关，以后可以不用拔电池，直接关掉开关就能切断整个系统的电源。

⑨ 遥控版无线超过100 m。100 m只是估算值，无线模块采用2.4G NRF24L01+PA带功率放大器，实际可以飞得不见影子，我经常超视距飞行。它的该性能胜于市面上绝大部分的微型小四轴。安卓版的遥控距离为10 m左右，只能近距离飞行。

⑩ 遥控器上集成了充电芯片，直接在遥控器上插上Micro USB线(如三星、小米等安卓智能手机的通用线)就能对锂电池充电。

⑪ 正常为6～9 min，有网友飞过10多分钟的。微型四轴能飞行超过10 min的屈指可数。只有将硬件配置到极致才能有这么长的续航时间。

⑫ 电机为千挑万选出来的，采用质量非常好的7×20空心杯电机。桨也是精心匹配过的，不要拿便宜的东西来和这个比。电机是严格按照厂家的标定来安装的，分正转和反转两种，且线的颜色也是不一样的。从续航时间可以看出，所有东西的匹配已达到极致！

第二篇　硬件篇

本篇将与您一起进行微型四轴飞行器的硬件设计，为您的 DIY 设计提供参考。

第 4 章

烈火飞行器硬件平台

如果您是一位刚接触四轴飞行器的爱好者，想 DIY 一个飞行器，该从哪儿下手呢？我们先来理理思路吧。

作为飞行器，动力是必不可少的。动力的来源很多，但我们讨论的显然不是油动，电机作为动力源是最经济、最简单的方式。那么四轴飞行器必定是采用 4 个电机作为动力源的，这个大家都能想到，所以主要需要解决的是重力与升力的关系。

动力源解决了，怎样才能让飞行器平稳地飞起来呢？想必您又知道了，平稳飞行就是 4 个电机相互之间的协作。犹如我们的四肢，之所以能很好地配合是因为它们由我们的大脑支配。所以要给飞行器装上大脑(微处理器)，但是能随意地选择一款微处理器用于飞行器吗？记得前几年的武汉农民的飞行器吗？他选择以人作为飞行器的大脑，注定了他的飞行器仅能垂直 2 m 升降。所以我们在设计时，对微处理器的选择也需要斟酌。

假如您要拿一个东西，“一下子准确拿起”这一动作只是依靠大脑计算实现的吗？您必定会说还依靠了我们的眼睛。飞行器当然也需要类似眼睛这样的传感器来采集数据传送给大脑，大脑通过处理这些数据将其转换为指令来实现控制。

最后再给飞行器加上遥控装置，那不就是四轴飞行器了吗？所以我们在 DIY 之前稍微理一理思路，一个飞行器的基本结构就清晰了。接下来我们一起来享受 DIY 的乐趣吧！

4.1 烈火飞行器硬件资源介绍

烈火飞行器实物图见图 4-1。

烈火飞行器包含了主控单元、无线通信单元、数据采集单元、指示灯、电源系统和动作执行单元。

烈火飞行器的结构如图 4-2 所示。

烈火飞行器硬件组成，见表 4-1。

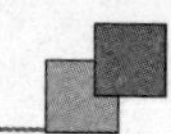

图 4-1　烈火飞行器实物图

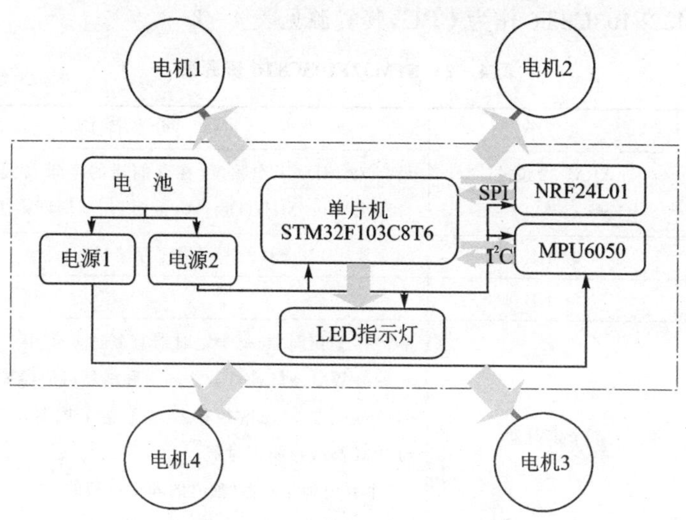

图 4-2　烈火飞行器结构图

表 4-1　烈火飞行器硬件介绍

名　称	型号或参数	资源、接口及应用
CPU	STM32F103C8T6	48 引脚，64 KB 程序空间，20 KB RAM
时钟源	外部 16 MHz 晶体振荡器	系统时钟可倍频到 72 MHz
6 轴加速度传感器	MPU6050	I²C 通信口
无线通信模块	NRF24L01	SPI 通信口

续表 4-1

名　称	型号或参数	资源、接口及应用
电　机	4 个轴径为 1 mm 的空心杯电机	PWM 控制转速
电源芯片	1 片 LTC3200,2 片 XC6206	通信电源,数字电源,模拟电源
LED 指示灯	红色 4 枚,蓝色 4 枚,绿色 5 枚	
电　池	360 mAh,3.7 V	25C

我们选了目前市场上最流行的微控制器 STM32,因为它不仅价格低廉,资料多,容易上手,而且 RAM 大,时钟频率高,非常适合用于飞行控制的大量运算。

采用 PWM 调制信号来驱动像空心杯这样的有刷电机,4 只独立的电机需要 4 路独立的 PWM 调制信号。

传感器的通信接口是 I^2C 接口,我们可以用硬件 I^2C 接口,也可用 I/O 口来模拟 I^2C。

在遥控方面,我们采用 2.4G 无线模块。2.4G 无线模块通信接口为 SPI 接口,我们可以用硬件 SPI,也可用 I/O 口来模拟 SPI。

综合考虑以上因素及性价比,所以就选它了——STM32F103C8T6。

选择 STM32F103C8T6 作为 CPU,其资源见表 4-2。

表 4-2　STM32F103C8T6 资源表

名　称	大　小	介　绍
内　核	ARM 32 位的 Cortex-M3 CPU	最高 72 MHz 工作频率,在存储器的 0 等待周期访问时可达 1.25 DMips/MHz(Dhrystone 2.1);单周期乘法和硬件除法
程序空间	64 KB	64 KB 或 128 KB 的闪存程序存储器
RAM	20 KB	
定时器	7 个定时器	3 个 16 位定时器,每个定时器有多达 4 个用于输入捕获/输出比较/PWM 或脉冲计数的通道和增量编码器输入; -1 个定时器带死区控制和紧急刹车控制,用于电机控制的 PWM 高级控制定时器; -2 个看门狗定时器(独立的和窗口型的); -系统时间定时器(24 位自减型计数器)
-时钟、复位和电源管理		-2.0～3.6 V 供电和 I/O 引脚; -上电/断电复位(POR/PDR)、可编程电压监测器(PVD); -4～16 MHz 晶体振荡器; -内嵌经出厂校准的 8 MHz 的 RC 振荡器; -内嵌带校准的 40 kHz 的 RC 振荡器; -产生 CPU 时钟的 PLL; -带校准功能的 32 kHz RTC 振荡器

续表 4-2

名　称	大　小	介　绍
2 个 12 位模/数转换器	1 μs 转换时间(多达 16 个输入通道)	-转换范围:0～3.6 V; -双采样和保持功能; -温度传感器
DMA		-7 通道 DMA 控制器; -支持的外设:定时器、ADC、SPI、I^2C 和 USART
多达 37 个快速 I/O 端口		所有 I/O 口可映射到 16 个外部中断;几乎所有端口均可容忍 5 V信号
调试模式		串行单线调试(SWD)和 JTAG 接口
多达 9 个通信接口		-多达 2 个 I^2C 接口(支持 SMBus/PMBus); -多达 3 个 USART 接口(支持 ISO 7816 接口、LIN、IrDA 接口和调制解调控制); -多达 2 个 SPI 接口(18 Mbps); -CAN 接口; -USB 2.0 全速接口

烈火飞行器 GPIO 引脚分配见表 4-3。

表 4-3　烈火飞行器 GPIO 引脚分配表

序　号	引　脚	功能说明
1	VBAT	接电池可以保存 RAM 数据,此处直接接 VCC
2	PC13	输出控制机身上的 LED 指示灯
3	PC14	—
4	PC15	—
5	OSC_IN	晶振输入
6	OSC_OUT	晶振输出
7	NRST	CPU 复位脚
8	VSSA	CPU 的电源地
9	VDDA	CPU 的电源
10	PA0	TIM2_CH1_ETR 控制驱动一个电机
11	PA1	TIM2_CH2 控制驱动一个电机
12	PA2	TIM2_CH3 控制驱动一个电机
13	PA3	TIM2_CH4 控制驱动一个电机
14	PA4	与 NRF24L01 的 SPI 通信口(CSN)连接
15	PA5	与 NRF24L01 的 SPI 通信口(SCK)连接
16	PA6	与 NRF24L01 的 SPI 通信口(MISO)连接
17	PA7	与 NRF24L01 的 SPI 通信口(MOSI)连接

续表 4-3

序 号	引 脚	功能说明
18	PB0	与 NRF24L01 的 SPI 通信口(IRQ)连接
19	AD	电池电量采集
20	PB2	与 NRF24L01 的 SPI 通信口(CE)连接
21	PB10	与 MPU6050 的 I^2C 通信口(SCL)连接
22	PB11	与 MPU6050 的 I^2C 通信口(SDA)连接
23	VSS	CPU 的电源地
24	VDD	CPU 的电源
25	PB12	—
26	PB13	—
27	PB14	—
28	PB15	—
29	PA8	—
30	PA9	TXD
31	PA10	RXD
32	PA11	—
33	PA12	MPU6050 的中断输入
34	PA13	SWDIO
35	VSS	CPU 的电源地
36	VDD	CPU 的电源
37	PA14	SWCLK
38	PA15	—
39	PB3	通信指示灯
40	PB4	通用接收机接口
41	PB5	通用接收机接口
42	PB6	通用接收机接口
43	PB7	通用接收机接口
44	BOOT0	低电平，设置为 Flash 启动
45	PB8	通用接收机接口
46	PB9	通用接收机接口
47	VSS	CPU 的电源地
48	VDD	CPU 的电源

注：I/O 口有复用功能，在这里仅介绍本章需要用到的功能。

烈火飞行器元器件清单见表 4-4。

表 4-4 烈火飞行器元器件清单

序 号	名 称	型号规格	数 量	位 号
1	瓷片电容	0603,2.2 nF	1	C8
2		0603,20 pF	2	C2,C4
3		0603,100 nF	17	C1,C3,C6,C7,C9,C10,C11,C13,C14,C15,C16,C17,C26,C28,C29,C36,C37
4	钽电容	100 μF/16 V	2	C20,C22
5		100 μF/25 V	2	C19,C21
6	贴片电阻	0603,0 Ω	1	L2
7		0805,0 Ω	2	L1,L3
8		0603,10 Ω	4	R12,R13,R16,R17
9		0603,2 kΩ	15	R9,R10,R11,R14,R15,R18,R19,R24,R25,R26,R27,R28,R29,R30,R31
10		0603,3 kΩ	3	R6,R7,R8
11		0603,20 kΩ	8	R1,R2,R4,R5,R20,R21,R22,R23
12	贴片晶振	3225,16 MHz	1	Y1
13	MOS 管	A03402	5	Q1,Q2,Q3,Q4,Q6
14	LED 指示灯	0603,RED		
15		0603,BLUE		
16		0603,GREEN		
17	二极管	1N4148	4	D3,D4,D5,D6
18	电源芯片	LTC3200	1	U4
19		XC6206	2	U6,U7
20	6 轴传感器	MPU6050	1	U3
21	无线通信模块	NRF24L01+PA	1	U2
22	单片机	STM32F103C8T6	1	U1
23	电源插件及插针			
24	电机	7×20,轴径 1 mm	4	
25	桨	56 mm 正反桨	4	
26	锂电池	360 mAh 25C 1S	1	
27	保护罩		1	

4.2 烈火飞行器原理图解读

指示灯驱动电路如图 4-3 所示。

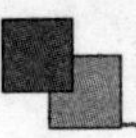

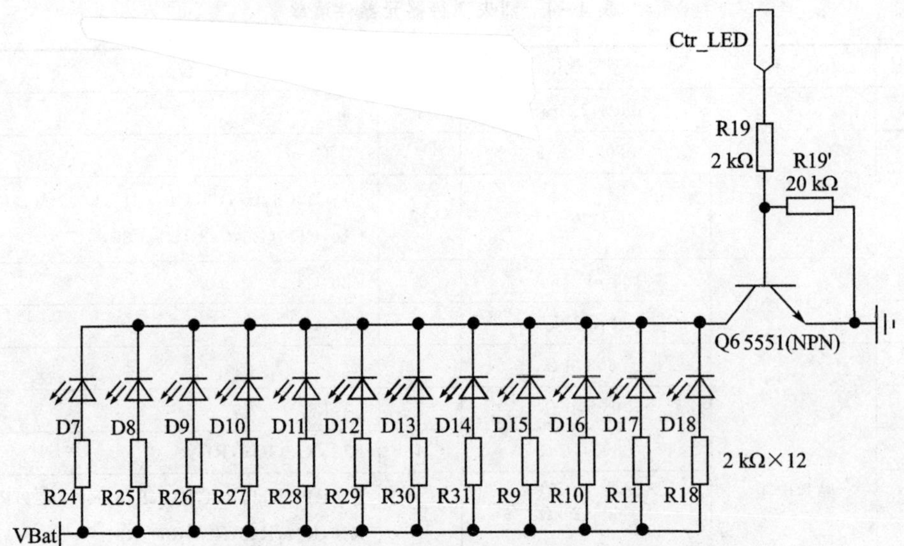

图 4-3　指示灯驱动电路

发光二极管的正向饱和电压为 1.6～2.1 V,正向工作电流为 5～20 mA。为了降低功耗,可以把它的工作电流限制在 2 mA 左右,只是发光微弱一点。

虽然 LED 灯是日常生活中公认的节能灯,但在电子世界里它却是用电大户。

电源电路如图 4-4 所示。

U4 为 LTC3200,是一款升压电源芯片。它将电池电压从 3.6 V 升到 5 V,用于为 5 V 扩展设备提供电源,同时为 XC6206 输入端提供更稳定的电源。其特性如下:

- 噪声小;
- 输出电流达 100 mA;
- 封装小;
- 开关频率高达 2 MHz;
- 输出 5 V±4%;
- 输入电压范围为 2.7～4.5 V;
- 关断后电流小。

U6、U7 为 XC6206,其特点为超小封装(SOT-23),这是选择它的最大理由。

数字信号电源和模拟信号电源分离的目的是:数字脉冲信号产生的纹波不致影响模拟信号的采集。电源的纹波对模拟信号的影响较大,这是很多初学电路的网友最不易理解的地方。数字信号为高低电平,快速的高低电平转换(如各类通信接口和单片机内部运行)会使电源内部产生同步开关噪声。由于一般数字信号在 1.8 V 以下为低电

平，1.8 V 以上为高电平，较小的纹波对数字信号本身影响不大，而模拟信号对这样的纹波是相当敏感的。如果单片机的 AD 是 8 位的，那电源波动 1/256 就会对采样结果产生影响，如果 AD 位数更高，对电源的要求也就更高。利用电阻的感性，我们采用0 Ω电阻隔离数字地和模拟地。

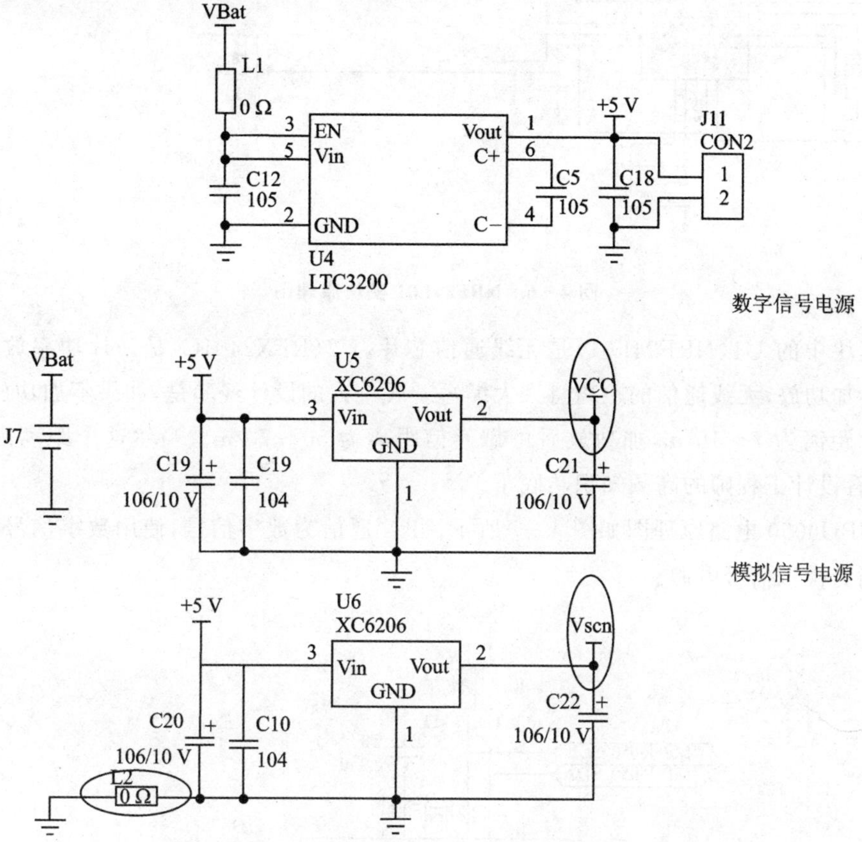

数字信号电源

模拟信号电源

注：模拟地通过一个电感连接到数字地，为了便捷可用一个0 Ω电阻代替。

图 4-4　电源电路

NRF24L01 接口电路如图 4-5 所示。去耦电容在画 PCB 时尽可能靠近芯片引脚。

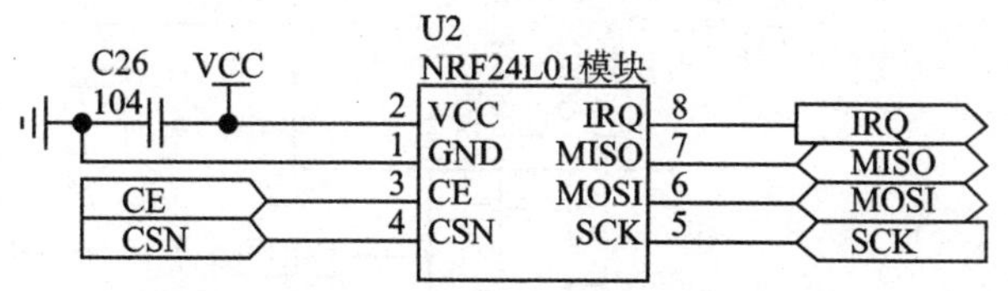

图 4-5　NRF24L01 接口电路

NRF24L01 模块原理图如图 4-6 所示。其接口为 SPI 接口，可以用单片机的硬件或模拟 SPI 口与之通信。

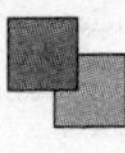

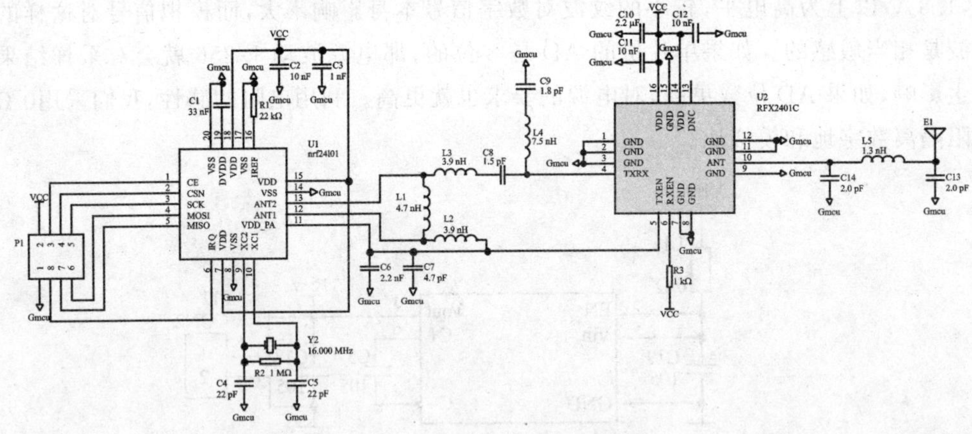

图 4-6　NRF24L01 模块原理图

模块中的 U1(NRF24L01)是无线通信芯片,U2(RFX2401C)是一片功率放大器,如果不加功放,无线通信的距离将大大缩短。我个人的设计经验是,如果不加功放则可靠通信距离为 7～10 m,加功放后可靠通信距离为 50～70 m。当然这个距离因人而异,就看设计工程师的高频知识功底了。

MPU6050 电路原理图如图 4-7 所示。I^2C 通信为数字信号,使用数字信号电源,采样则为模拟信号电源。

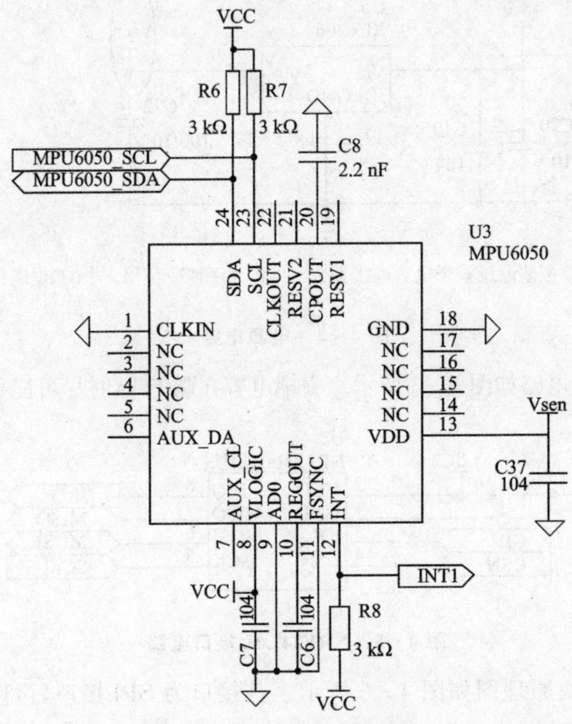

图 4-7　MPU6050 原理图

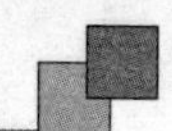

I²C 接口通信，布板时通信线应尽可能得短。这是我在设计时的领悟，至于是怎样理解的，且听我慢慢道来：通信接口（不管是 I²C 还是 SPI）的通信速率都是几百 kHz 到几 MHz，这相当于对外发射无线信号。信号线越长，对外发射的功率越大，对自身 PCB 的辐射越宽，影响越大。从高速 PCB 设计规范里对等长线的理解，由于是高速信号，如果信号线的长度不一致，那么信号到达接收端时就不同步了。同理，单片机的通信接口处于高速电平转换，而我们在设计时往往没有设计成等长，信号线越长，信号线之间的长度差可能也就越大。

R6、R7 是上拉电阻，电阻值的选取范围为 2～10 kΩ。由于连接到 I²C 总线上的器件是漏极开路或集电极开路，因此允许把多个 I²C 总线器件连接到总线上，可以实现线与功能。同时，因为接了上拉电阻，故在总线空闲期间，SDA 和 SCL 都是高电平，可以防止外部干扰造成误启动 I²C 总线。

电机驱动电路如图 4-8 所示，采用的是 56 mm 正反桨。不要忽略 D6 的作用哦！电机相当于一个大电感，当断开它的回路时会产生很高的电压，容易损坏 AO3402。

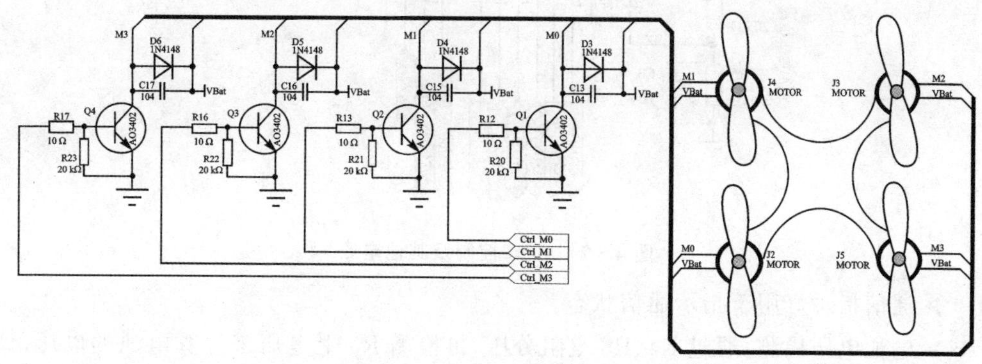

图 4-8 电机驱动电路

图中的 R20～R23 为下拉电阻，可以释放掉 AO3402 自身电容（寄生电容）上的电压，以便热很好地响应 PWM 的控制。

AO3402 特性如下：

$V_{DS}=30$ V；

$I_D=4$ A；

$R_{DS(ON)}<55$ mΩ（$V_{GS}=10$ V）；

$R_{DS(ON)}<70$ mΩ（$V_{GS}=4.5$ V）；

$R_{DS(ON)}<110$ mΩ（$V_{GS}=2.5$ V）。

电机由 PWM 来控制转速。电机参数为：直径 7 mm，长度 20 mm，轴径 1 mm。

MCU 控制及其他电路如图 4-9 所示。画 PCB 板时，去耦电容应尽可能靠近芯片引脚。

➤ 选用 16 MHz 晶振，倍频到 MCU 最大时钟频率为 72 MHz。

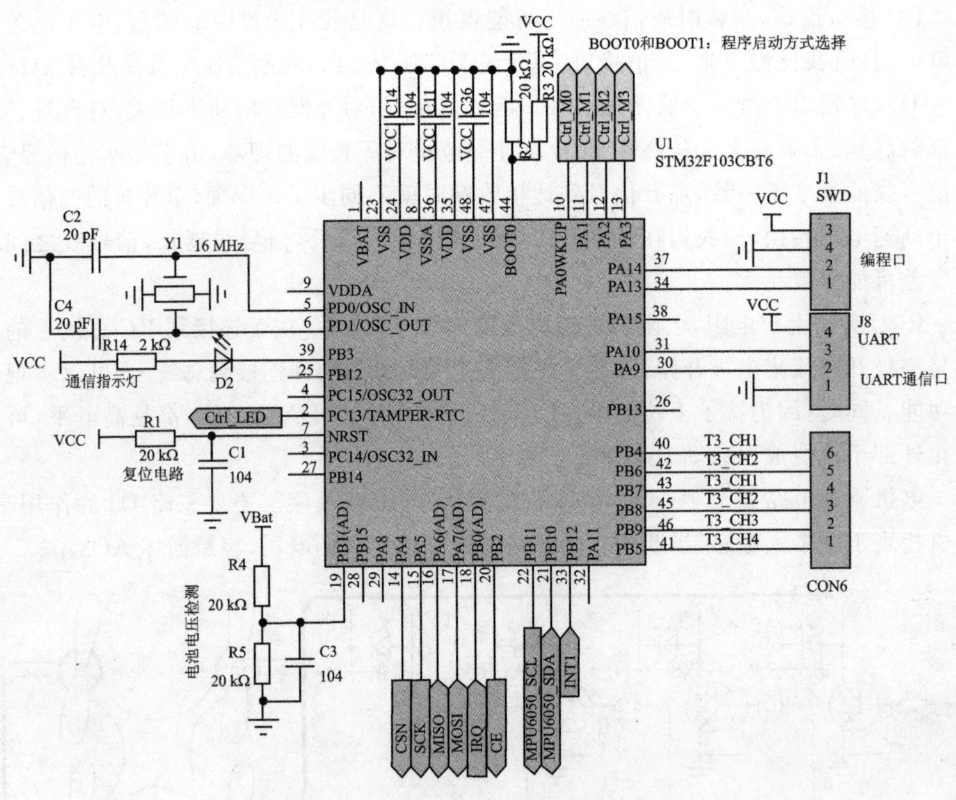

图 4-9 MCU 控制及其他电路

- 通信指示灯用于指示通信状态。
- 电池电压检测：通过 R4、R5 电阻分压，再检测 R5 上电压来计算电池的电压，计算公式为 $V_{BAT}=V_T/R5\times(R4+R5)$，其中 V_T 为 AD 采样电压。
- 采用 SWD 编程口，可以大大减小 PCB 尺寸，使仿真和下载固件更加便捷。
- 预留 UART 通信口，方便调试。
- BOOT0 设置为低电平输入，R2 焊接 20 kΩ 电阻，R3 不焊。程序从单片机内部启动。

第 5 章

DIY 遥控器硬件平台

5.1 DIY 遥控器硬件资源介绍

遥控器实物各功能部件如图 5-1 所示。

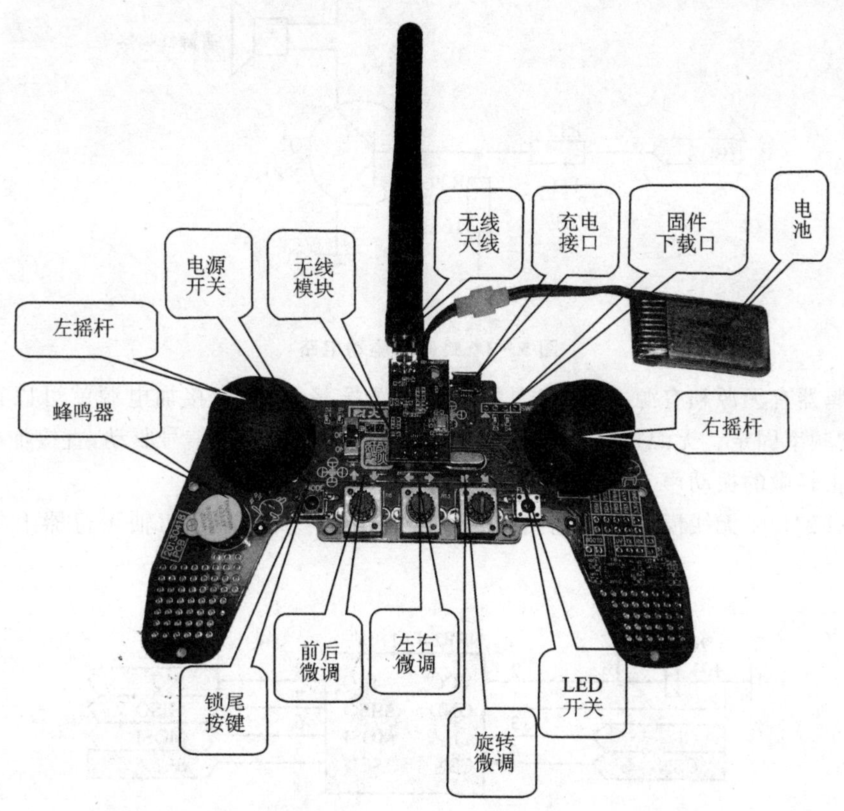

图 5-1 遥控器实物

遥控器结构图如图 5-2 所示。

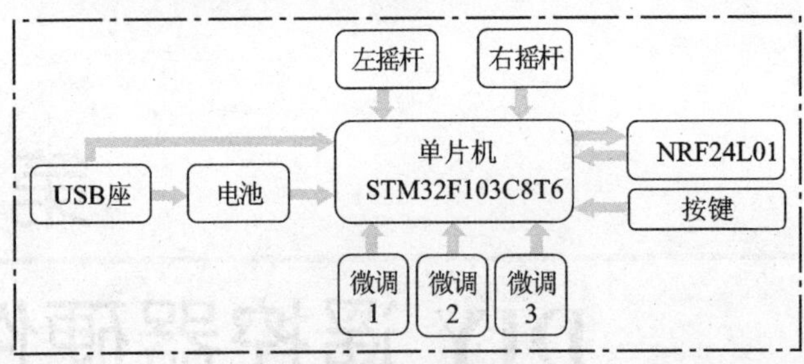

图 5-2　遥控器结构图

5.2　DIY 遥控器原理图解读

蜂鸣器驱动电路如图 5-3 所示,其中的有源蜂鸣器在高电平下可驱动。

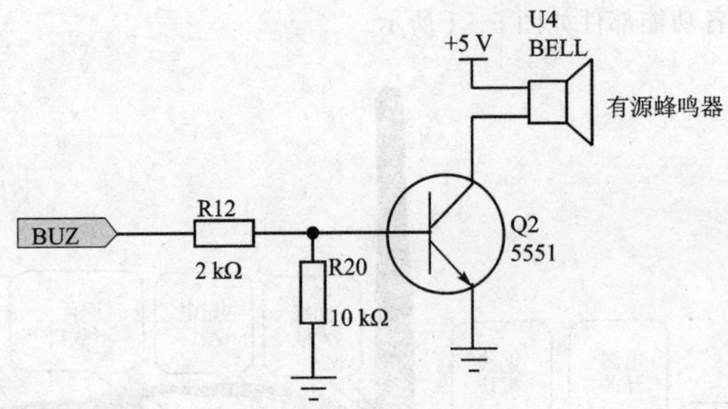

图 5-3　蜂鸣器驱动电路

蜂鸣器有无源和有源之分,有源蜂鸣器内置振荡电路,直接加电源就可以正常发声,通常频率固定。无源蜂鸣器则需要通过外部的正弦或方波信号驱动,直接加电源只能发出很轻微的振动声。

NRF24L01 无线模块接口电路如图 5-4 所示。该接口与四轴飞行器上的接口一致。

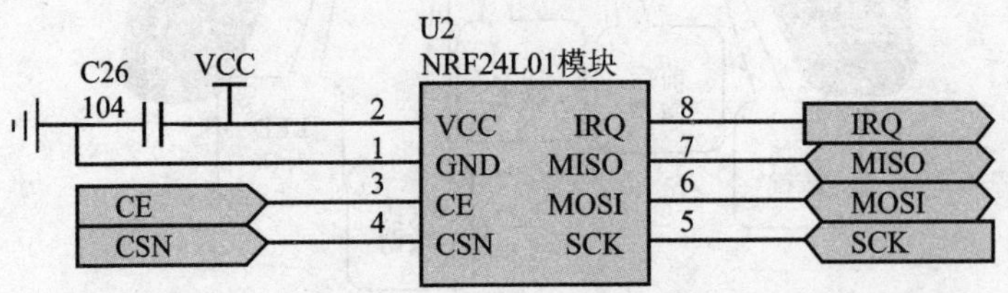

图 5-4　无线模块接口电路

微调电路如图 5-5 所示。

前后微调:在四轴飞行器仅加油门飞离地面后,如果它朝前或朝后飞行,则须调节该旋钮来进行校正。朝前方飞行时顺时针慢慢调节旋钮，往后飞行则逆时针慢慢调节，直至四轴飞行器保持稳定。

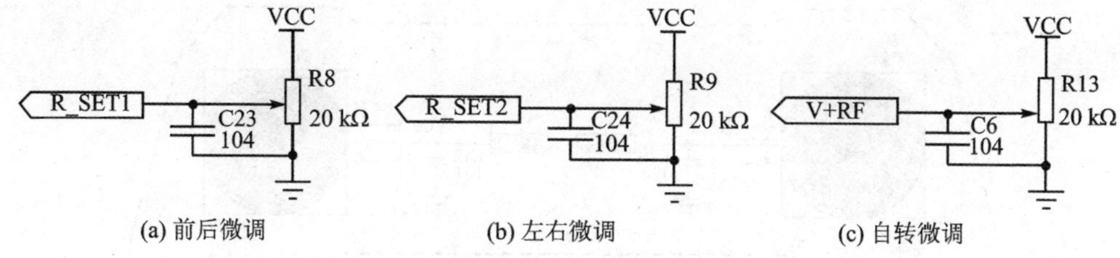

(a) 前后微调　　(b) 左右微调　　(c) 自转微调

图 5-5　微调电路

左右微调：在四轴飞行器仅加油门飞离地面后，如果它朝左或朝右飞行，则须调节该旋钮来进行校正。朝左飞行时顺时针慢慢调节旋钮，朝右飞行则逆时针慢慢调节，直至四轴飞行器保持稳定。

自转微调：在四轴飞行器仅加油门飞离地面后，如果它顺时针或逆时针自转，则须调节该旋钮来进行校正。逆时针自转时顺时针慢慢调节旋钮，顺时针自转则逆时针慢慢调节，直至四轴飞行器保持稳定。

充电和电源电路如图 5-6 所示。

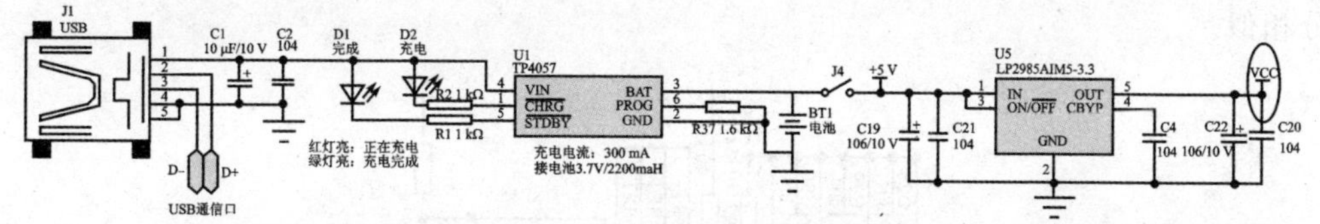

图 5-6　充电和电源电路

U1(TP4057)是一款完整的单节锂离子电池充电器，它带电池正负极反接保护，并采用恒定电流、恒定电压线性充电方式。其 SOT 封装与较少的外部元件数目使得 TP4057 成为便携式应用的理想选择。TP4057 适合 USB 电源和适配器电源工作。由于采用了内部 P-MOSFET 架构，加上防反充电路，不需要外部检测电阻器和隔离二极管。热反馈可对充电电流进行调节，以便在大功率操作或高环境温度条件下对芯片温度加以限制。充电电压固定于 4.2 V，而充电电流可通过一个电阻器进行外部设置。当充电电流在达到最终浮充电压之后降至设定值 1/10 时，TP4057 将自动终止充电循环。当输入电压(交流适配器或 USB 电源)被拿掉时，TP4057 自动进入一个低电流状态，将电池漏电流降至 2 μA 以下。也可将 TP4057 置于停机模式，以将供电电流降至 40 μA。TP4057 的其他特点包括充电电流监控器、欠压闭锁、自动再充电和两个用于指示充电结束和输入电压接入的状态引脚。

U5(LP2985AIM-3.3)是一款超小封装(SOT-23)的电源稳压芯片，其特点如下：能输出150 mA电流(输出 3.3 V，具有 0.495 W 负载能力)；内阻低至 0.3 Ω，自身压降小；输出精度高达 1%；具有过热和过流保护；工作温度范围宽；等。

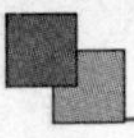

摇杆电路如图 5-7 所示。每个摇杆由 2 个电位器组成，故摇杆电路只是简单的 AD 采样电路。

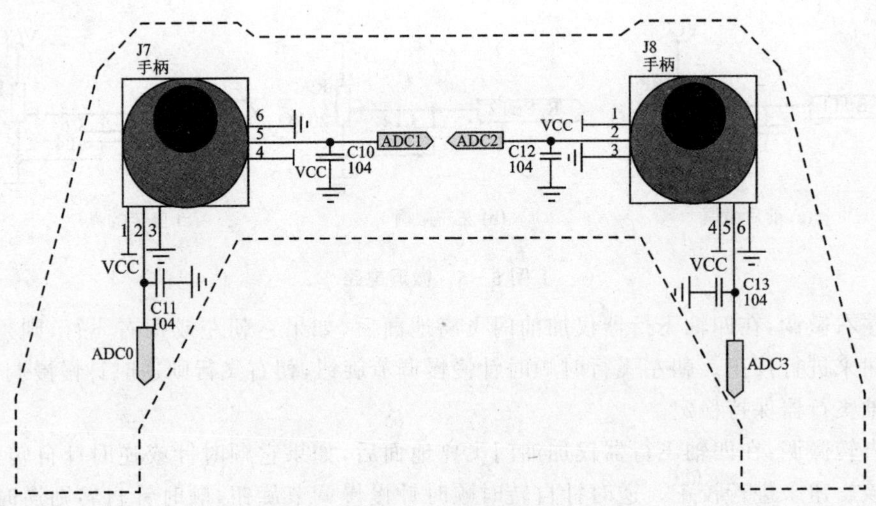

图 5-7　摇杆电路

MCU 控制及其他电路如图 5-8 所示。遥控器的 MCU 部分与飞行器的 MCU 部分相似。

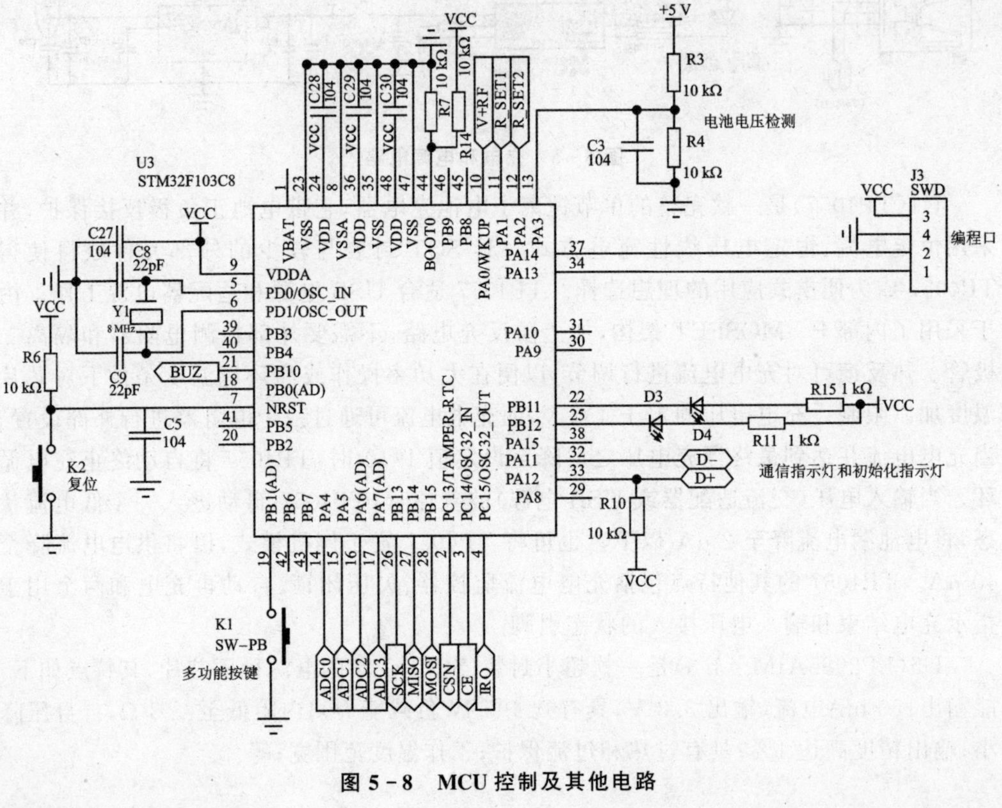

图 5-8　MCU 控制及其他电路

第6章

烈火飞行器的硬件实物与组装

本章介绍烈火飞行器的硬件实物以及硬件的组装和调试。

网友大多喜欢亲自动手焊接调试，但是焊接 STM32、MPU6050、3225 晶振一般需要专用的焊台、热风枪等。为了降低焊接难度，提高焊接的成功率，这里以图 6-1 的形式向读者提示全套散件。PCB 板子上的贴片元件全部由 SMT 工厂完成，用高速贴片机准确无误地焊接好所有的贴片芯片。我们只要组装和焊接一些常用的插件类元件，就能试飞了。

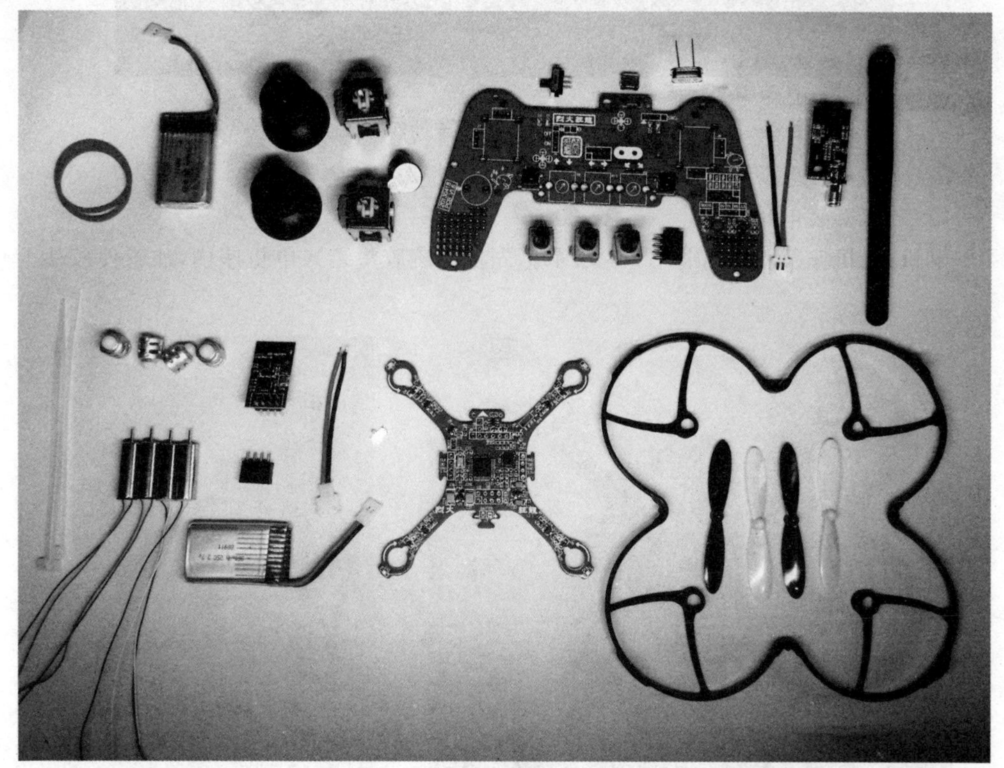

图 6-1 烈火飞行器全套散件

6.1 飞行器的组装

图 6-2 所示为飞行器的全部元件,包括扎带、电机座、电机、无线模块、电池插件、电源开关、飞控和机架、无线模块插件、锂电池、桨叶、护罩等。

图 6-2 飞行器的全部元件

第一步,焊接电源开关,如图 6-3 所示。

第二步,安装电机组件。

电机、电机座及胶垫如图 6-4 所示。先将减震胶垫装入电机座内,注意使胶垫上

图 6-3 焊接电源开关

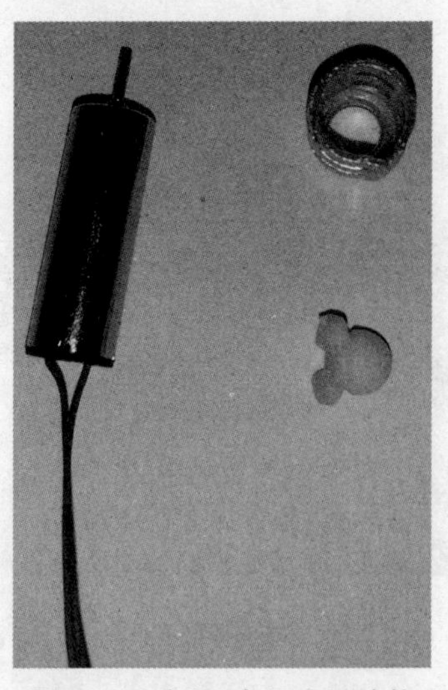

图 6-4 电机、电机座及胶垫

面的线槽位置对准凸起的部分。

组装后的电机座及胶垫安装实物图如图 6-5 所示。把电机的线整理好，并从电机座缺口处引出来。

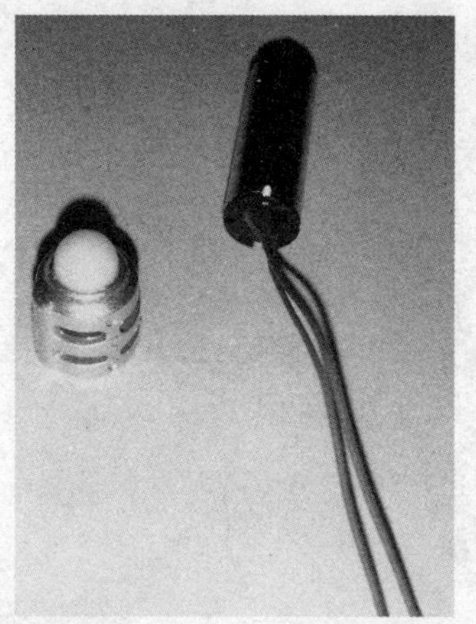

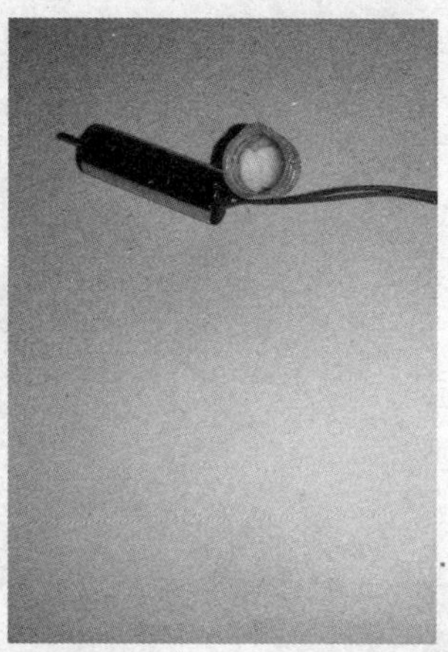

图 6-5　电机座及胶垫安装

装好后的 4 个电机如图 6-6 所示。再适当整理一下电机的引出线，若原先线太长，则用剪刀剪去多余的部分，使引出线和电机轴平齐即可。

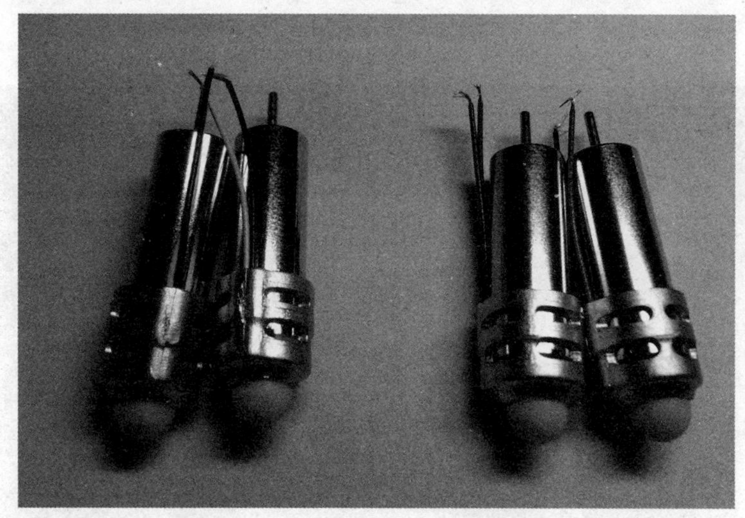

图 6-6　电机部件组装

第三步，将电机对号入座安装到 PCB 上。需要注意的是，电机有两种：一种为红蓝线正转电机，红线为正极，蓝线为负极；另一种为黑白线反转电机，白线为正极，黑线为负极。PCB 上电机接口处有电机转向标识，顺时针旋转箭头处安装红蓝线电机，对角安装同一转向的电机。

电机安装实物组装图如图 6-7 所示，细节部分见图 6-8 和图 6-9。

图 6-7　电机安装

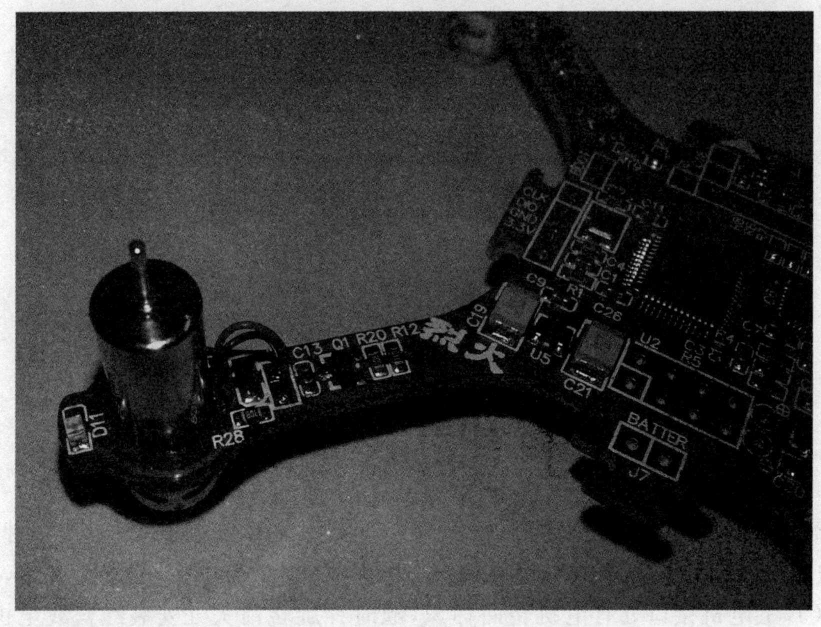

图 6-8　电机安装细节(一)

图 6-9 电机安装细节(二)

组装好的飞行器背面如图 6-10 所示。电机线从板子上的缺口处出来,全部安装到位后在电机座与 PCB 间加一点点 502 胶水。注意:胶水不能过多,否则胶水流入电机内部,整个电机就报废了。这样安装后,整体强度非常高,飞行器降落时电机下方有胶垫做缓冲,对整个飞行器的保护非常到位。

图 6-10 飞行器的背面

第四步,焊接 NRF24L01 无线模块接口,如图 6-11 所示。

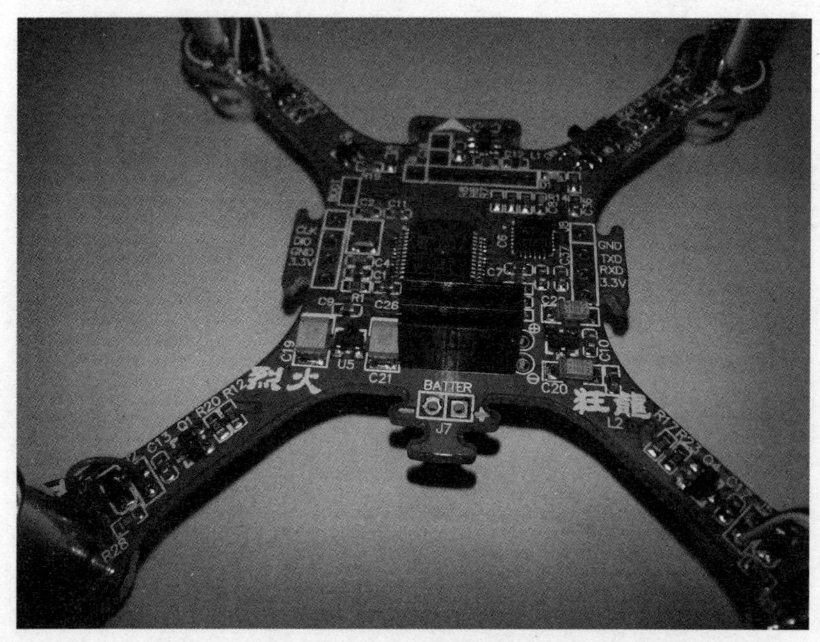

图 6-11　焊接无线模块接口

第五步，焊接电池线并用扎带固定。焊接电池接口正面实物图如图 6-12 所示，图 6-13所示为焊接电池接口反面。

图 6-12　焊接电池接口正面

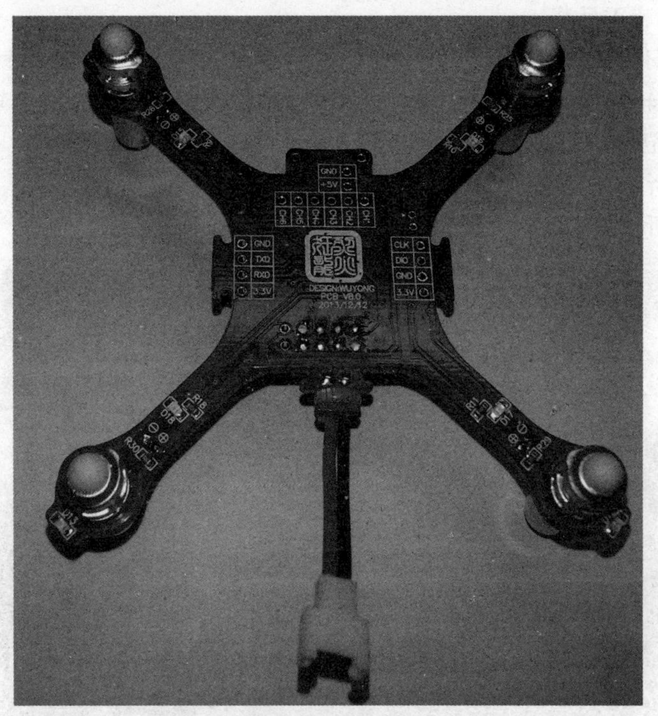

图 6-13　焊接电池接口反面

第六步，安装防护罩。防护罩安装实物图如图 6-14 所示。要全部安装到位，否则会阻碍桨的转动，影响飞行效果。

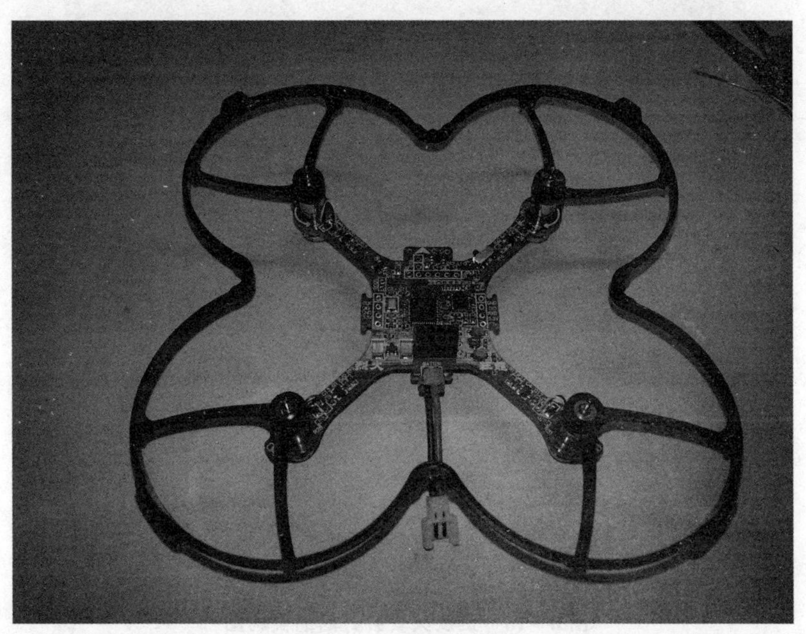

图 6-14　安装防护罩

第七步，安装正反桨。

为了正确安装桨叶，首先认识一下正反桨。如图 6－15 所示，顺时针转风向向下的为正桨，逆时针转风向向下的为反桨。也可以从桨上的印字上区分，正桨上有 A 标记，反桨上有 B 标记。

图 6－16 所示为安装好后的实物图。

图 6－17 所示为安装好后的细节图。

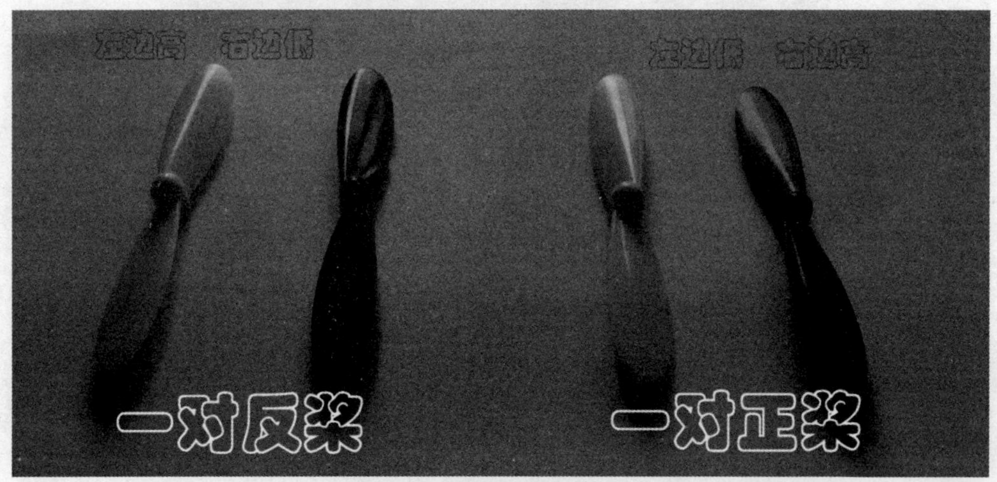

图 6－15　正反桨识别

图 6－16　正反桨安装好后的实物图

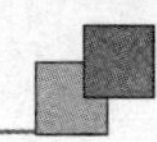

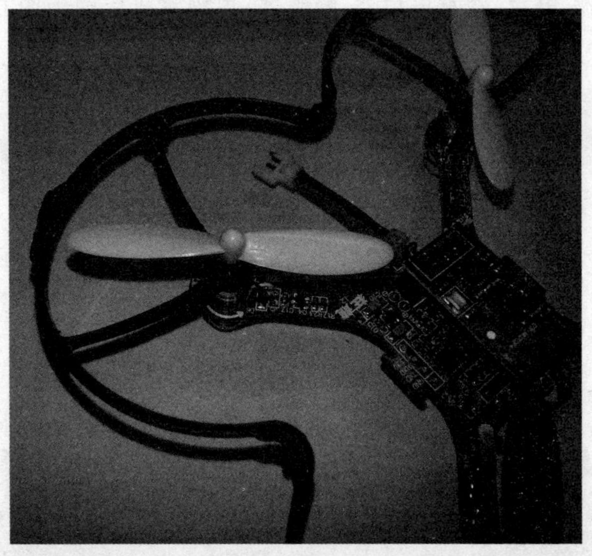

图 6－17　正反桨安装好后的细节图

6.2　遥控器的组装

遥控器的全部元件如图 6－18 所示：扎带、电池插件、电池、晶振、无线模块天线、无线模块、电源开关、USB 接口、蜂鸣器、无线模块插座、摇杆电位器组件、遥控器 PCB、微调电位器等。

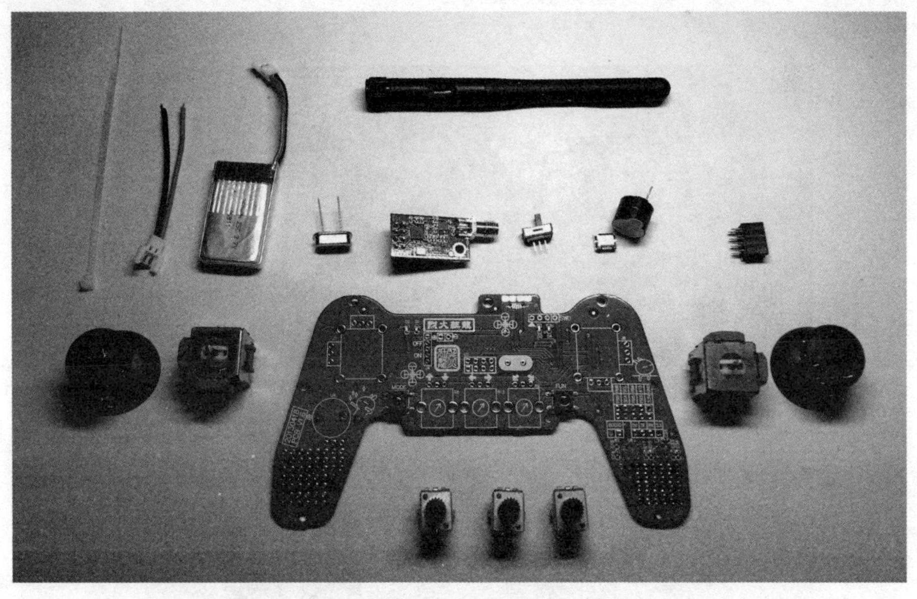

图 6－18　遥控器的全部元件

首先，焊接晶振、开关、摇杆电位器、蜂鸣器，焊接完成后即为图 6-19 所示的遥控器焊接插件图(一)。

图 6-19 遥控器焊接插件图(一)

然后，焊接 NRF24L01 无线模块插座、电池线，安装摇杆电位器帽子。图 6-20 所示为焊接完成后的遥控器焊接插件图(二)，图 6-21 所示为焊接完成后的遥控器焊接插件图(三)。

图 6-20 遥控器焊接插件图(二)

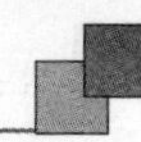

图 6-21　遥控器焊接插件图(三)

遥控器成品实物图见图 6-22。

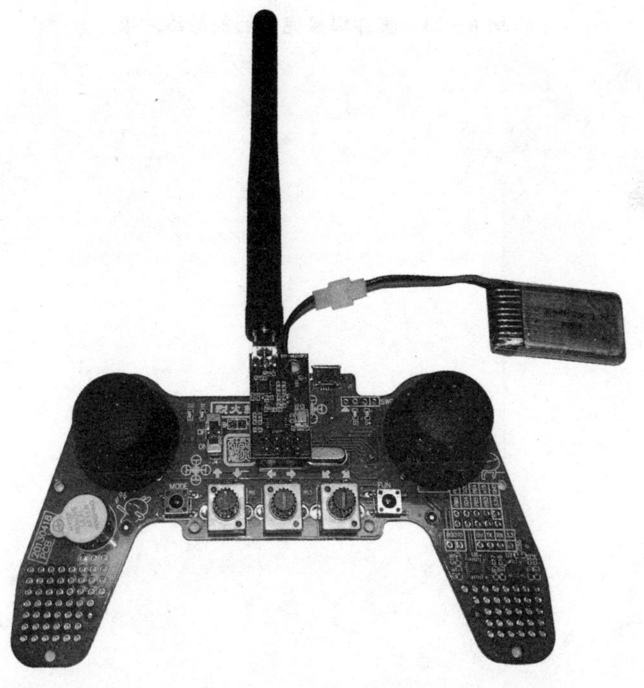

图 6-22　遥控器成品实物图

套件焊接完成的最终效果如图 6－23 所示。

图 6－23　套件焊接完成后的最终效果

第7章

烈火飞行器固件下载和使用说明

7.1　SWD 模式

安装 J－Link 驱动后打开软件 J－Flash ARM，如图 7－1 所示。

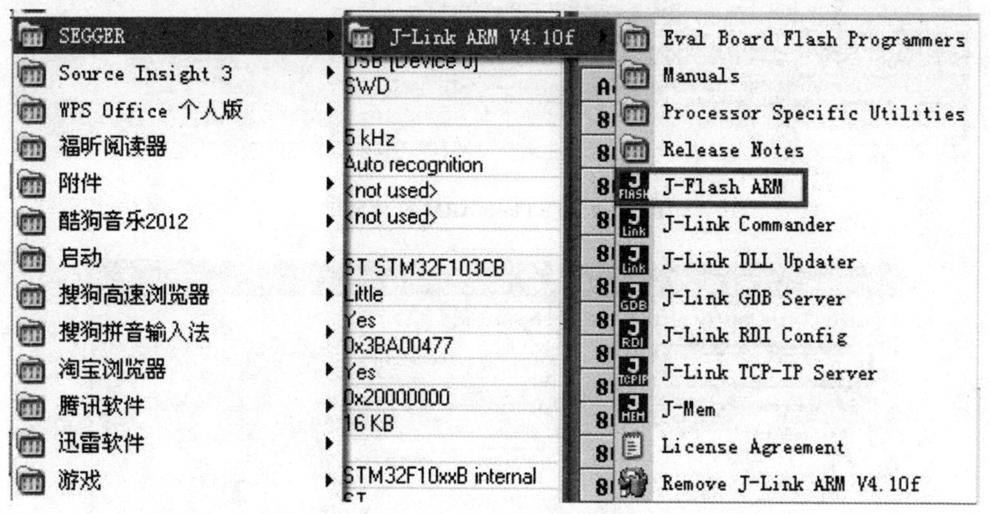

图 7－1　打开 J－Flash ARM

在图 7－2 所示的 J－Flash ARM 窗口中，选择 Options 菜单中的 Project Settings 命令。

在 Project Settings 对话框的 Target Interface 选项卡的下拉列表框中选择 SWD 模式，如图 7－3 所示。

然后，选择芯片型号。在 Project Settings 对话框的 CPU 选项卡的 Device 下拉列表框中选择 ST STM32F103C8，如图 7－4 所示。

接下来，选择相应的固件。在 File 菜单中选择 Open Datafile 命令，然后选择遥控器或是飞行器固件，如图 7－5 所示。

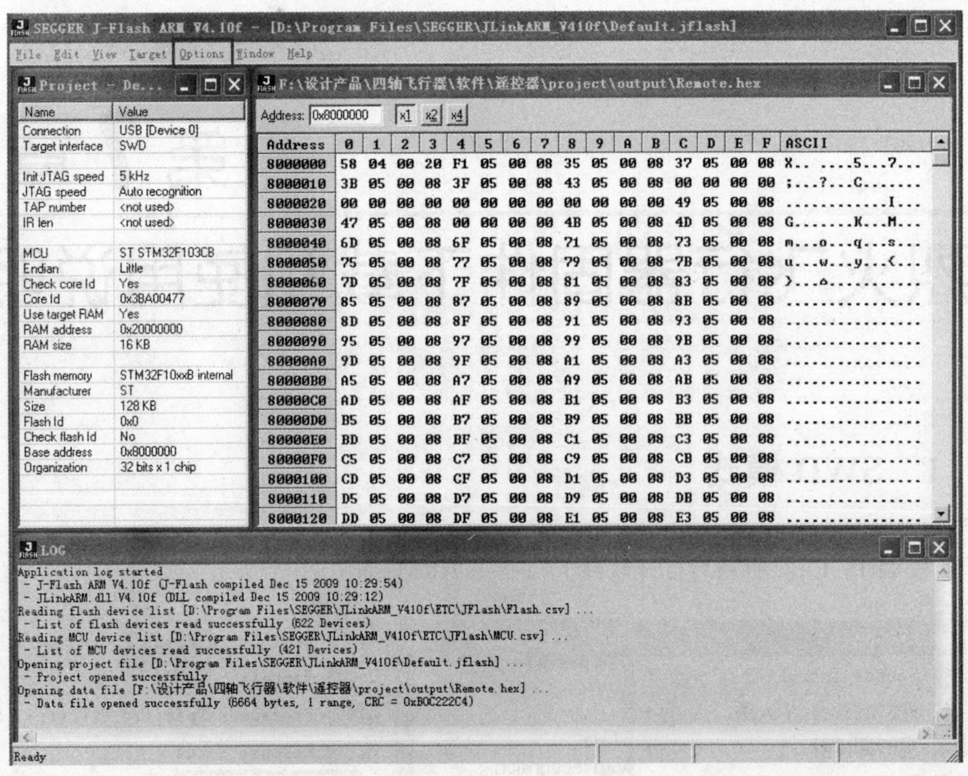

图 7-2 J-Flash ARM 软件窗口

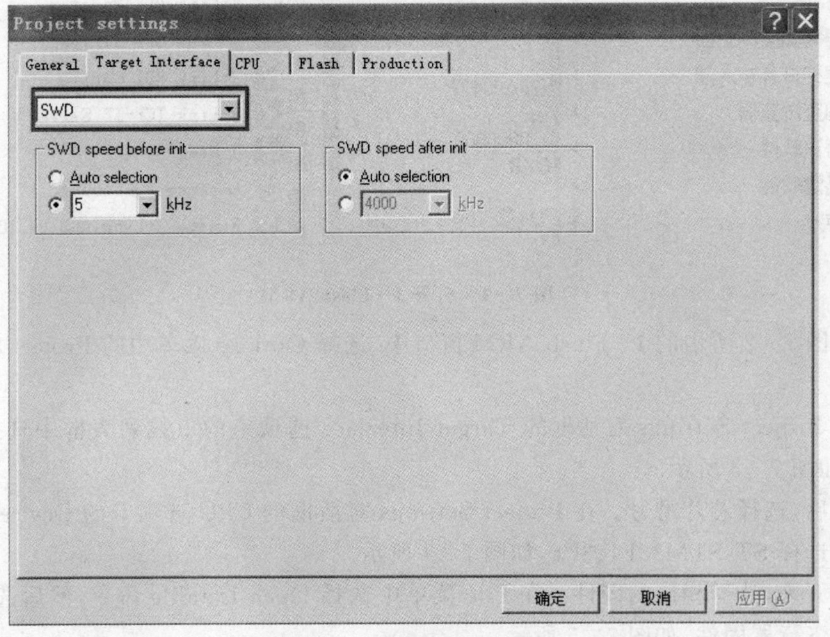

图 7-3 选择 SWD 模式

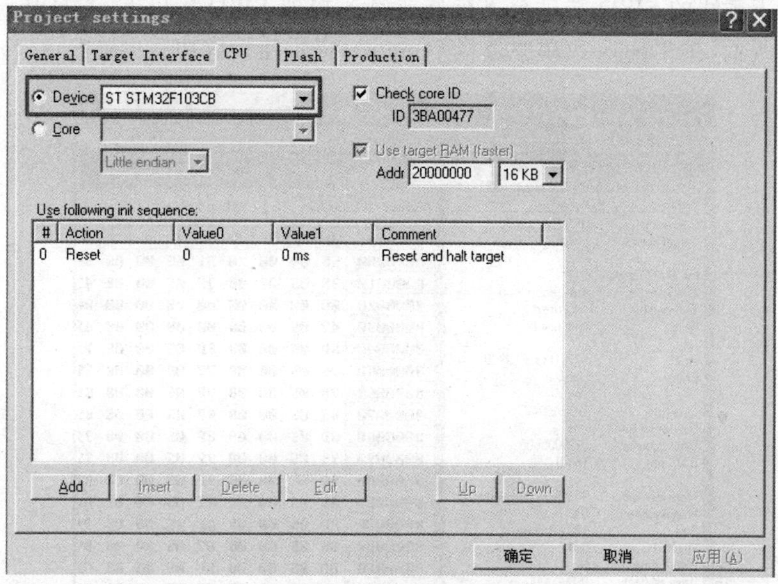

图 7-4　选择芯片型号

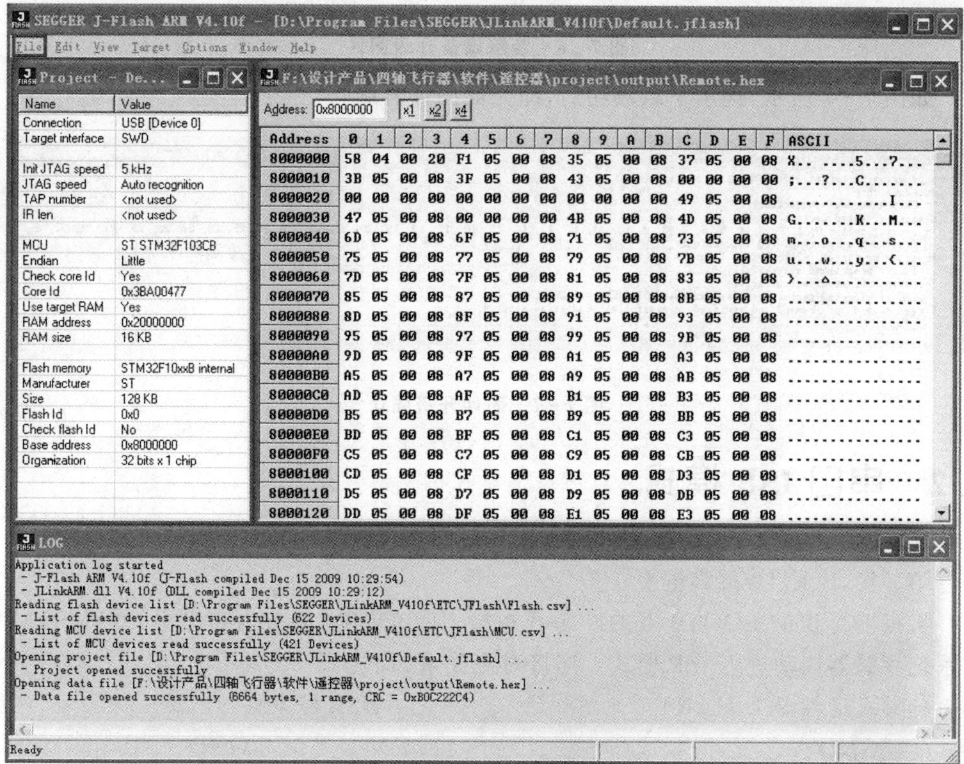

图 7-5　选择相应的固件

最后，连接下载线的 SWD 端口至飞行器或是遥控器 SWD 接口上，并打开设备电源。如图 7－6 所示，在 Target 菜单中选择 Connect，提示连接成功后再单击 Auto。

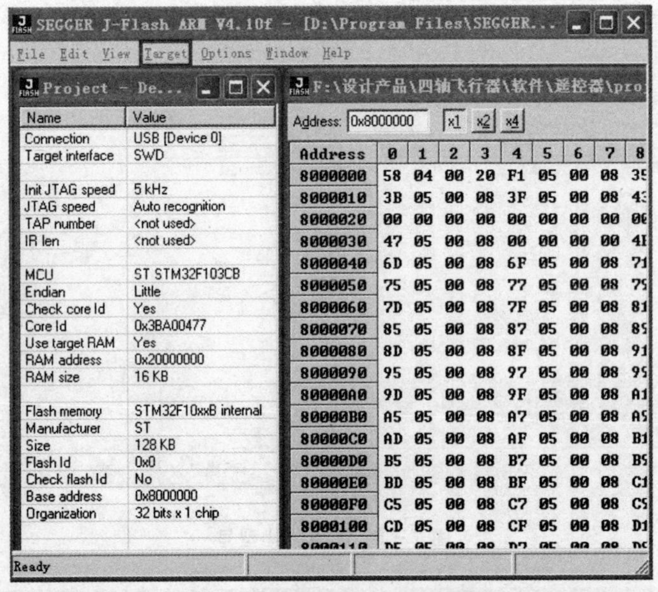

图 7－6　连接设备升级固件

如图 7－7 所示，提示下载成功后，即完成固件升级！

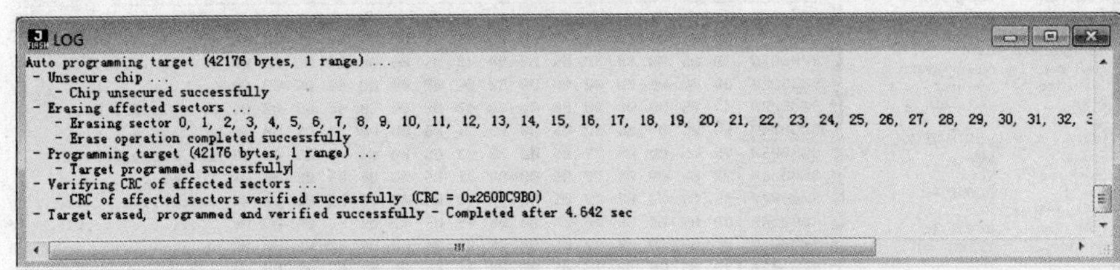

图 7－7　固件升级成功

7.2　串口 ISP 模式

第一步，BOOT0 接高电平。

将板上标识的 BOOT0 下的 2 个孔短接，使 BOOT0 端口为高电平，使得 STM32 从系统存储器启动进入 ISP 模式。连接对应关系如下：

飞行器或遥控器上 UART		USB 转串口
GND	<———>	3.3 V　TTL　GND
TXD	<———>	3.3 V　TTL　RXD
RXD	<———>	3.3 V　TTL　TXD

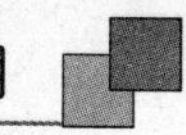

需要注意的是：UART 不能直接与电脑的串口相连，否则 STM32 会因为电平不匹配而烧坏。电平格式为 3.3 V，如果 USB 转串口模块是 5 V 电平，为防止烧坏单片机 I/O，请在连线中串入 1 kΩ 的电阻以限流。

第二步，插上电源，打开 FlyMcu.exe 软件（如图 7－8 所示），选择当前连上遥控器的串口，将波特率设为 115 200 bps。

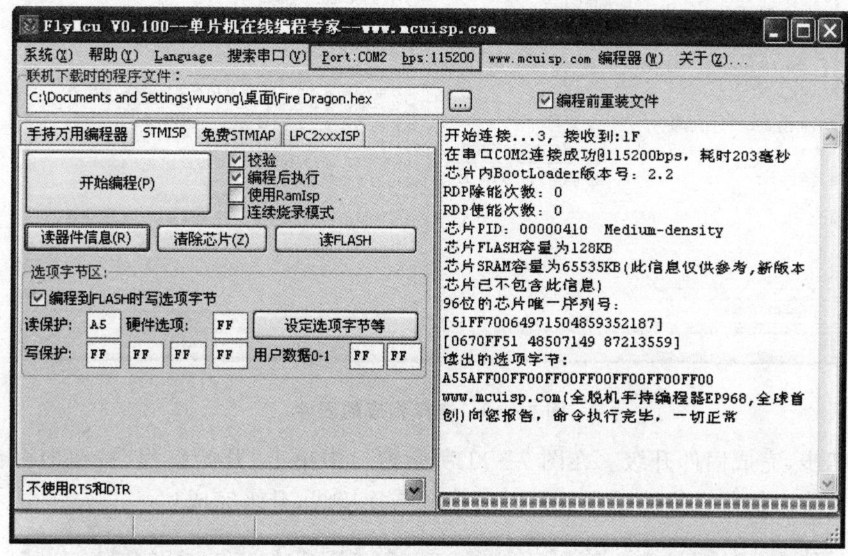

图 7－8　选择 UART Port

在图 7－8 所示窗口中单击“读器件信息”按钮，如果全部正常则出现图 7－9 所示右侧框内的器件信息。

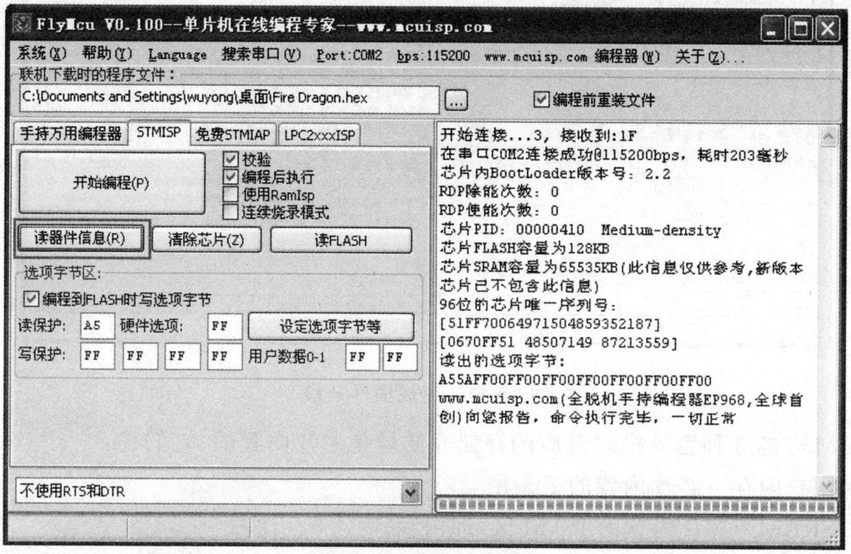

图 7－9　读器件信息

第三步，选择相应的固件。如图 7-10 所示，选择遥控器或飞行器固件。

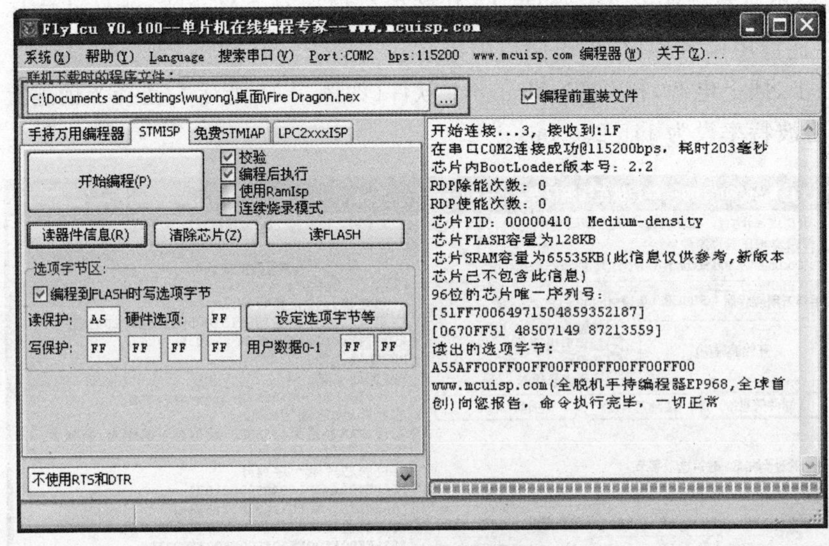

图 7-10 选择相应的固件

第四步，完成固件升级。在图 7-11 所示窗口中单击“开始编程”按钮即可自动更新代码。待右侧信息提示结束后再断开电源与连接线，升级完成！

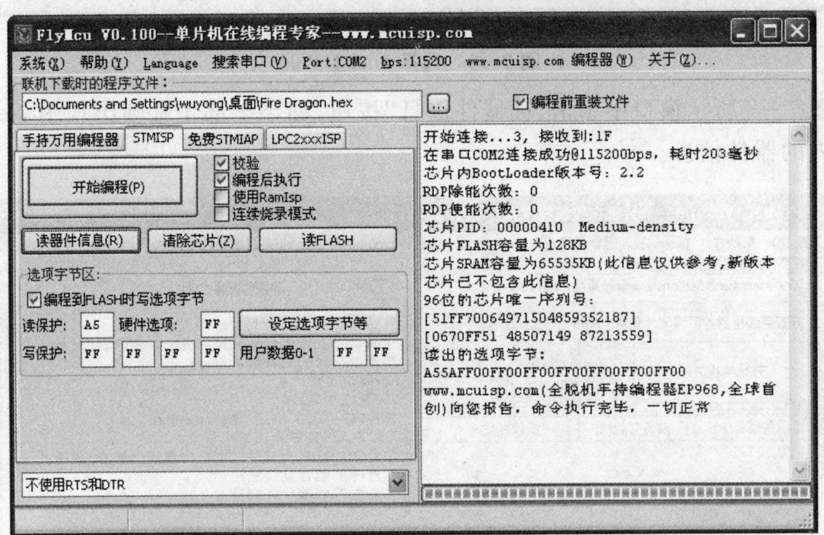

图 7-11 完成固件升级

STM32 的 3 种启动模式对应的存储介质均是芯片内置的，它们是：

① 用户闪存＝芯片内置的 Flash。

② SRAM＝芯片内置的 RAM 区，即内存。

③ 系统存储器＝芯片内部一块特定的区域，芯片出厂时在这个区域预置了一段

Bootloader,即通常说的ISP程序。这个区域的内容在芯片出厂后不可修改或擦除,即它是一个ROM区。在每个STM32的芯片上都有BOOT0和BOOT1两个引脚。这两个引脚在芯片复位时的电平状态决定了芯片复位后从哪个区域开始执行程序,即(本设备BOOT0默认为0,可设置为1):

- BOOT1=x,BOOT0=0,从用户闪存启动,这是正常的工作模式。
- BOOT1=0,BOOT0=1,从系统存储器启动,启动的程序功能由厂家设置。
- BOOT1=1,BOOT0=1,从内置SRAM启动,这种模式可以用于调试。

7.3 烈火飞行器操作说明

在准备试飞烈火微型四轴之前请仔细阅读下面的重要信息,并按图示来安装桨和护罩。请注意:桨不能装错或装反,否则无法正常起飞。

本飞行器为X模式,飞行更为灵活,更便于携带微型FPV、微型摄像机等设备,以满足不同的需求。图7-12所示为遥控器功能图,左手控制油门及转向,右手控制前后及左右飞行。这种遥控方式就是常说的美国手遥控。经常玩直升机的读者可能更喜欢

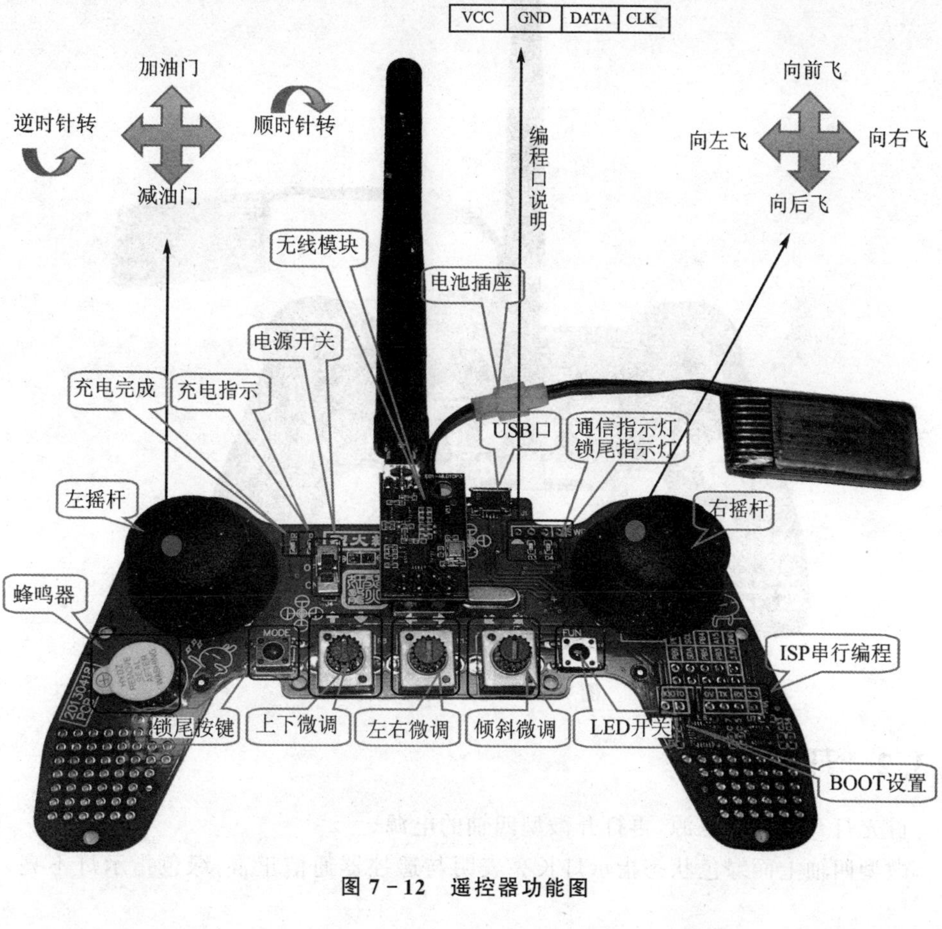

图7-12 遥控器功能图

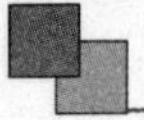

日本手，即油门在右手边，和美国手刚好相反。

7.3.1 摇杆对中及传感器校正

遥控器下载程序后，第一次开机时需要进行摇杆对中。对中时请让各个摇杆和微调旋钮保持在物理中点不动。对中操作如下：遥控器开机时按住 LED 开关（即 FUN 按键），待红色 LED 按 1 Hz 频率闪烁时即可松开 FUN 按键，遥控对中完成。

然后固定微型四轴飞行器背面的电池。插上电池接口，打开电源开关，微型四轴上面指示灯交替闪烁。在闪烁完成之前，将飞行器置于水平地面上。飞行器下载程序后，请按如图 7-13 所示，将左手摇杆置于左下角，将右手摇杆拉到最低，校正一次陀螺仪和加速度传感器。校正操作如下：把右手方向摇杆向下按住，再把左手油门摇杆向左下角按住不放，1 s 后看到飞行器上指示灯亮起时，即完成零偏校正，可松开两个摇杆。此时默认当前姿态为“0”点，如果校正时没放水平，飞行器将会偏向一边飞！

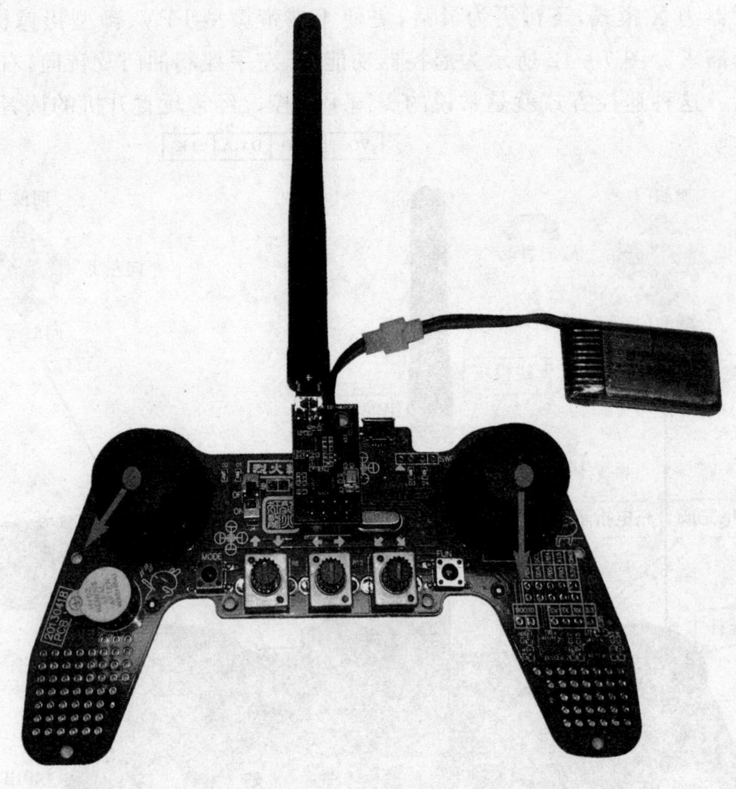

图 7-13 校正传感器方法

7.3.2 开机顺序

首先打开遥控器电源，再打开微型四轴的电源。

微型四轴上面绿色状态指示灯长亮表明与遥控器通信正常，绿色指示灯不亮表明

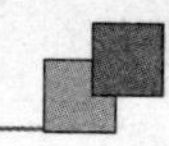

没有与遥控器通信。

遥控器绿色状态指示灯长亮表明与飞行器通信正常，绿色指示灯不亮表明没有与微型四轴通信。红色状态指示灯以 1 Hz 频率闪烁表明遥控程序正常运行；若红色 LED 以 10 Hz 频率快速闪烁同时蜂鸣器响起，表明微型四轴或遥控电池电压过低，请检查电池并充电。将油门摇杆置于左下角，2 s 后看到微型四轴上的指示灯闪一下，把油门摇杆保持在最低，移到中间后再推油门，此时可以看到 4 个桨转动，加大油门就可起飞。注意避免开遥控器油门处于中立位置，开机自动处于起飞状态。

当通信不正常时，请检查遥控器和飞行器的电源是否正常。

7.3.3　微调旋钮

如果实际起飞总向一边偏，可以调整 3 个旋钮以实现左右侧飞、前进后退、左右转向的微调。

7.3.4　关机顺序

关机时请先关闭微型四轴飞行器的电源，再关闭遥控器电源。

7.3.5　锁尾模式

建议新手试飞时选用锁尾模式，这样只要初始放好飞行器，不用担心控制不好航向。这个功能是其他玩具小四轴不具备的。按下锁尾按键，进入锁尾模式，遥控器上红色状态指示灯以 4 Hz 频率闪烁；再次按下锁尾按键，即退出锁尾模式，遥控器上红色状态指示灯以 1 Hz 频率闪烁.

7.3.6　LED 开关

新增加飞行器上 LED 开关功能，按遥控器上的 FUN 按键即可控制飞行器上的 LED。

7.3.7　电池电量检测

飞行器电池电量不够时，飞行器上的 LED 会以 10 Hz 频率闪烁，遥控器上的红色 LED 以 10 Hz 频率闪烁同时蜂鸣器报警，此时应尽快召回飞行器，换电池，并将换下的锂电池充电。切记不要等飞行器飞不动时再停机，这样时间长了会损坏锂电池。

7.3.8　电池充电

如图 7－14 所示，直接将 Micro USB 线插于 USB 接口，另一端插上电脑 USB 接口或通用的手机充电器接口，充电时红色指示灯(D1)亮，充满时绿灯(D2)亮。

新手操作时，切记分清楚航向，做方向性操作时动作要柔和；油门控制要适度，不要突然加大或减小油门，否则极容易炸机，损坏电机或桨。如果电机或桨损坏，则需要更换新的配件。另外，请注意电机转向以及桨的正、反，一定不能装错，否则无法起飞。

图 7－14　充电示意图

最后，请勿在人多的地方操作，注意安全！

第三篇 软件篇

本篇将与您一起进行微型四轴飞行器的软件设计，为您的 DIY 设计提供参考。

第 8 章

开发环境之 RVMDK

本章从最基本的新建工程开始，如果您对 STM32 的编译环境非常熟悉，可以跳过本章节。

一般国内较常用的 IDE 是 Keil MDK，故本章也以 Keil MDK 作为软件平台，来给广大四轴爱好者提供一个软件上的参考。

8.1 新建工程指导

首先，要新建一个 STM32 的工程文件，并在这个工程里实现代码的编写、编译、调试。说明：下面是一个用 STM32 库新建 Keil 工程的实验，库函数版本为 3.5，编译环境为 Keil 5.11。新建工程的步骤如下：

① 下载 ST 官方的外设库：stsw - stm32054. zip。以下是 ST 官方的下载链接：http://www. st. com/st - web - ui/static/active/en/st _ prod _ software _ internet/resource/technical/software/firmware/stsw - stm32054. zip。读者也可从本书配套资料中找到。

② 解压得到如图 8 - 1 所示的文件备用。

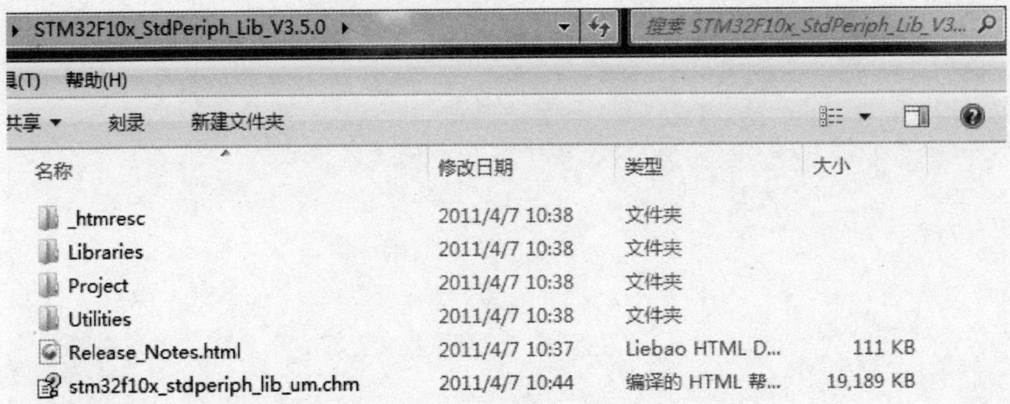

图 8 - 1 解压出的文件

文件夹中存放的内容如下：

_htmresc：ST 的 logo，完全无用，可忽略。

Libraries：包含 STM32 的系统文件和大量头文件，也就是库文件了。利用库文件来编写程序，对于初学者来说是一个很好的入门途径。

Project：包含大量外设的例程，和各个软件版本的评估板工程模板。Keil 对应的就是 MDK - ARM 文件下的工程模板。你可以利用这个工程模板来修改，以得到你自己的工程模块。当某个模块不知如何编程时，可以参考该文件夹内的例程。

Utilities：就是 ST 评估板的相关文件、引脚定义等，这个对我们来说没什么用处。

③ 新建一个文件夹，命名为 RagingFire_Fly。从名字可以看出，这是烈火四轴的飞控端代码。我们将遥控端代码命名为 RagingFire_RC。

④ 在 RagingFire_Fly 文件夹下新建三个文件夹：Library（存放官方的库文件）、RVMDK（存放工程文件）、User（存放用户文件）。新建结束后的界面如图 8 - 2 所示。

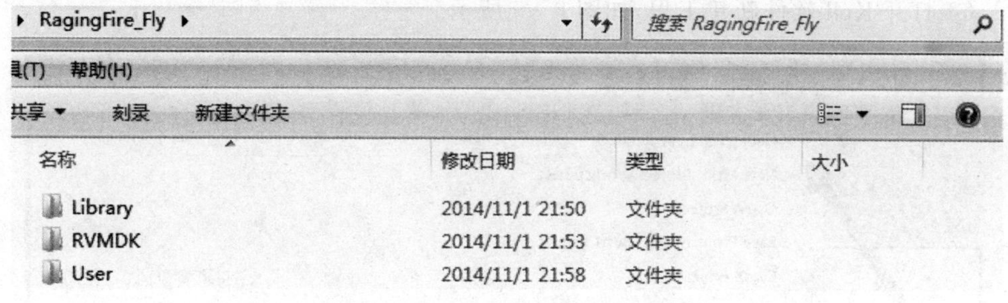

图 8 - 2　新建结束后的界面

先把官方的库文件复制到新建的 Library 文件下，即复制外设库下 Libraries 文件夹中的 CMSIS 文件夹和 STM32F10x_StdPeriph_Driver 文件夹，然后选择一个库里提供的 Example。Example 所在文件夹如图 8 - 3 所示。

图 8 - 3　Example 所在文件夹

选择 STM32F10x_StdPeriph_Examples\GPIO\IOToggle 目录下的 IOToggle 文件夹，在 User 目录下新建两个文件夹：APP 和 BSP。将该目录下文件全都复制到工程 APP 文件夹下，如图 8 - 4 所示 。

在 RVMDK 文件夹中新建 List 和 Output 文件夹用来装 MDK 产生的临时文件和一些“垃圾”文件。给别人发送代码交流的时候可以把以上这两个文件夹里面的东西删

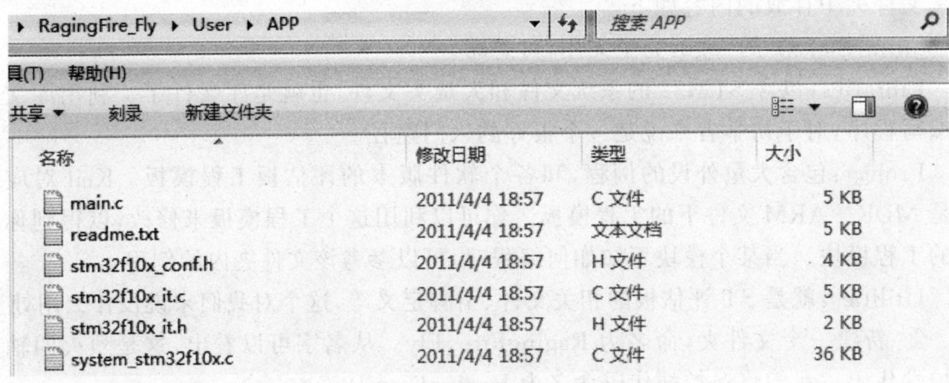

图 8-4 "APP"文件夹中的内容

除后再发送。

⑤ 打开 Keil 软件新建工程,如图 8-5 所示。

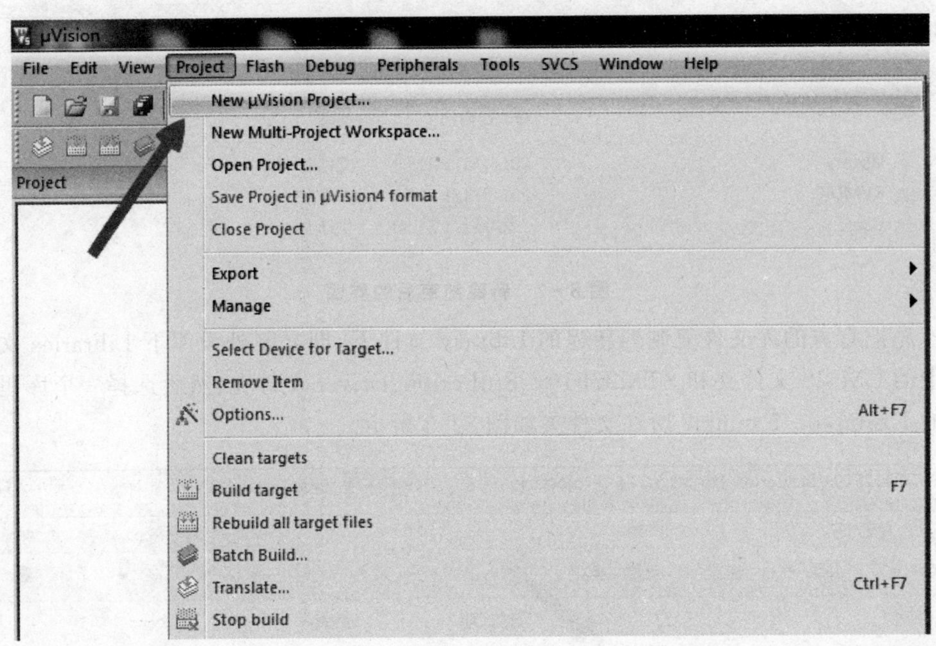

图 8-5 新建 Keil 工程

将新建工程命名为 RagingFire_Fly,保存在 RVMDK 文件夹的根目录下,如图 8-6 所示。

选择芯片型号 STM32F103C8 后单击 OK 按钮,如图 8-7 所示。

⑥ 右击工程窗口中的 Target1,在快捷菜单中选择 Manage Project Items 命令,如图 8-8 所示。

或者直接单击工具栏中由 3 个正方形组成的小图标也可以。

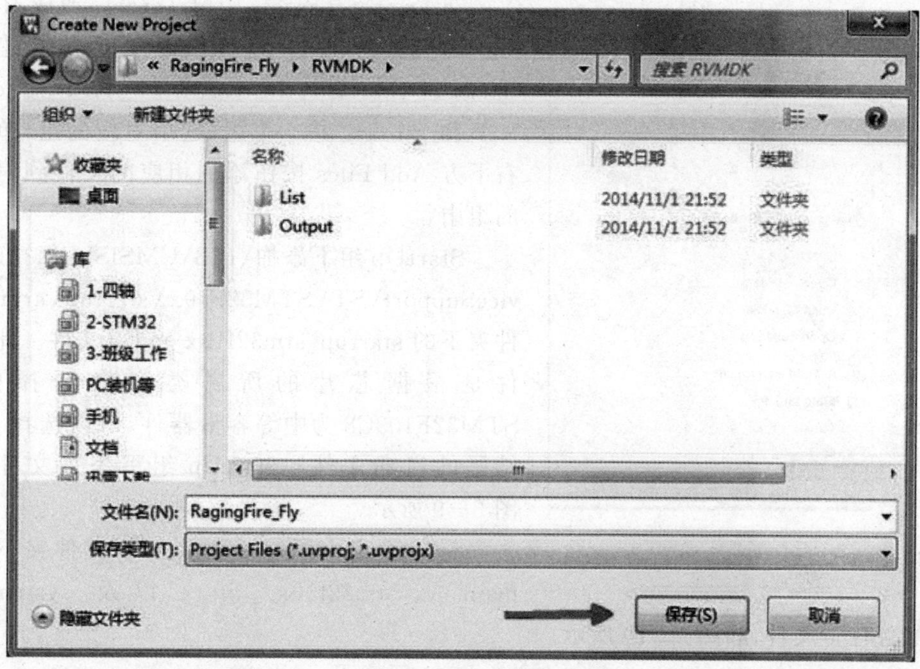

图 8－6　保存 Keil 工程

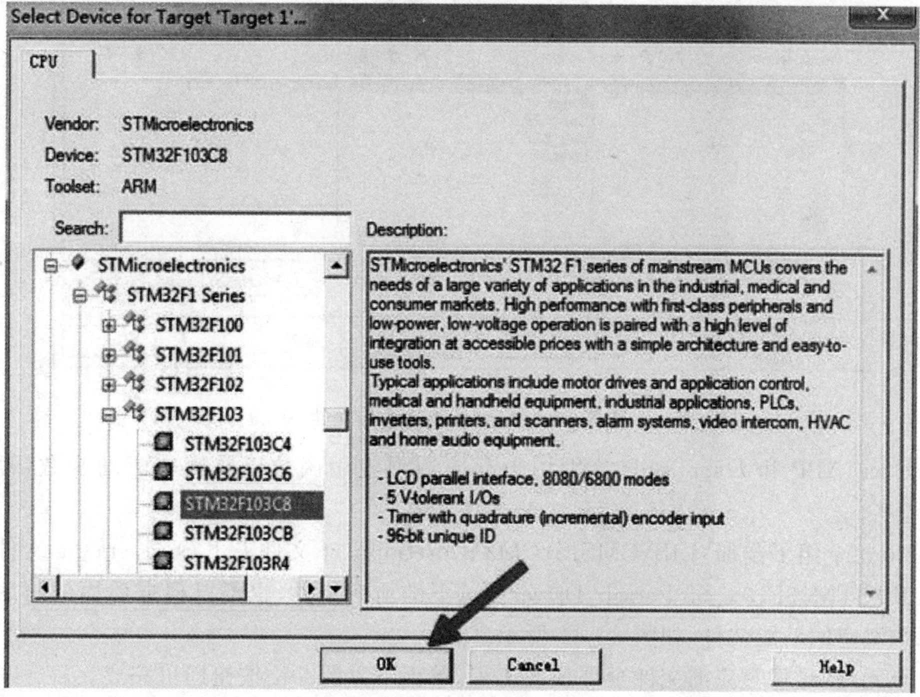

图 8－7　选择芯片型号

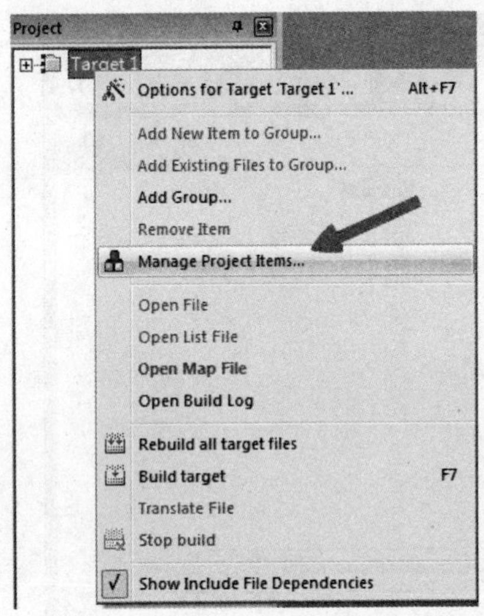

图 8-8　选择 Manage Project Items

在 Project Targets 中把 Target1 改成 RagingFire_Fly；然后单击 Groups 右边的新建按钮，新建 StartUp、System、User_APP、User_BSP 和 Library 共 5 个组；选中对应的组，单击右下方 Add Files 按钮添加相应的文件到对应的组中。

StartUp 组下添加\LIB\CMSIS\CM3\DeviceSupport\ST\STM32F10x\startup\arm 文件夹下的 startup_stm32f10x_md.s 文件。此文件是根据芯片的所属类型来选择的。STM32F103C8 为中等容量器件，所以选择 md 结尾的启动文件。StartUp 组下添加文件如图 8-9 所示。

System 组中添加 User\APP 文件夹下的 main.c、stm32f10x_it.c 以及 system_stm32f10x.c 文件，如图 8-10 所示。

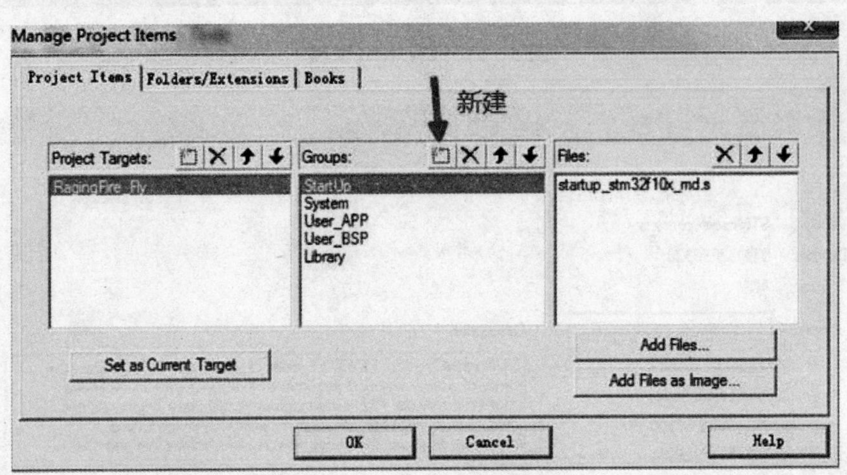

图 8-9　StartUp 组下添加文件

User_APP 和 User_BSP 分别用于存放用户应用函数以及底层驱动函数，暂时空着。

Library 组下添加\LIB\CMSIS\CM3\CoreSupport 文件夹下 core_cm3.c 文件以及\LIB\STM32F10x_StdPeriph_Driver\src 下的所有文件，也可以根据后面的程序功能添加对应的功能文件，如图 8-11 所示。

至此，已经将对应的文件全部加入工程，单击下方的 OK 按钮即可完成。

添加完成后，单击 RagingFire_Fly 前的"+"号，工程主界面左侧会显示已添加的内容，如图 8-12 所示。

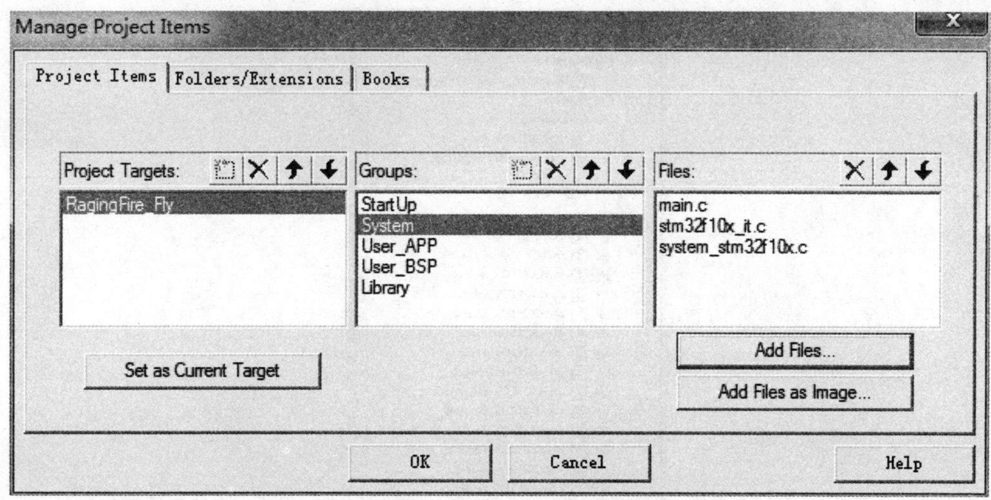

图 8－10　System 组下添加文件

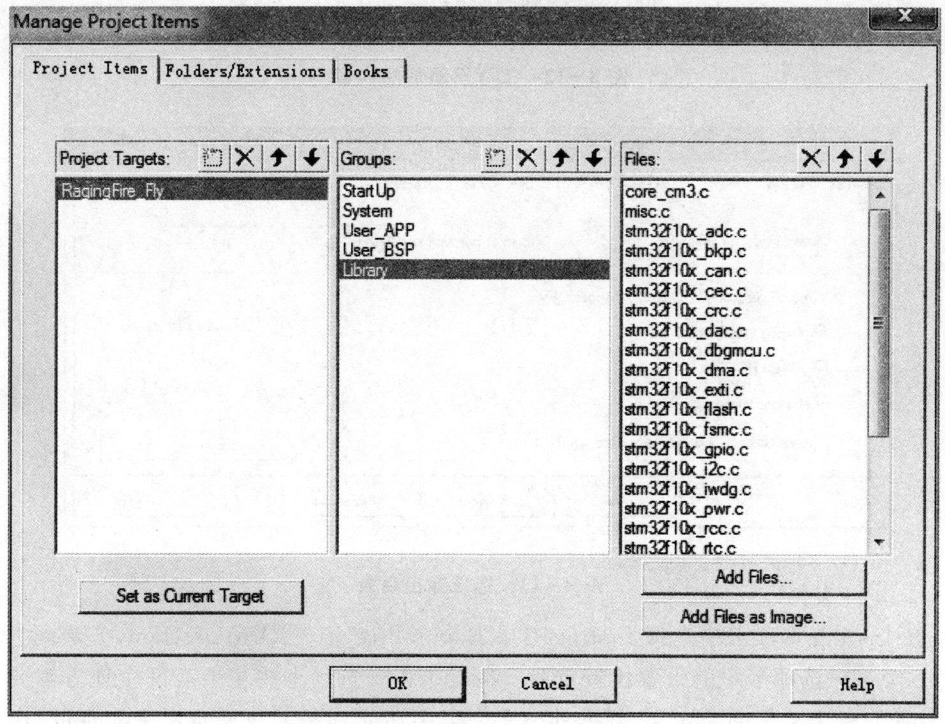

图 8－11　Library 组下添加文件

⑦ 设置目标参数。

在 Output 选项卡中选择输出目录到 RagingFire_Fly\RVMDK\Output，此处要双击工程内的 Output 文件夹才可选中该目录，同时选中 Create HEX File 项，如图 8－13 所示。

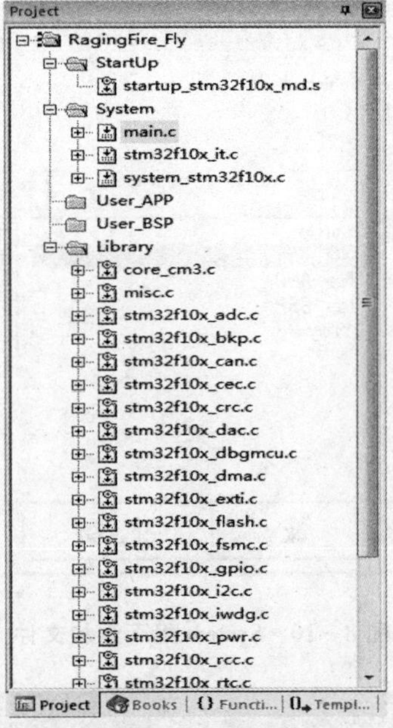

图 8-12　工程已添加的内容

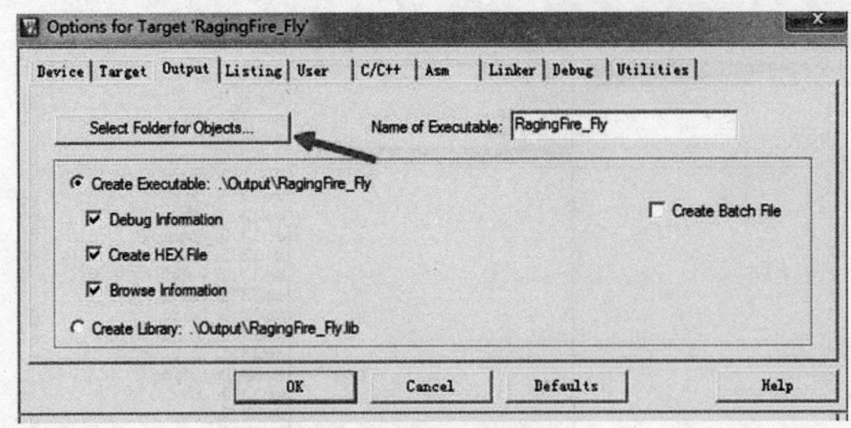

图 8-13　选择输出目录

在 Listing 选项卡中选择 Listing 目录 RagingFire_Fly\RVMDK\List，方法同上。

C/C++选项卡中的设置比较重要。在 C/C++选项卡中主要有两个地方需要注意，首先是整个工程的宏定义，标准外设库中很多功能都是通过宏定义来实现的，由于标准外设库针对 STM32 系列芯片，因此需要通过宏定义来进行有针对性的选择。这种选择有两种方式，有的人是直接改动宏定义部分的库文件，缺点是需要更改一些功能时不是很方便，而且这里建议在尽量不更改库文件的方式下实现功能的配置和使用，另一种方式就是在工程的设置中添加宏定义，这儿添加了两个宏定义：

➢ USE_STDPERIPH_DRIVER 表示使用标准外设库进行程序开发；

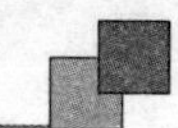

➢ STM32F10X_MD 表示使用的是 STM32F10X 系列中等容量器件。

本例中使用的是 STM32F103C8T6，故填写此项。这里要注意，两个宏定义中间用一个英文逗号隔开。

选中 One ELF Section per Function：主要功能是对冗余函数的优化。通过这个选项，可以在最后生成的二进制文件中将冗余函数排除掉（虽然其所在的文件已经参与了编译链接），以便最大程度地优化最后生成的二进制代码。

选中 No Auto Include：如果不选中的话，则自动将 Keil 安装目录中的路径添加到头文件的搜索路径中。这几个路径下包含的头文件与我们工程中的有些头文件一样，有些混乱，所以不要自动添加头文件的搜索路径。

选中 C99 Mode：这样就支持 C99 模式了。

C/C＋＋选项卡设置如图 8－14 所示。

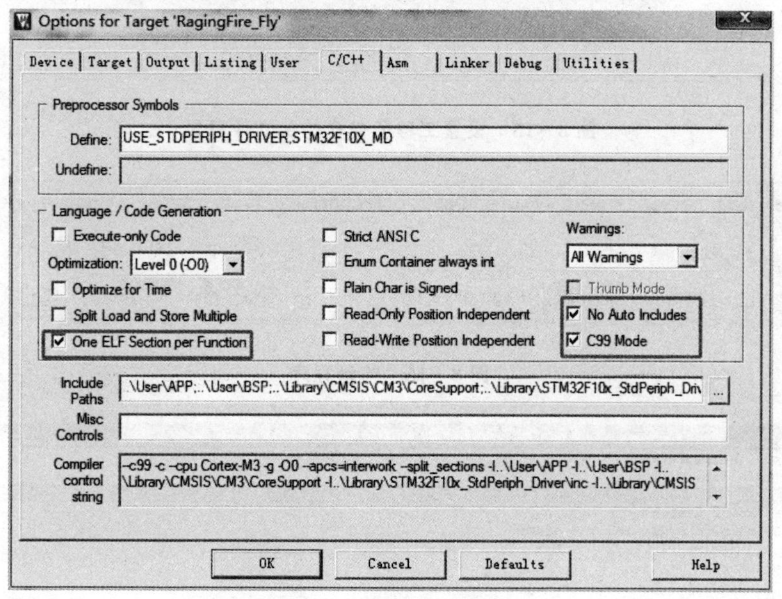

图 8－14　C/C＋＋选项卡设置

接下来一项重要的设置就是设置工程所包含的头文件目录。在图 8－14 所示窗口中单击 Include Paths 一栏右侧的图标，弹出如图 8－15 所示的对话框。单击对话框右上角图标，添加工程所包含的头文件路径，添加头文件路径时要把当前工程目录中包含头文件的路径都添加进去。由于将 Keil 安装目录中的路径从头文件的搜索路径中去掉了，故要添加相应头文件的路径。设置工程所包含的头文件目录如图 8－15 所示。

⑧ 编译整个工程文件。

单击如图 8－16 中所示按钮进行编译。

出现如图 8－17 所示的错误提示：..\User\APP\main.c(24)：error：#5：cannot open source input file "stm32_eval.h"：No such file or directory。

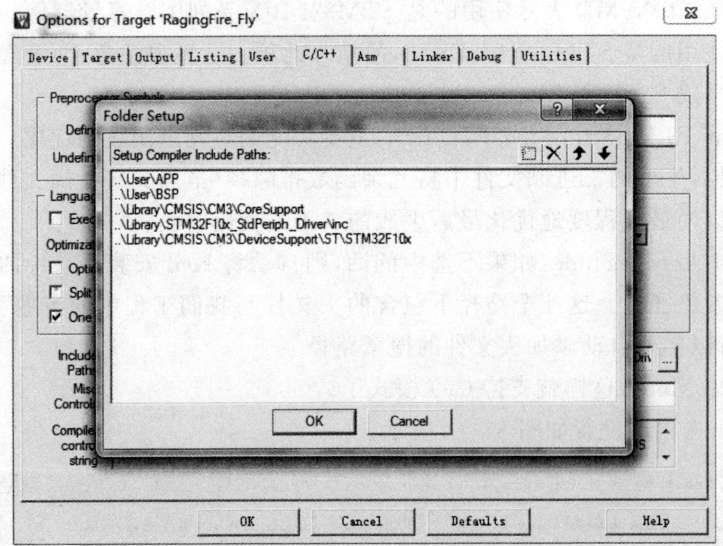

图 8-15　设置工程所包含的头文件目录

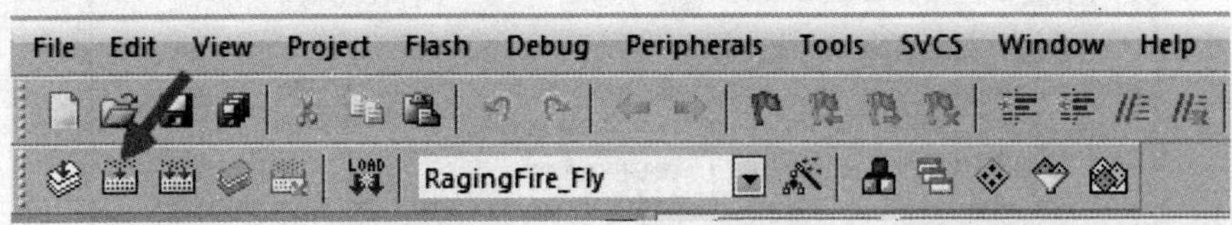

图 8-16　编译程序

```
Build Output
Build target 'RagingFire_Fly'
compiling main.c...
..\User\APP\main.c(24): error:  #5: cannot open source input file "stm32_eval.h": No such file or directory
  #include "stm32_eval.h"
..\User\APP\main.c: 0 warnings, 1 error
".\Output\RagingFire_Fly.axf" - 1 Error(s), 0 Warning(s).
Target not created
```

图 8-17　错误提示

双击错误提示，即可来到错误发生的位置，如图 8-18 所示。

注意：stm32_eval.h 文件是 ST 公司提供的几种测试评估样板的硬件定义文件，简单来说就是给板子上的每个硬件接口都起个名字，编程的时候用的是硬件的名字而不是本来的端口名。在这里我们没有用 ST 提供的板子，此头文件的引用直接屏蔽，程序便可正确编译了，如图 8-19 所示。

好了，到这里整个新建工程文件的流程就介绍完了，可以将此模板备份一下，以后就不用总是新建工程了。本节新建的工程在后续章节中会用到。读者也可在本书配套资料中寻找相应的工程文件。

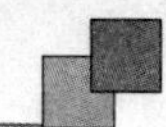

```
stm32f10x_can.c
stm32f10x_cec.c
stm32f10x_crc.c
stm32f10x_dac.c
stm32f10x_dbgmcu.c
stm32f10x_dma.c
stm32f10x_exti.c

/* Includes ------------------------------------------------------------------*/
#include "stm32f10x.h"
#include "stm32_eval.h"

/** @addtogroup STM32F10x_StdPeriph_Examples
  * @{
  */

/** @addtogroup GPIO_IOToggle
  * @{
  */

Build Output
compiling stm32f10x_rtc.c...
compiling stm32f10x_sdio.c...
compiling stm32f10x_spi.c...
compiling stm32f10x_tim.c...
compiling stm32f10x_usart.c...
compiling stm32f10x_wwdg.c...
".\Output\RagingFire_Fly.axf" - 1 Error(s), 0 Warning(s).
Target not created
```

图 8－18　错误位置

```
Build Output
compiling stm32f10x_spi.c...
compiling stm32f10x_tim.c...
compiling stm32f10x_usart.c...
compiling stm32f10x_wwdg.c...
linking...
Program Size: Code=1128 RO-data=268 RW-data=4 ZI-data=1636
FromELF: creating hex file...
".\Output\RagingFire_Fly.axf" - 0 Error(s), 0 Warning(s).
```

图 8－19　正确编译

8.2　开发环境介绍

2013 年 10 月，ARM/Keil 正式推出 Keil MDK V5.00，该版本使用 μVision5 IDE 集成开发环境，是目前针对 ARM 微控制器尤其是 ARM Cortex－M 内核的最为便捷、功能最全的一款开发工具。Keil MDK 是一款针对 Cortex－M 微控制器开发最完整的工具，而目前 MDK 的最新版本 MDK V5 则分成 MDK Core 和软件包两部分，其中软件包可以独立于工具链进行新芯片支持和中间库的升级。这里使用的是 Keil MDK V5.11。

图 8－20 所示为 MDK－ARM V5 的框架结构图。

第一部分 MDK Core：包含所有的开发工具，即 IDE(μVision5)、Pack Installer、编译器和调试器。

IDE(μVision5)启动界面如图 8－21 所示。

Pack Installer 可以添加和升级芯片、CMSIS 和中间库等软件包，如图 8－22 所示。

第二部分 Software Packs：这部分较 MDK V4 版本更新较多。Software Packs 分

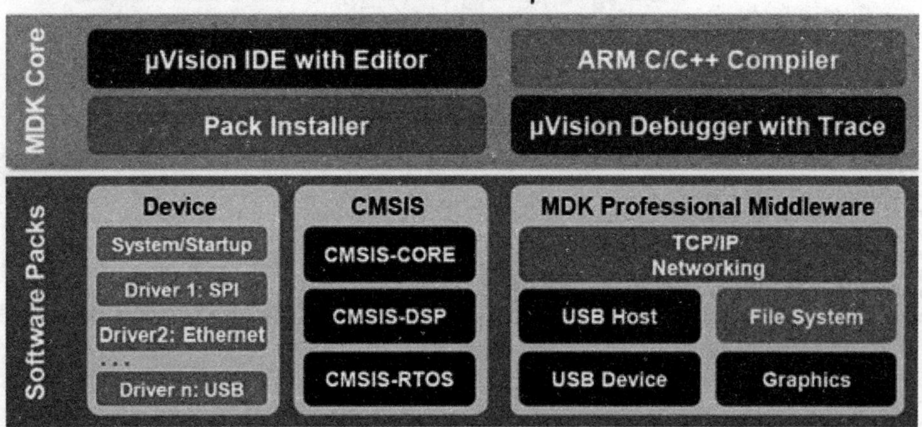

图 8-20　MDK-ARM V5 的框架结构图

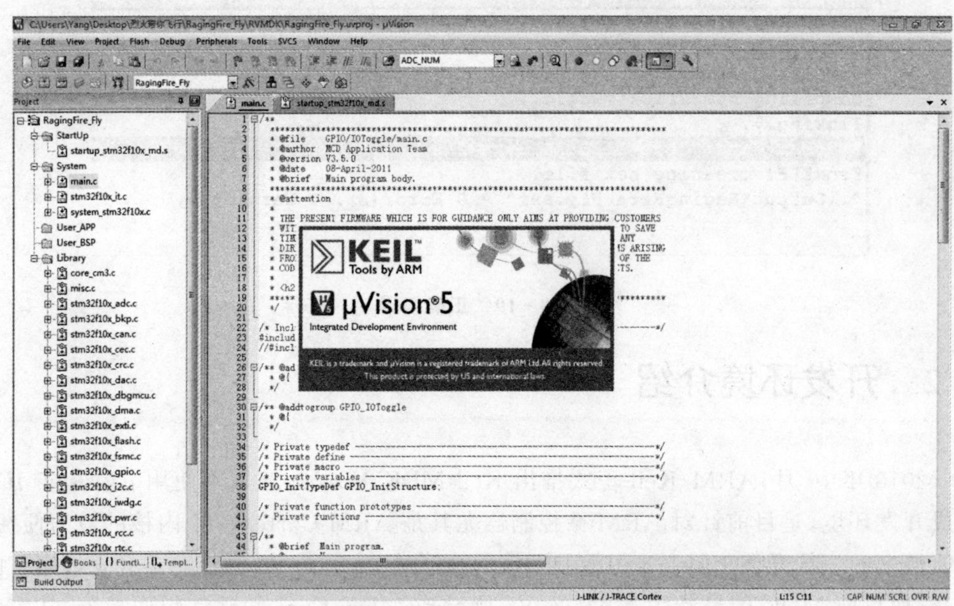

图 8-21　IDE(µVision5)启动界面

为 Device、CMSIS、MDK Professional Middleware 三个小部分；全名为“设备系列包(Device Family Packs)”的完整微控制器系列。Software Packs 窗口如图 8-23 所示。

需要注意的是，只有少数芯片在 MDK V5 的默认设备列表里面，需要自行下载相应的 Device Family Packs。STM32F103C8 的 Device Family Packs 的下载链接为 http://www.keil.com/dd2/st/stm32f103c8/，下载后双击安装即可。读者也可从本书配套资料中找到相应的安装文件。

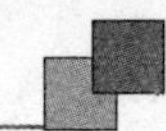

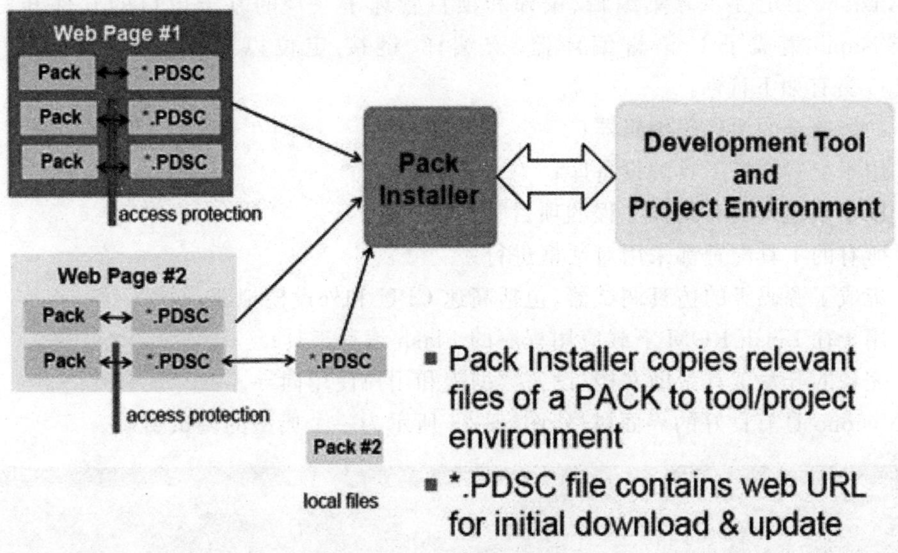

图 8－22 Pack Installer

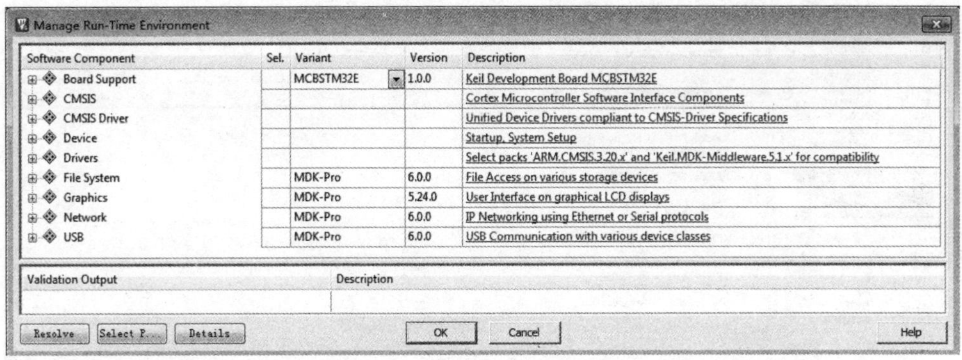

图 8－23 Software Packs 窗口

8.2.1 开发周期

使用 Keil 来开发嵌入式软件，开发周期和其他平台软件的开发周期是差不多的，大致有以下几个步骤：

① 创建一个工程，选择一块目标芯片，并且做一些必要的工程配置。

② 编写 C 或者汇编源文件。

③ 编译应用程序。

④ 修改源程序中的错误。

⑤ 联机调试。

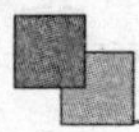

8.2.2 μVision5 集成开发环境

μVision5 IDE 是一款集编辑、编译和项目管理于一身的基于窗口的软件开发环境。μVision5 集成了 C 语言编译器、宏编译、链接/定位以及 HEX 文件产生器。μVision5 具有如下特性：

- 功能齐全的源代码编辑器；
- 用于配置开发工具的设备库；
- 用于创建工程和维护工程的项目管理器；
- 所有的工具配置都采用对话框进行；
- 集成了源码级的仿真调试器，包括高速 CPU 和外设模拟器；
- 用于往 Flash ROM 下载应用程序的 Flash 编程工具；
- 完备的开发工具帮助文档，设备数据表和用户使用向导。

μVision5 具有良好的界面风格，图 8－24 所示为一个典型的调试窗口。

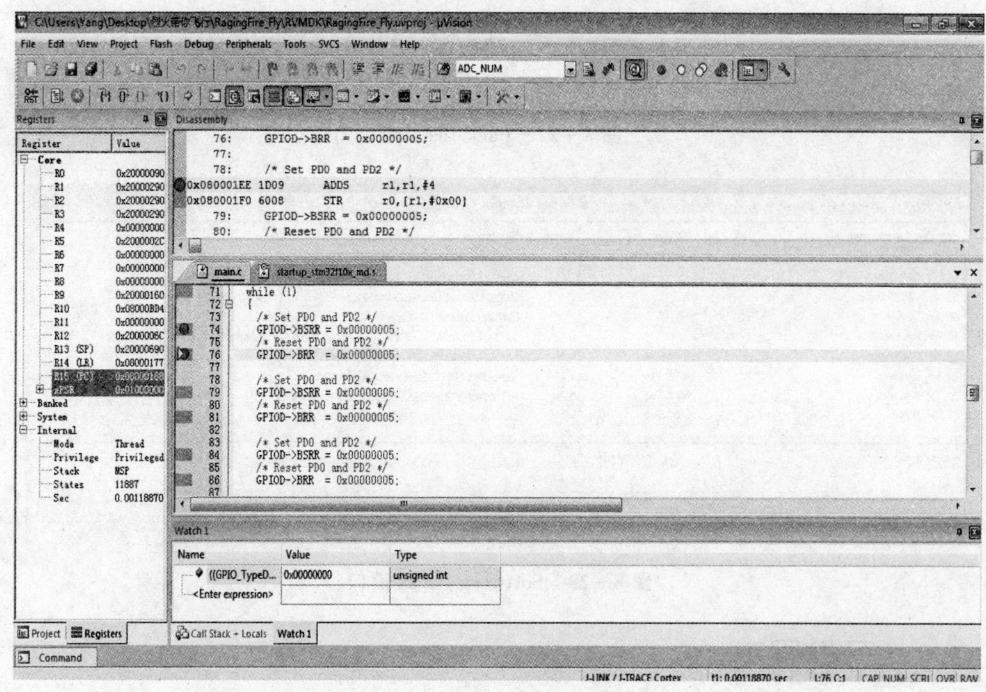

图 8－24 典型的调试窗口

8.3 下载与调试

打开 8.1 节中新建的工程，然后打开 Options 进入 Debug 选项卡设置，选择仿真工具，一般是 J－Link（此处以 J－Link 为例），再单击 Settings 按钮，如图 8－25 所示。

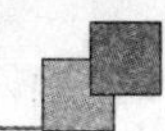

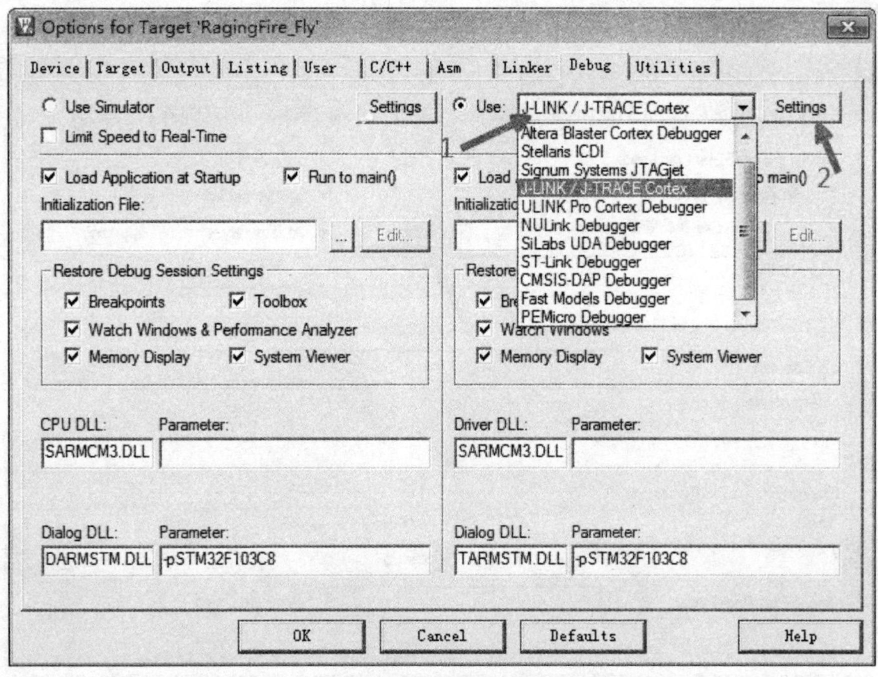

图 8 - 25　仿真器选择

选择 SW 下载方式，最大速率为 5 MHz 即可，如图 8 - 26 所示。

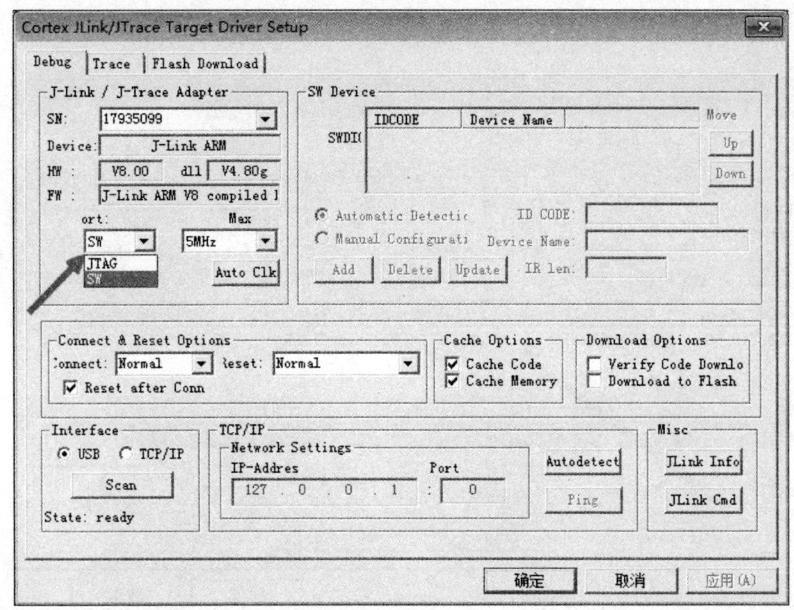

图 8 - 26　仿真器设置

在图 8 - 25 所示窗口中进入 Utilities 选项卡，单击 Settings 按钮，进入下载设置，如图 8－27 所示。

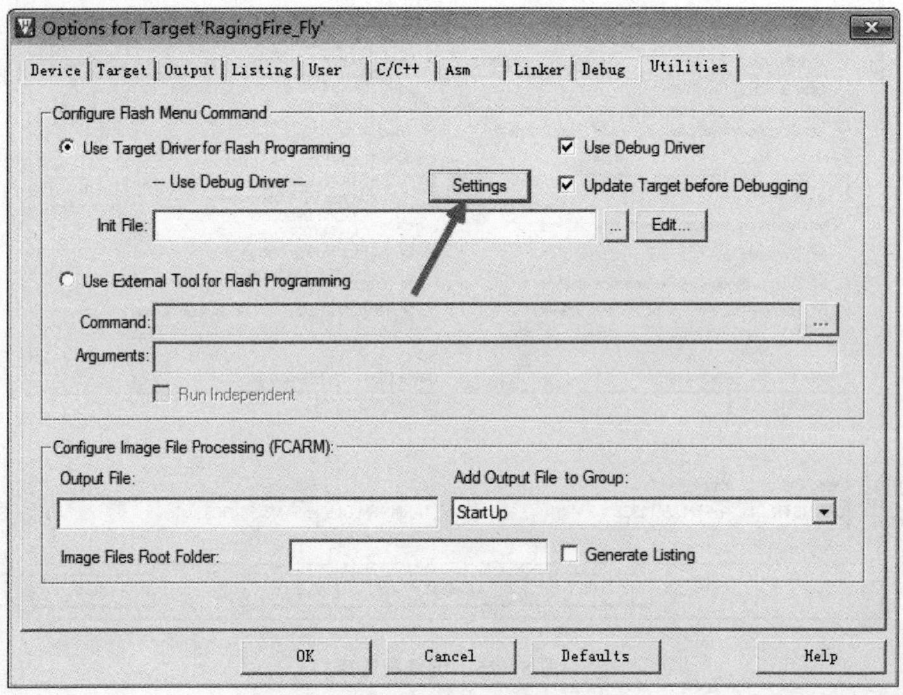

图 8－27　下载设置

确认 Description 中的内容是否正确，如图 8－28 所示。

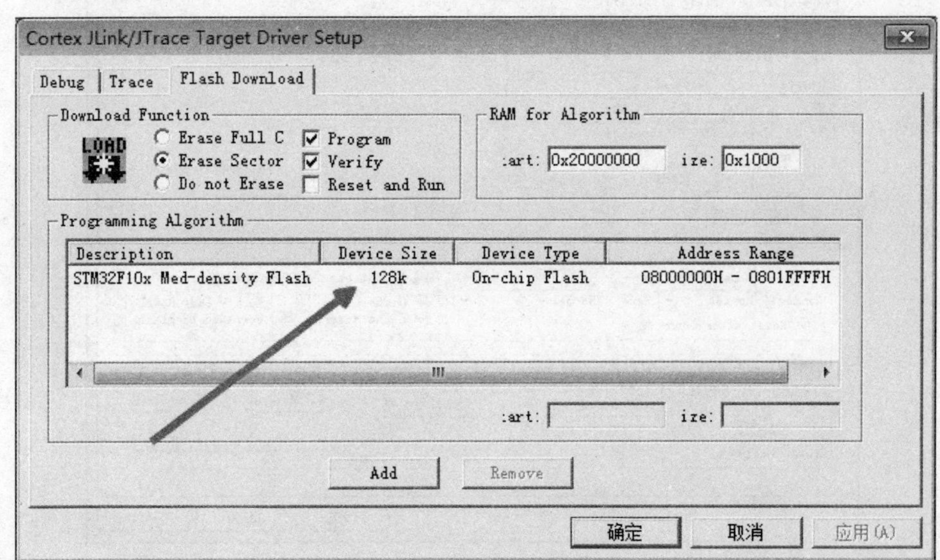

图 8－28　Description 设置

以上设置结束后，即可进行仿真调试：先将 CLK、DIO、GND、3.3 V 一共 4 个端口

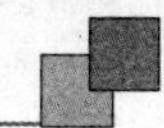

连接到仿真器上，给烈火四轴上电，单击仿真按钮，如图 8－29 所示。

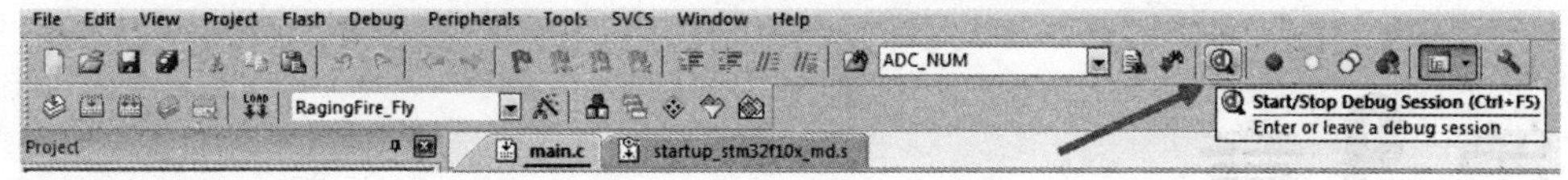

图 8－29　单击仿真按钮

程序会自动下载，并进入仿真模式。图 8－30 所示框内包含全速/单步运行、复位、运行到光标处等功能。

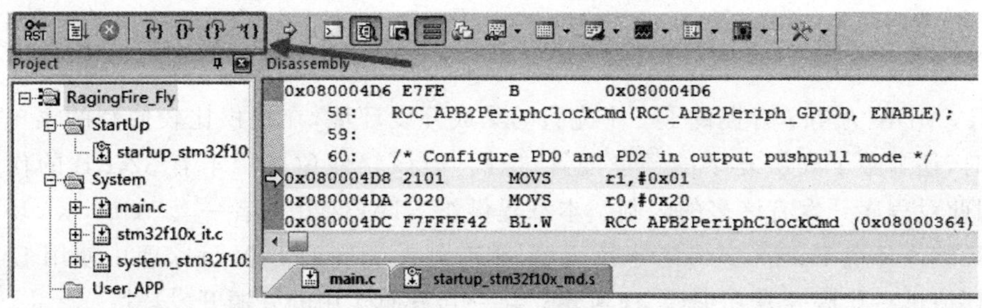

图 8－30　功能图示

仿真中可通过单击自由设置断点，如图 8－31 所示。

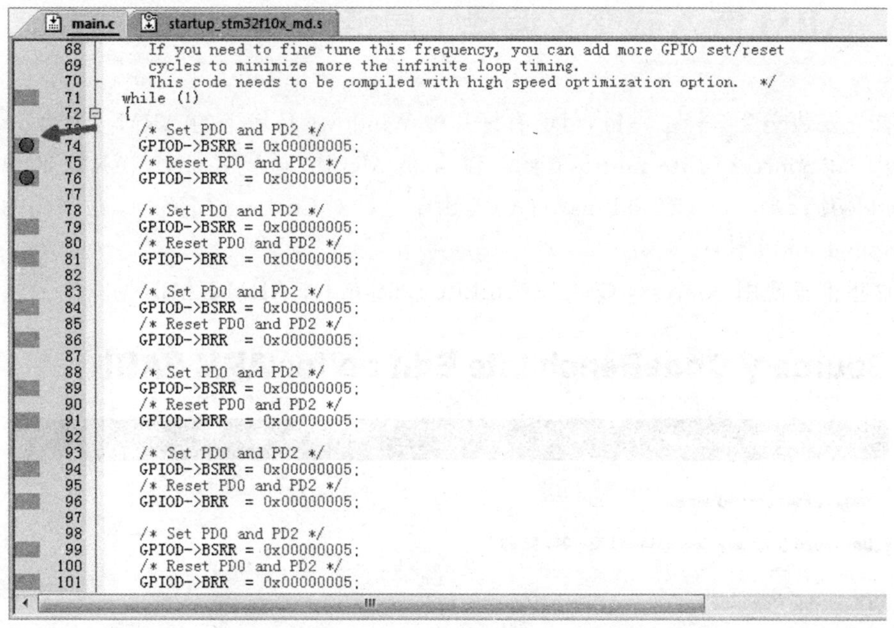

图 8－31　单击自由设置断点

具体的仿真应用将在 10.2 节中详细讲解。

第 9 章

STM32 交叉编译环境 Eclipse

RVMDK 为初学者提供了一个完整的集成开发环境，在提供比较便利的菜单操作的同时，还屏蔽了底层复杂的环境配置过程。但该软件免费版本有 32 KB 的代码限制，因此对程序开发有诸多的限制。本章提供给 STM32 开发者一套 Windows 环境下的交叉编译环境 Eclipse。参考本章内容，稍有开发经验的 DIY 玩家即可使用 Eclipse 集成环境进行代码开发和编译，快速建立起一套方便实用的开源开发环境。

STM32 搭建过程中，会用到以下软件：Sourcery CodeBench Lite Edition for ARM EABI、Cygwin 以及 JRE/Eclipse for C/C++ IDE。

9.1 ARM 嵌入式交叉编译工具链

首先安装交叉编译工具链，目前有好几种 Windows 环境下的 ARM 交叉编译工具链，如 CodeSourcery Lite Edition（于 2013 年被 Mentor 收购）、GNU ARM Tools for Embedded、Yagarto GCC 和 Linaro GCC，由于是针对 Cortex－M 系列，故采用的都是 arm-none-eabi 版本。

这里推荐使用 Sourcery CodeBench Lite Edition for ARM EABI（见图 9－1），下载

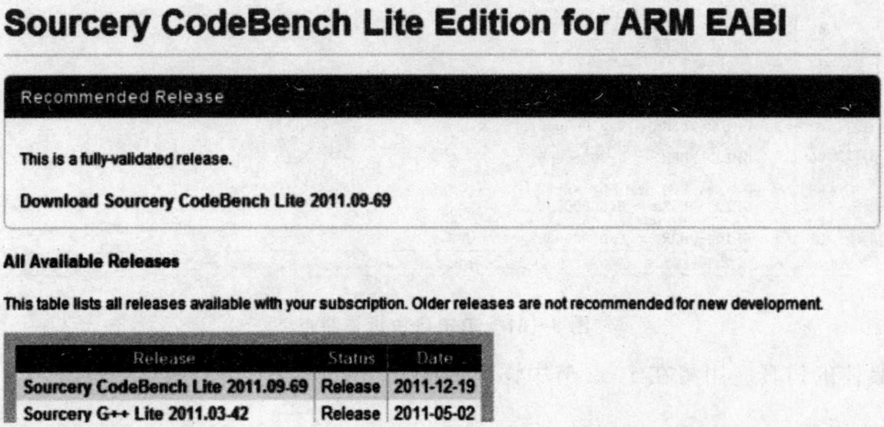

Sourcery CodeBench Lite Edition for ARM EABI

Recommended Release

This is a fully-validated release.

Download Sourcery CodeBench Lite 2011.09-69

All Available Releases

This table lists all releases available with your subscription. Older releases are not recommended for new development.

Release	Status	Date
Sourcery CodeBench Lite 2011.09-69	Release	2011-12-19
Sourcery G++ Lite 2011.03-42	Release	2011-05-02

图 9－1 Sourcery CodeBench Lite Edition for ARM EABI

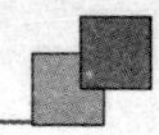

地址如下(注意:当前的下载需要注册之后才能完成):http://www.mentor.com/embedded-software/downloads/scb-evaluation。通过链接下载压缩包,将压缩包解压到自己选定的目录下。

安装完成后,选择"我的电脑"→"属性"→"高级"→"环境变量",并编辑 Path 变量(见图 9-2),将相应的 bin 目录(如 C:\Program Files\GNU TOOLS ARM Embedded\4_7 2013q3\arm-none-eabi\bin)添加到 Path 变量中。注意:添加时用符号";"隔开其他变量值。

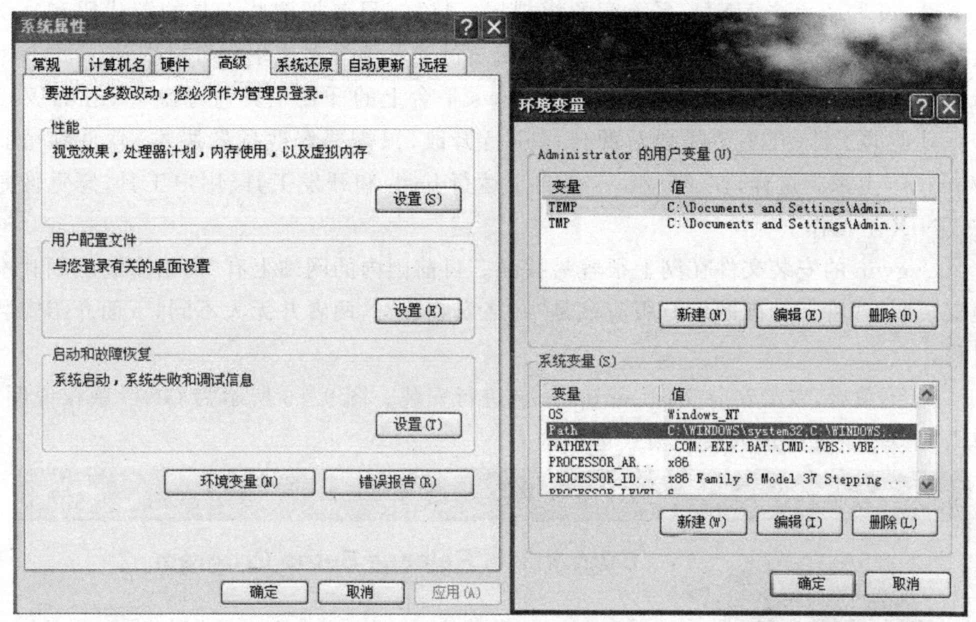

图 9-2 编辑 Path 变量

使用 Windows+R 组合键打开"运行"小窗口并键入"CMD",然后回车打开命令行窗口,尝试命令"arm-none-eabi-g++-V"以确定工具和变量是否正常设置。

9.2 Cygwin 工具安装

Cygwin 是许多自由软件的集合,最初由 Cygnus Solutions 开发,用于各种版本的 Microsoft Windows 上,运行 UNIX 类系统。Cygwin 的主要目的是通过重新编译,将 POSIX 系统(如 Linux、BSD 以及其他 UNIX 系统)上的软件移植到 Windows 上。目前 Cygwin 由 Red Hat 等负责维护。

Cygwin 包括了一套库,该库在 Win32 系统下实现了 POSIX 系统调用的 API;还有一套 GNU 开发工具集(比如 GCC、GDB),这样可以进行简单的软件开发;还有一些 UNIX 系统下的常见程序。

Red Hat 规定,Cygwin 库遵守 GNU General Public License,但也可以跟符合开源

定义的自由软件链接。Red Hat 另有价格不菲的许可协议，这样使用 Cygwin 库的专属软件就可以进行再发布。

Cygnus 首先改进了 GCC、GDB、GAS 等开发工具，使它们能够生成并解释 Win32 的目标文件。然后，再把这些工具移植到 Windows 平台上。一种方案是基于 Win32 api 对这些工具的源代码进行大幅修改，这样显然需要做大量的工作。因此采用了一种不同的方法——即写一个共享库（就是 cygwin. dll），把 Win32 api 中没有的 UNIX 风格的调用（如 fork、spawn、signals、select、sockets 等）封装在里面。也就是说，基于 Win32 api 写了一个 UNIX 系统库的模拟层。这样，只要把这些工具的源代码和这个共享库连接到一起，就可以使用 UNIX 主机上的交叉编译器来生成可以在 Windows 平台上运行的工具集。以这些移植到 Windows 平台上的开发工具为基础，Cygnus 又逐步把其他的工具（几乎不需要对源代码进行修改，只需要修改配置脚本）软件移植到 Windows 上来。这样，在 Windows 平台上运行 bash 和开发工具、用户工具，感觉像是在 UNIX 上工作。

Cygwin 的安装文件在网上很容易找到。目前国内的网站上有“网络安装版”和“本地安装版”两种。标准的发行版应该是“网络安装版”。两者并无大不同，下面介绍安装过程。

① 下载后，双击安装文件（setup. exe）进行安装。图 9－3 所示为 GNU 版权说明，单击“下一步”按钮进入安装模式选择画面。

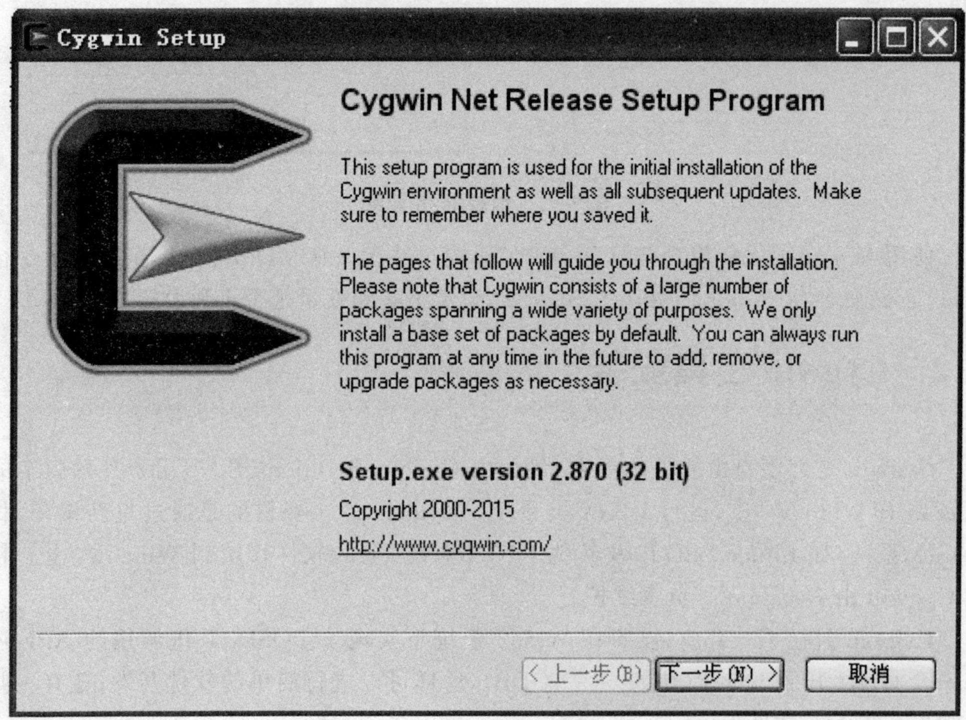

图 9－3　Cygwin 安装

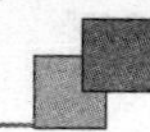

② 安装模式有 Install from Internet、Download without Installing、Install from Local Directory 这 3 种，如图 9－4 所示。Install from Internet 就是直接从互联网上安装，适用于网速较快的情况。如果网速不是很快，或者安装之后想把下载的安装文件保存起来以便于下次直接安装，就应该选择 Download from Internet。

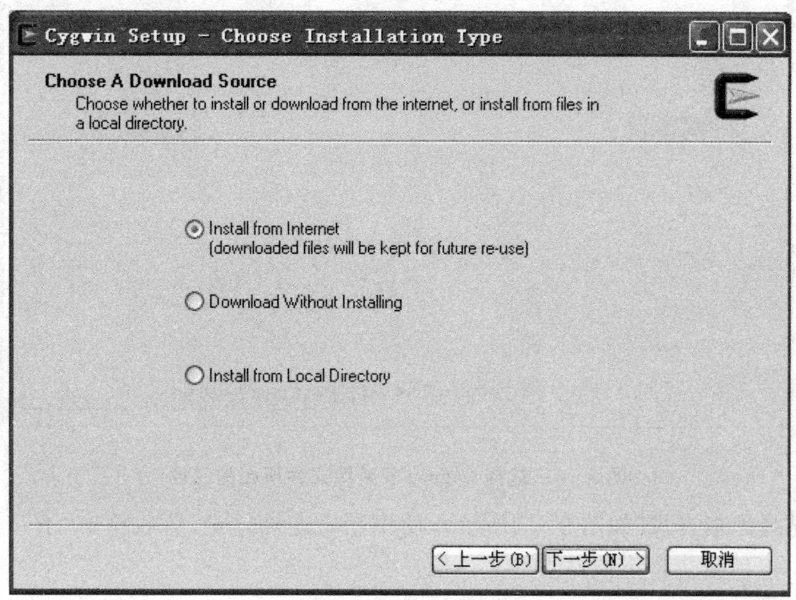

图 9－4　Cygwin 安装模式

③ 选择安装目的路径和安装源文件所在的路径，如图 9－5 和图 9－6 所示。

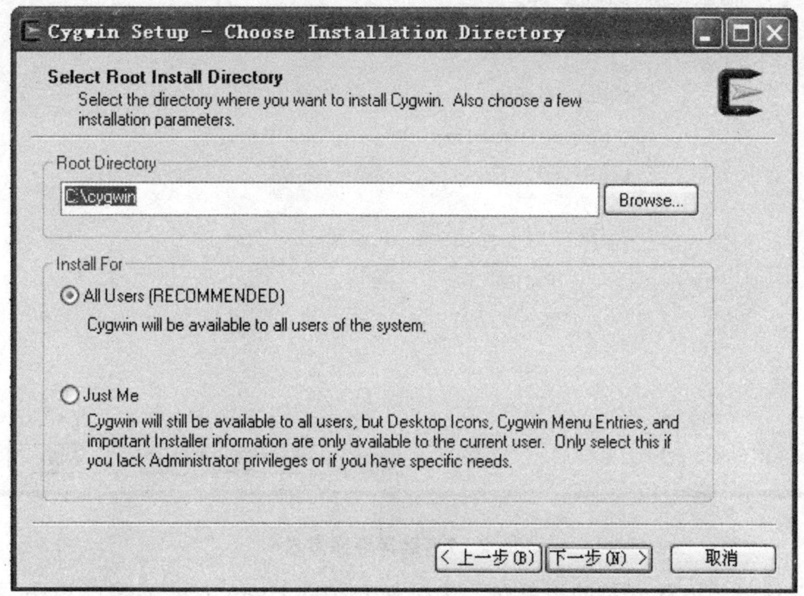

图 9－5　选择 Cygwin 安装目的路径

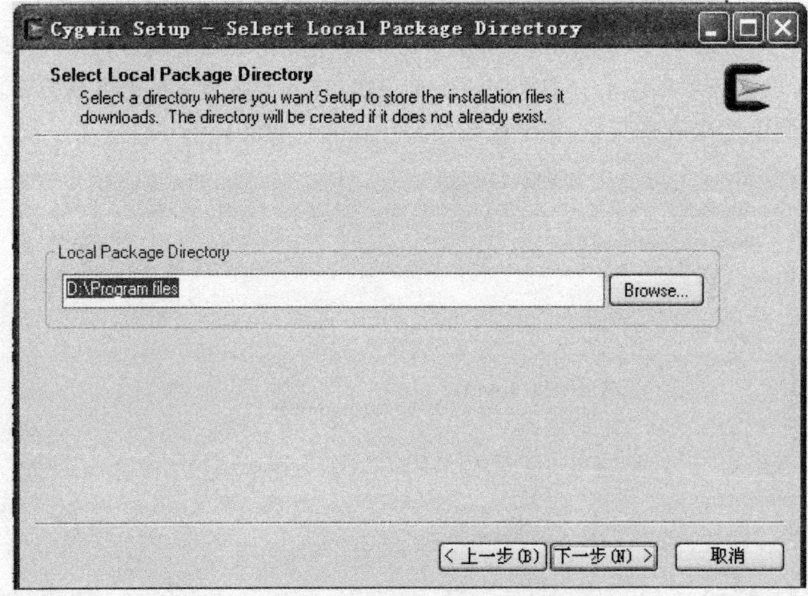

图 9-6 选择 Cygwin 安装源文件所在的路径

④ 选择连接方式(如图 9-7 所示),使用默认连接方式,然后单击“下一步”,即弹出如图 9-8 所示选择下载站点的对话框。

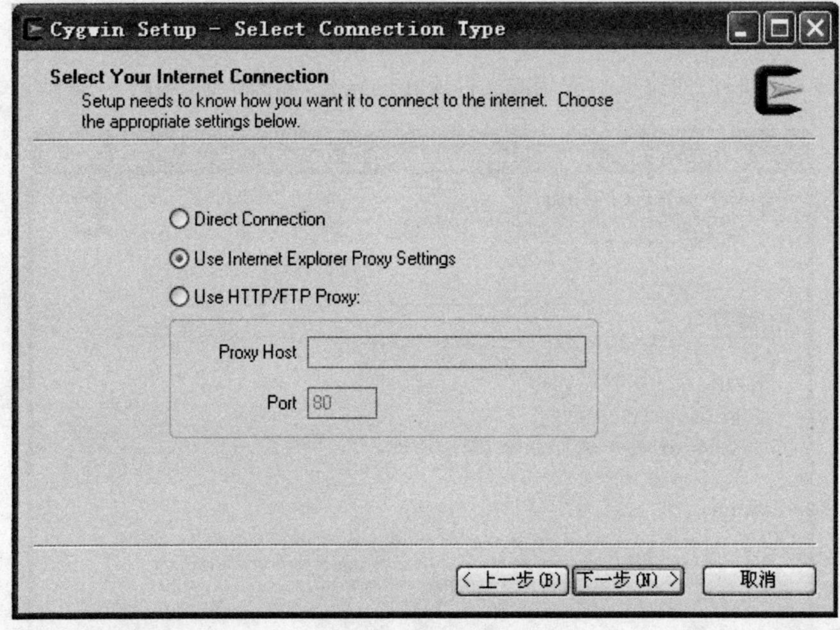

图 9-7 选择连接方式

⑤ 选择需要下载安装的组件包。为了使安装的 Cygwin 能够编译程序,需要安装

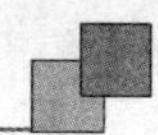

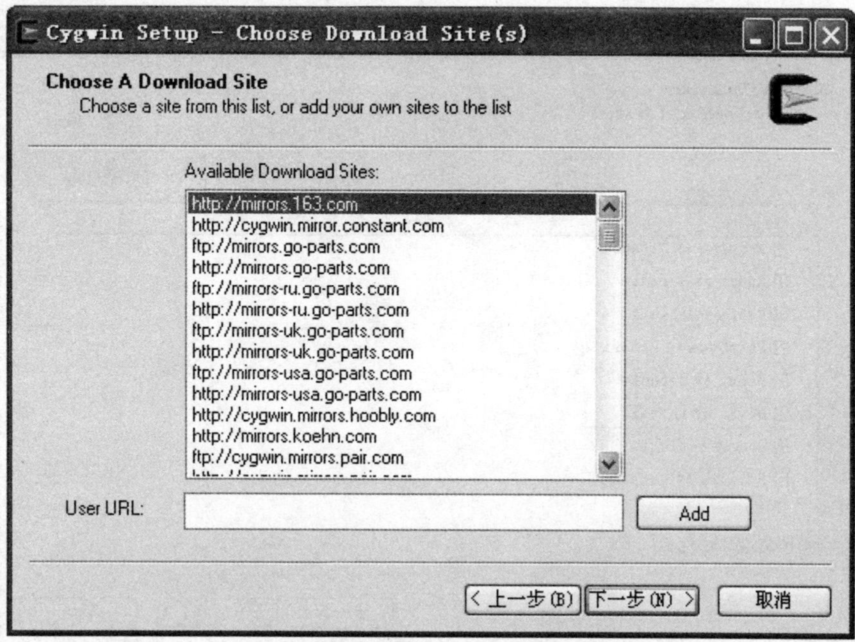

图 9-8　选择下载站点

GCC 编译器。默认情况下，GCC 并不会被安装，我们需要选中它来安装（如图 9-9 所示），单击 Devel & Default 即变成 Devel & Install，如图 9-10 所示。

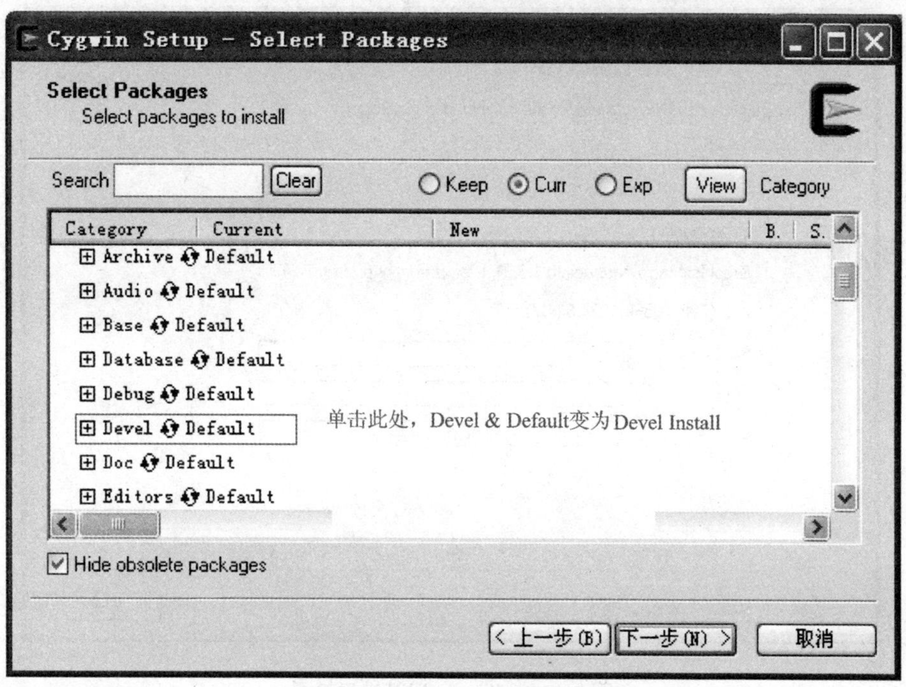

图 9-9　单击 Devel & Default

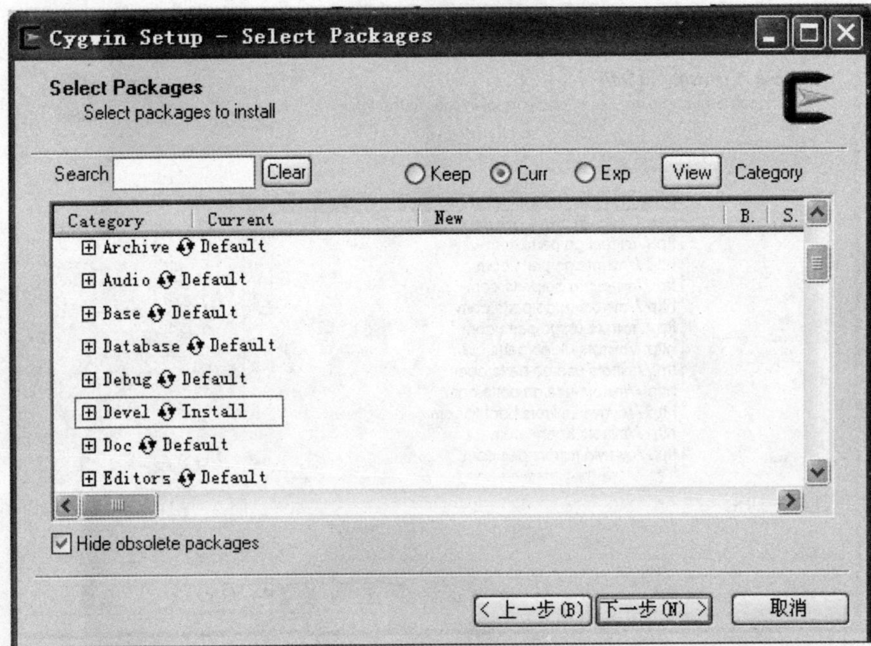

图 9－10　Devel & Install

⑥ 单击“下一步”按钮显示安装进度(如图 9－11 所示),安装成功后的界面如图 9－12所示。单击“完成”按钮,Cygwin 安装结束。在这里读者可以选择是否在桌面

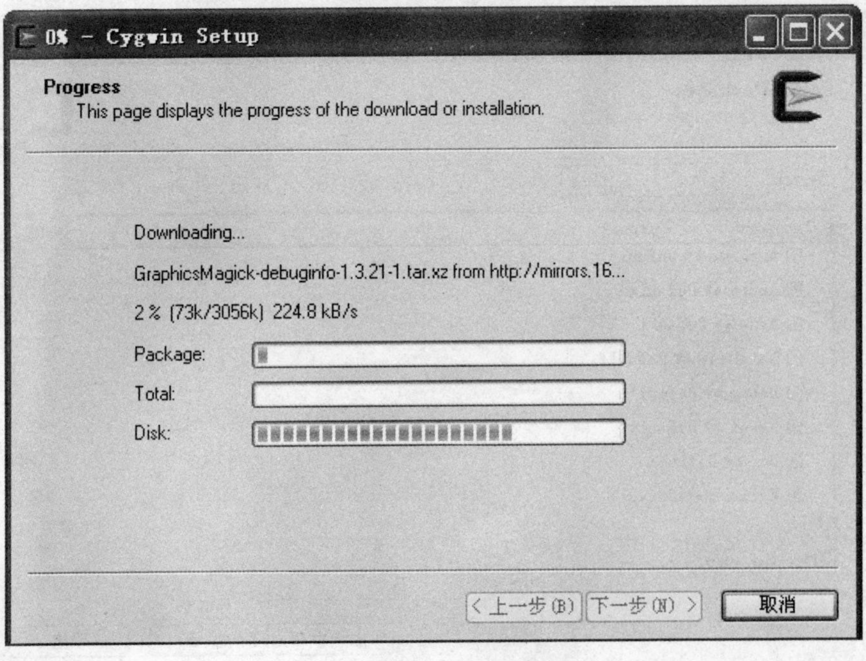

图 9－11　Cygwin 安装进度提示

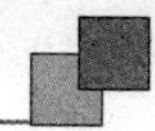

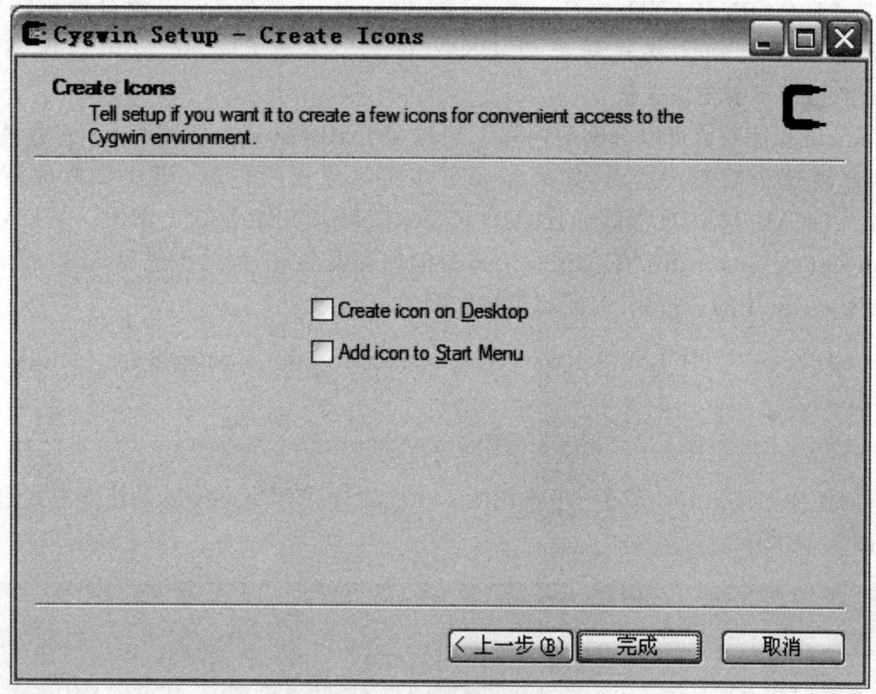

图 9-12 Cygwin 安装结束

上建立快捷方式。

开始运行 Cygwin bash 之前,应该设置一些环境变量。

Cygwin 提供了一个. bat 文件,该文件中已经设置好了重要的环境变量。通过它来启动 bash 是最安全的。这个. bat 文件安装在 Cygwin 所在的根目录下,可以被随意编辑。

CYGWIN 变量用来针对 Cygwin 运行时进行多个全局设置。开始时,可以不设置 CYGWIN 或者在执行 bash 前用以下类似格式在 dos 框下把它设为 tty:

C:\> set CYGWIN=tty notitle glob

PATH 变量被 Cygwin 应用程序作为搜索可知性文件的路径列表。当一个 Cygwin 进程启动时,该变量从 Windows 格式(如 C:\WinNT\system32;C:\WinNT)转换成 UNIX 格式(如/WinNT/system32:/WinNT)。如果想在不运行 bash 的时候也能够使用 Cygwin 工具集,PATH 起码应该包含 x:\cygwin\bin,其中"x:\cygwin"是系统中的 Cygwin 目录。

HOME 变量用来指定主目录,推荐在执行 bash 前定义该变量。当 Cygwin 进程启动时,该变量也从 Windows 格式转换成 UNIX 格式,例如我机器上 HOME 的值为 C:\(dos 命令 setHOME 就可以看到它的值,set HOME=XXX 可以进行设置),在 bash 中用 echo $HOME 命令即可查看,其值为"/cygdrive/c"。

TERM 变量指定终端形态。如果没对它进行设置,则它将自动设为 cygwin。

LD_LIBRARY_PATH 被 Cygwin 函数 dlopen()作为搜索.dll 文件的路径列表，该变量也从 Windows 格式转换成 UNIX 格式。多数 Cygwin 应用程序不使用 dlopen()，因而不需要该变量。

Cygwin 程序默认可以分配的内存不超过 384 MB(program＋data)。多数情况下不需要修改这个限制。然而，如果需要更多实际或虚拟内存，则应该修改注册表 HKEY_LOCAL_MACHINE 或 HKEY_CURRENT_USER 区段。添加一个 DWORD 键 heap_chunk_in_mb 并把它的值设为需要的内存限制，单位是十进制 MB。当然，也可以用 Cygwin 中的 regtool 完成该设置。例如：

regtool-i set /HKLM/Software/Cygnus/Solutions/Cygwin/heap _ chunk _ in _ mb 1024

regtool-v list /HKLM/Software/Cygnus/Solutions/Cygwin

下面使用 Cygwin 来练习一下常用的 Linux 命令，双击 Cygwin 的快捷方式进入系统，如图 9-13 所示。

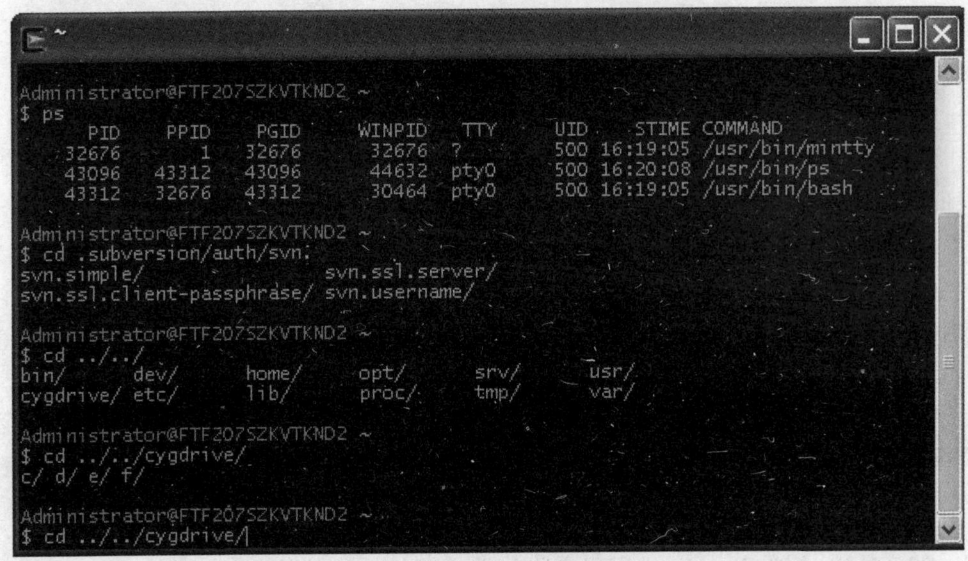

图 9-13　打开 Cygwin

常用的几个 Linux 命令如下：

pwd　显示当前的路径。

cd　改变当前路径，无参数时进入对应用户的 home 目录。

ls　列出当前目录下的文件。此命令有很多参数，比如可尝试 ls -al。

ps　列出当前系统进程。

kill　关闭某个进程。

mkdir　建立目录。

rmdir　删除目录。

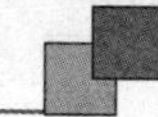

rm　　删除文件。

mv　　文件改名或目录改名。

man　　联机帮助。

由于 Linux 下面的命令大多都有很多参数，可以组合使用。所以，当你不会或者记不清楚该用哪个参数、哪个开关的时候，可以用 man 命令来查找其用法，比如以下命令可以查找 ls 的具体用法：

```
$    man ls
```

系统回显信息如图 9-14 所示。

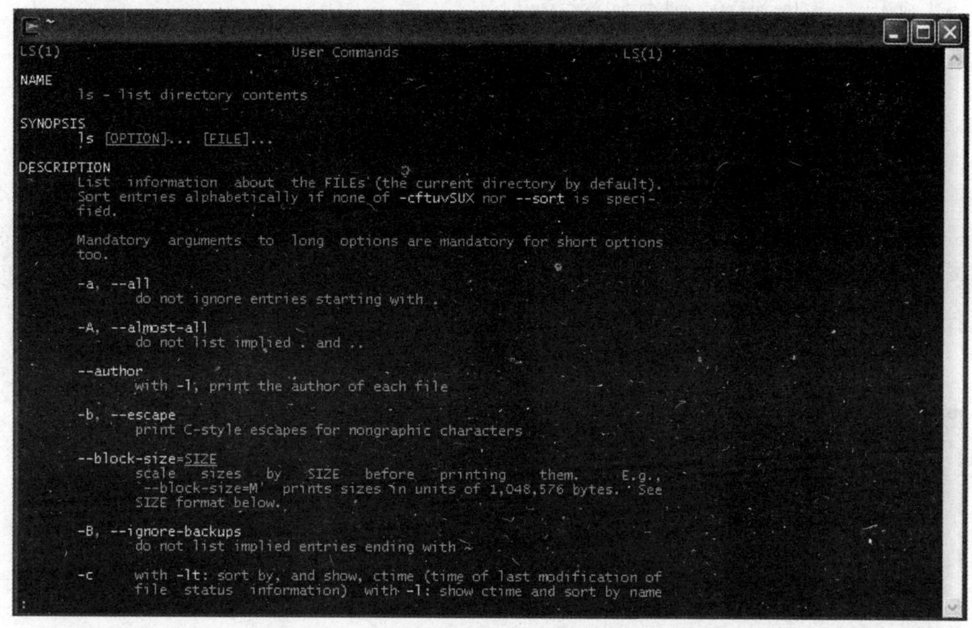

图 9-14　回显信息

9.3　JRE + Eclipse 安装

① 访问如下网站下载并安装 JRE：

http://www.oracle.com/technetwork/java/javase/downloads/index.html

② 进入 Eclipse 官网 http://www.eclipse.org/downloads 选择合适的版本进行下载，如图 9-15 所示。

图 9-15　版本选择

③ 安装包下载完成后解压，进入解压后的目录，执行 Eclipse，设置 Workspace，如图 9-16 所示。设置好后单击 OK 退出。

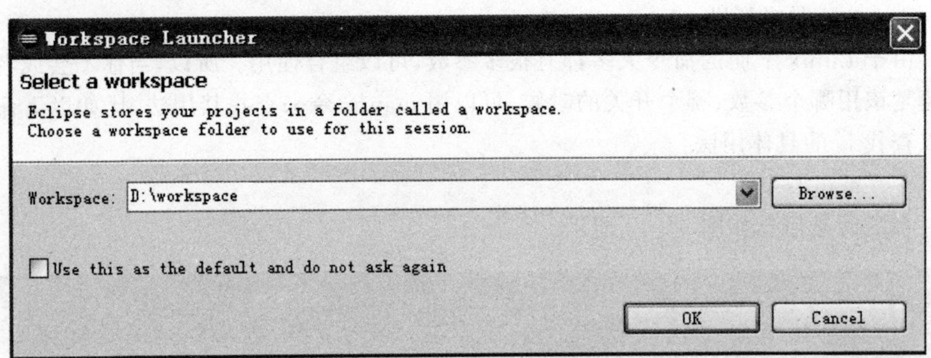

图 9-16　设置 Workspace

④ 接下来安装 GNU ARM Eclipse Plug-in，在 Eclipse 界面中单击 Help→Install New Software(如图 9-17 所示)，并添加插件名称和访问路径(如图 9-18 所示)。单击 Select All 按钮，然后再单击 Next 按钮，如图 9-19 所示。如果安装有问题也可以选择本地下载文件进行插件安装。

安装完成之后，软件会要求重启以使插件生效。

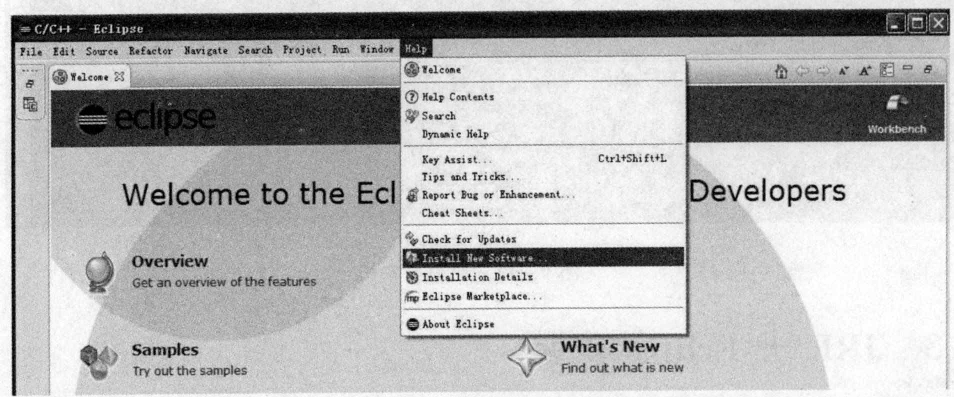

图 9-17　Install New Software

⑤ 飞控项目导入，如图 9-20 所示。根据项目性质，此处选择导入带 Makefile 的 C 代码项目(如图 9-21 所示)，并选择 Cross ARM GCC 作为编译工具(如图 9-22 所示)。

⑥ 导入项目，项目结构如图 9-23 所示。在项目 RagingFire_Fly_V2.2 下，Library存放库文件，User 目录下放置飞控程序和 BSP，在根目录下存放 Makefile 文件和 stm32_flash_ld，按照 Makefile 的设置执行 Build All 即可生成可用的烧写程序。

对于 Makefile 的语法和编译使用的原则，程序开发者可以根据个人需要从网络上补充更多的背景知识。

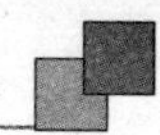

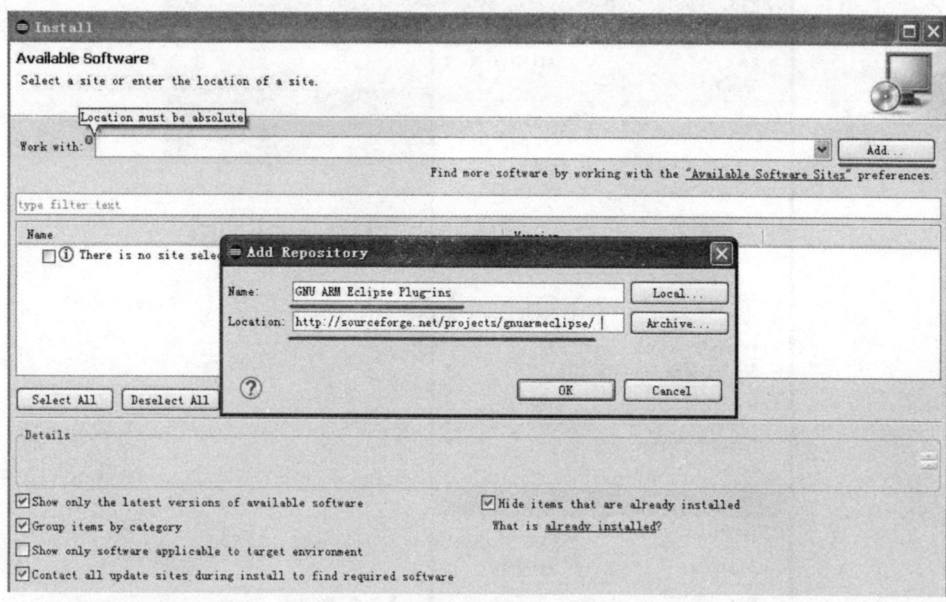

图 9-18　添加插件名称和访问路径

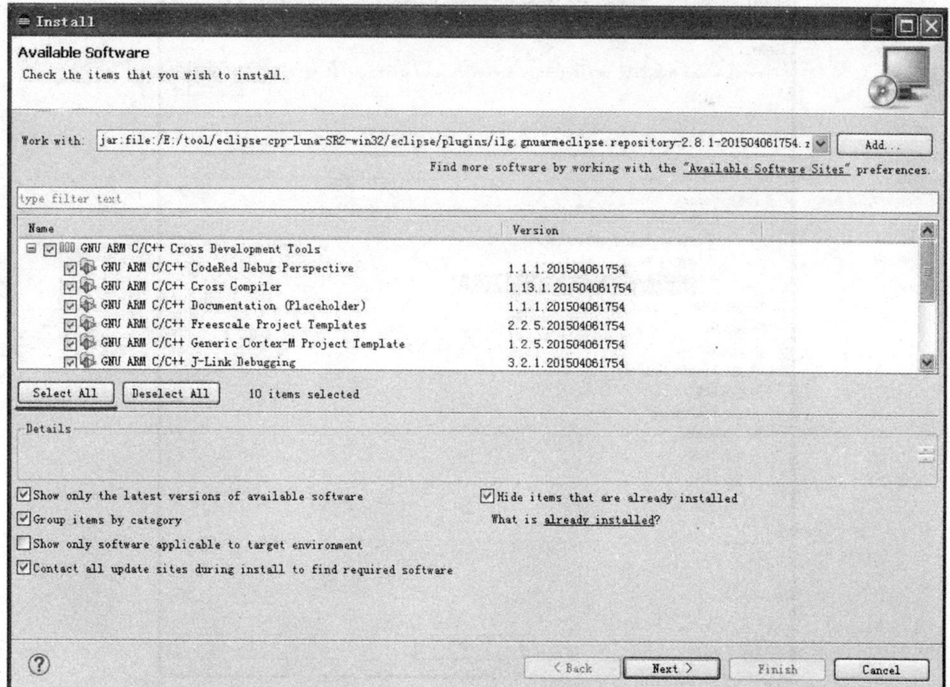

图 9-19　插件安装

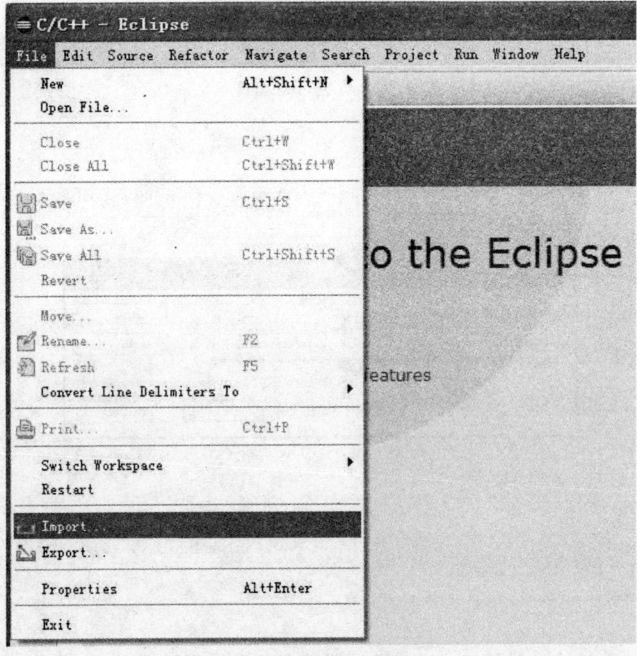

图 9－20　飞控项目导入

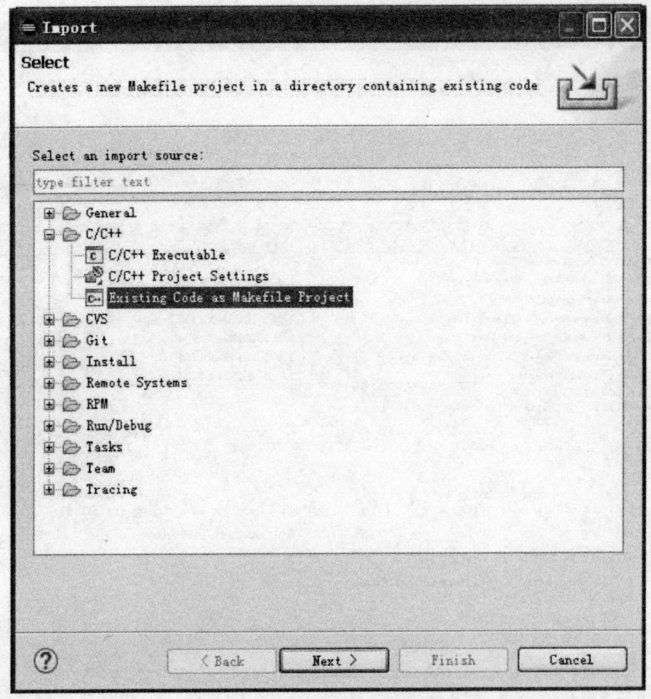

图 9－21　导入带 Makefile 的 C 代码项目

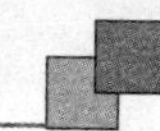

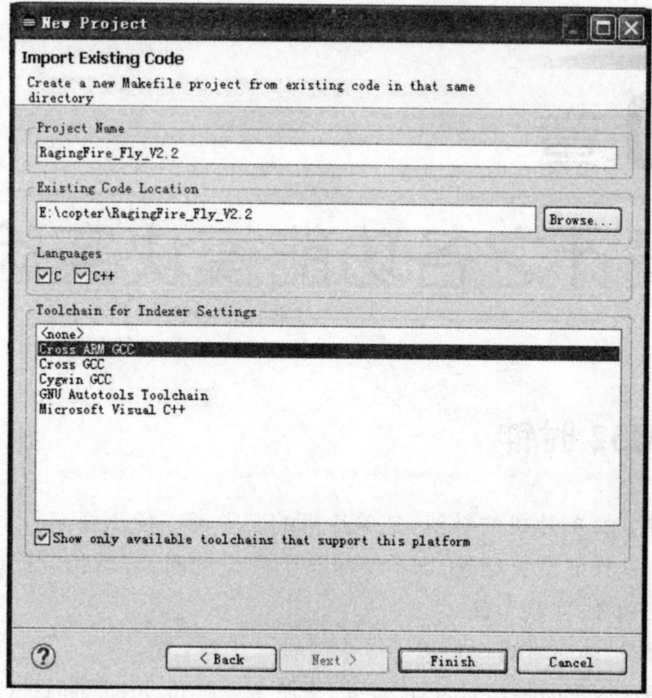

图 9－22　选择 Cross ARM GCC

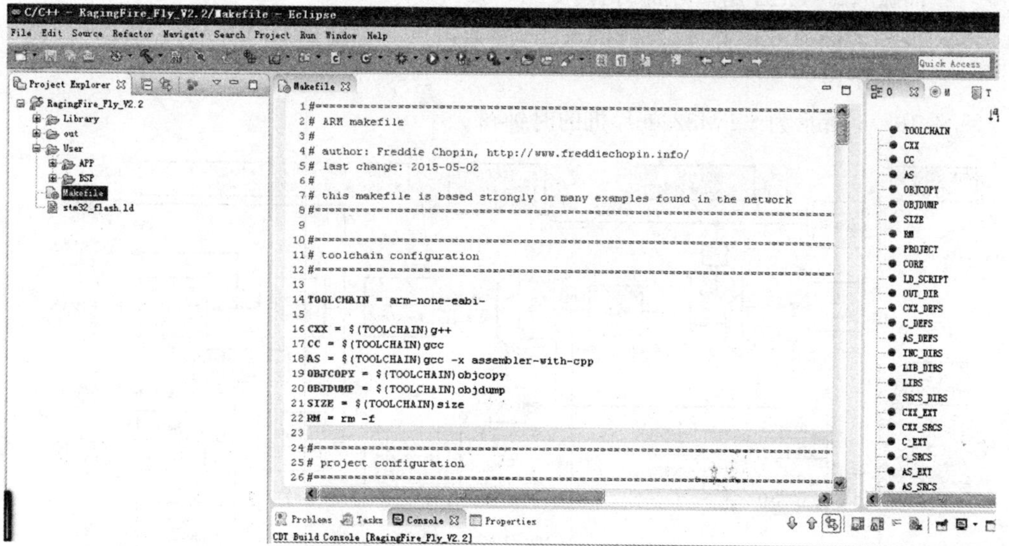

图 9－23　工程目录

第 10 章

软件设计之各功能模块实验

10.1 STM32 时钟

RCC 是 STM32 单片机的脉搏，是单片机的驱动源。使用任何一个外设都必须打开相应的时钟。这样的好处就是，当不使用某个外设的时候，就把它的时钟关掉，从而可以降低系统的功耗，实现节能。

STM32 单片机的时钟可以由以下 3 个时钟源提供：

- HSI 为高速内部时钟信号，精度较差，来源为 STM32 内带的时钟（8 MHz 频率）。
- HSE 为高速外部时钟信号，精度高，来源：① HSE 外部晶体/陶瓷谐振器（外部晶振）；② HSE 用户外部时钟。
- LSE 为低速外部晶体，32.768 kHz，主要提供一个精确的时钟源，一般作为 RTC 时钟使用。

图 10－1 所示为 STM32 单片机的时钟树。

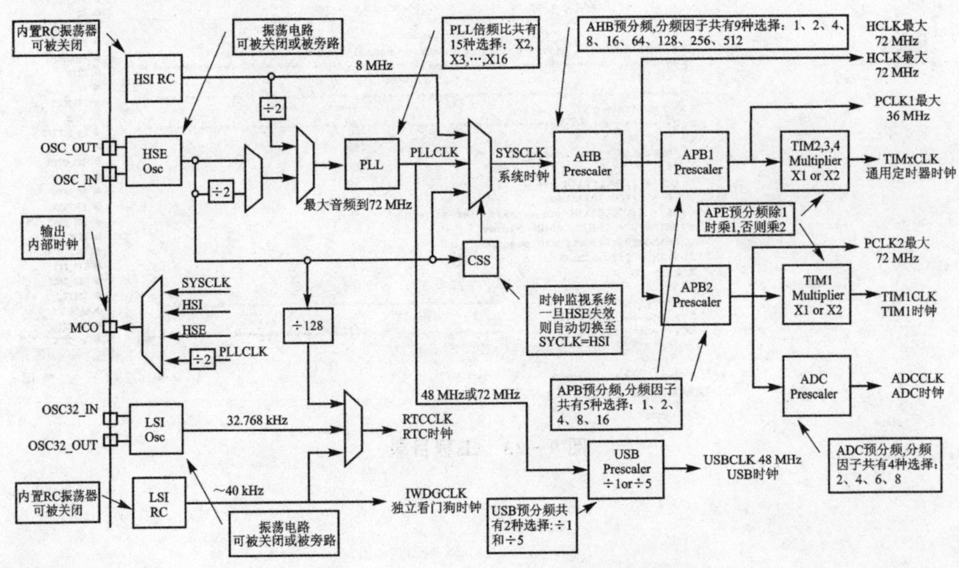

图 10－1　STM32 单片机的时钟树及说明

通过与 51 单片机的时钟对比可以看出，51 单片机的时钟简单，仅须进行分频或倍频，然后开启即可。而 ARM 的各个功能模块都有相应的时钟，这样可以兼容外部低速或高速的设备，做到能屈能伸，使用更加灵活和方便。由于各功能模块的时钟是独立的，所以仅在使用到相应的功能时才开启相应的时钟，这样可以降低功耗。对于初识 STM32 的朋友来说，它的时钟树错综复杂。为了使时钟树的结构更清晰，下面将各外设时钟树独立出来。

系统时钟结构如图 10－2 所示。从⑥处可以看出，SYSCLK（系统时钟）的驱动来源有 HSI（内部 RC 高速振荡器）、PLL 时钟和 HSE（外部高速振荡器）。SYSCLK 的最大频率为 72 MHz。如果要使用最大频率（72 MHz），从图上可以看出，直接采用 HSI 或 HSE 显然是达不到的，所以要使用 PLL 时钟。

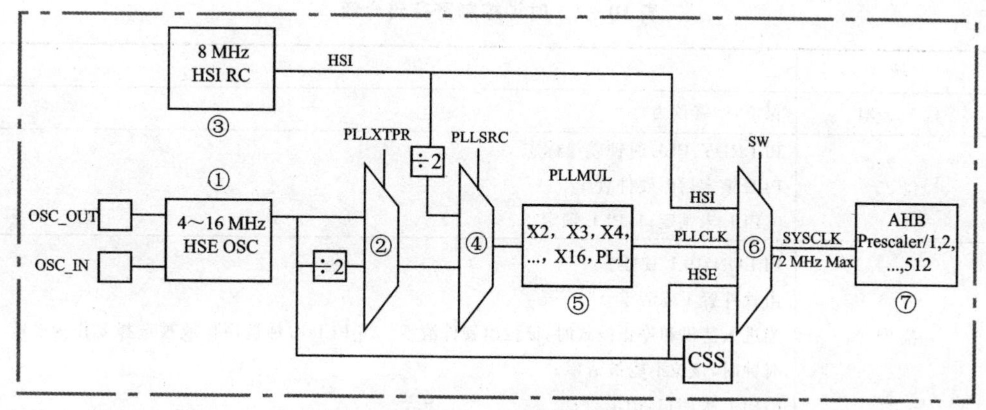

图 10－2　系统时钟

下面就 HSE 倍频步骤做进一步说明：在 OSC_OUT 与 OSC_IN 直接接入①（8 MHz 晶振），通过②（PLLXTPRE）可以选择是否对外部晶振频率进行二分频，再由④（PLLSRC）选择外部晶振时钟，经过⑤（锁相环倍频 PLLMUL）对输入时钟倍频即为 PLL 时钟。系统时钟的相关寄存器介绍见表 10－1。

表 10－1　系统时钟相关寄存器介绍

寄存器名称	相关位	说　明
时钟控制寄存器（RCC_CR）	位 24（PLLON）	PLL 使能
	位 19（CSSON）	时钟安全系统使能
	位 16（HSEON）	外部高速时钟使能
时钟配置寄存器（RCC_CFGR）	位 17（PLLXTPRE）	HSE 是否二分频
	位 16（PLLSRC）	PLL 输入时钟源
	位 18～21（PLLMUL）	PLL 倍频系数
	位 0～1（SW）	系统时钟切换

时钟控制寄存器（RCC_CR）的说明与格式如下：

31	30	29	28	27	26	25	24	23	22	21	20	19	18	17	16
保留						PLL RDY	PLL ON	保留				CSS ON	HSE BYP	HSE RDY	HSE ON
						r	rw					rw	rw	r	rw

15	14	13	12	11	10	9	8	7	6	5	4	3	2	1	0
HSICAL[7:0]								HSITRIM[4:0]					保留	HSI RDY	HSG PION
r	r	r	r	r	r	r	r	rw	rw	rw	rw	rw		r	rw

偏移地址：0x00；

复 位 值：0x0000XX83，X 代表未定义；

访　　问：无等待周期、字、半字和字节。

表 10-2 摘自 STM32 数据手册，详细介绍了时钟控制寄存器的功能。

表 10-2　时钟控制寄存器介绍

域	功　能
位 26～31	保留，始终读为 0
位 25	PLLRDY：PLL 时钟就绪标志。 PLL 锁定后由硬件置 1。 0：PLL 未锁定；1：PLL 锁定
位 24	PLLON：PLL 使能。 由软件置 1 或清零。 当进入待机和停止模式时，该位由硬件清零。当 PLL 时钟被用作或被选择要作为系统时钟时，该位不能被清零。 0：PLL 关闭；1：PLL 使能
位 23～20	保留，始终读为 0
位 19	CSSON：时钟安全系统使能。 由软件置 1 或清零以使能时钟检测器。 0：时钟检测器关闭；1：如果外部 4～25 MHz 时钟就绪，时钟检测器开始
位 18	HSEBYP：外部高速时钟旁路。 在调试模式下由软件置 1 或清零来旁路外部晶振振荡器。只有在外部 4～25 MHz 振荡器关闭的情况下，才能写入该位。 0：外部 4～25 MHz 振荡器没有旁路；1：外部 4～25 MHz 外部晶体振荡器被旁路
位 17	HSERDY：外部高速时钟就绪标志。 由硬件置 1 来指示外部 4～25 MHz 时钟已经稳定。在 HSEON 位清零后，该位需要 6 个外部 4～25 MHz 时钟周期清零。 0：外部 4～25 MHz 时钟没有就绪；1：外部 4～25 MHz 时钟就绪
位 16	HSEON：外部高速时钟使能。 由软件置 1 或清零。 当进入待机或停机模式时，该位由硬件清零，关闭外部时钟。当外部 4～25 MHz 时时钟被用着或被选择将要作为系统时钟时，该位不能被清零。 0：HSE 振荡器关闭；1：HSE 振荡器开启

续表 10-2

域	功 能
位 15～8	HSICAL[7:0]内部高速时钟校准。 在系统启动时，这些位被自动初始化
位 7～3	HSITRIM[4:0]内部高速时钟调整。 由软件写入来调整内部高速时钟，它们被叠加在 HSICAL[5:0]数值上。 这些位在 HSICAL[7:0]的基础上，让用户可以输入一个调整数值，根据电压和温度的变化调整内部 HSI RC 振荡器的频率。 默认数字为 16。在它等于 25 ℃时这个默认的数值可以把 HSI 调整到 8 MHz±1%，增大HSICAL 的数值增大则 HSI RC 振荡器的频率增大，反之则 RC 振荡器的频率减小。每步 HSICAL 变化调整约 40 kHz
位 2	保留，始终读为 0
位 1	HSIRDY:内部高速时钟就绪标志。 由硬件置 1 来指示内部 8 MHz 时钟准备就绪。在 HSGPION 位清零后，该位需要 6 个内部 8 MHz 时钟周期清零。 0:内部 8 MHz 时钟没有准备就绪；1:内部 8 MHz 时钟准备就绪
位 0	HSGPION:内部高速时钟使能。 由软件置 1 或清零。 当从待机或停止模式返回或用作系统时钟的外部 4～25 MHz 时钟发生故障时，该位由硬件置位来启动内部 8 MHz 的 RC 振荡器。当内部 8 MHz 时钟被直接或间接地用着或被选择将要作为系统时钟时，该位不能被清零。 0:内部 8 MHz 时钟关闭；1:内部 8 MHz 时钟开启

在这里是为了分析思路，让刚接触 STM32 的朋友能够去繁存简，更快地让单片机"跑"起来，故 RCC 寄存器就不在这里详细介绍了，朋友们可以查看相关数据手册，在软件编写时，可以直接用 STM32 的官方库，待到对 STM32 非常熟悉后可以再对寄存器直接操作，有些地方试着用寄存器操作其实也很方便。

ST 的官方库默认晶振是 8 MHz，因此一般在 STM32 上最常用的晶振也是 8 MHz 晶振。在第 8 章我们新建的的工程模板晶振频率配置与 ST 官方库一致，也是 8 MHz，可以直接作为烈火遥控的工程模版。使用 8 MHz 晶振的时候，不需要对时钟进行相关设置，ST 官方的固件库已经在启动文件中自动配置 STM32 时钟为 72 MHz 了。出于体积的考虑，烈火四轴上使用的是 16 MHz 晶振，因此要对 Keil 软件设置及固件库的启动文件部分做一定的修改，否则会出现时钟混乱及串口波特率不正常等问题。

首先是对 Keil 软件的设置：在 ⊞ RagingFire_Fly 处右击，在弹出的快捷菜单中单击 Options for Target'RagingFire_Fly'命令，如图 10-3 所示。

进入工程设置，在 Target 选项卡中修改目标时钟频率为 16 MHz，默认是 8 MHz，如图 10-4 所示。

接下来看固件库的启动文件部分如何修改。根据图 10-2，我们分析一下，只需要

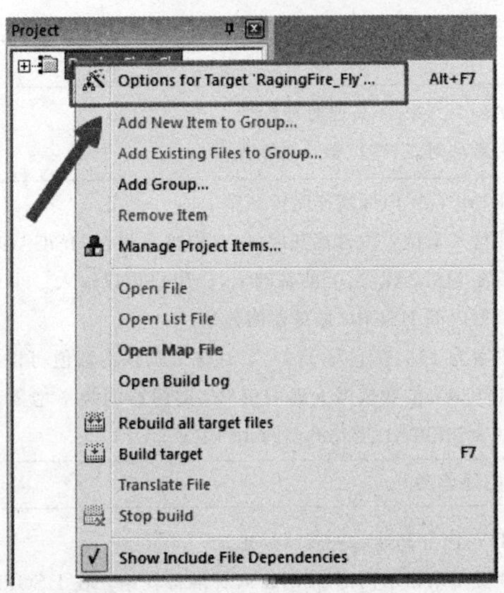

图 10-3　单击 Options for Target'RagingFire_Fly…'

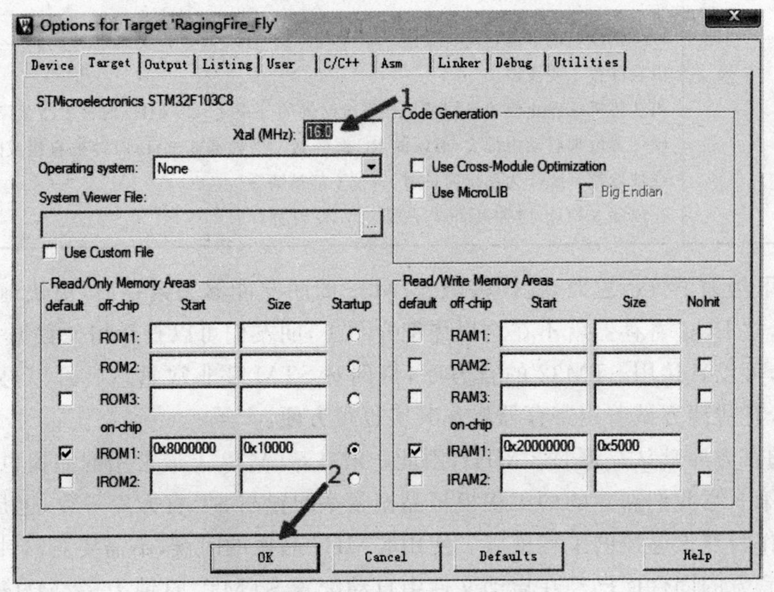

图 10-4　修改目标时钟设置

把 16 MHz 晶振时钟二分频成 8 MHz 时钟信号即可，后面的时钟部分设置不需要改了，与 8 MHz 晶振的时钟设置是一样的。基于这一点，参照表 10-1，我们只需要修改时钟配置寄存器(RCC_CFGR)的 17BIT(PLLXTPRE)位即可。

在官方固件库中，外部晶振频率由 HSE_VALUE 的值决定。HSE_VALUE 的默认定义是 8 MHz，我们需要将它改为 16 MHz。单击 main.c 旁的加号，双击打开 stm32f10x.h，将 HSE_VALUE 的默认定义从 8 MHz 改为 16 MHz。修改位置如

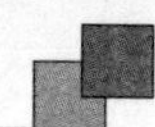

图 10－5 所示。

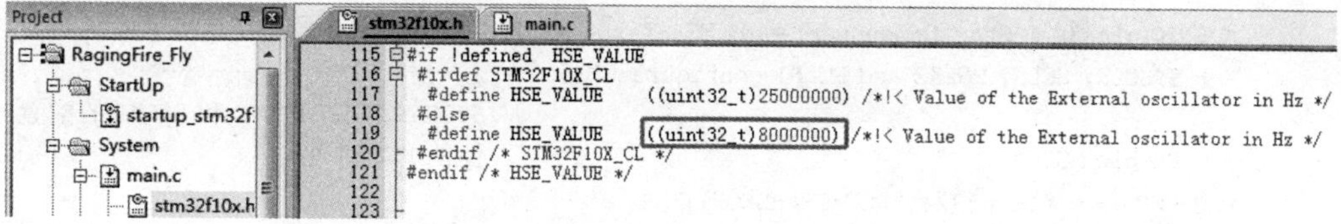

图 10－5　修改位置

但是我们发现没办法修改，原因是该文件被写保护了。将 RagingFire_Fly\Library\CMSIS\CM3\DeviceSupport\ST\STM32F10x 目录下 stm32f10x.h 文件只读属性去掉就好了。

去掉 stm32f10x.h 的只读属性如图 10－6 所示。

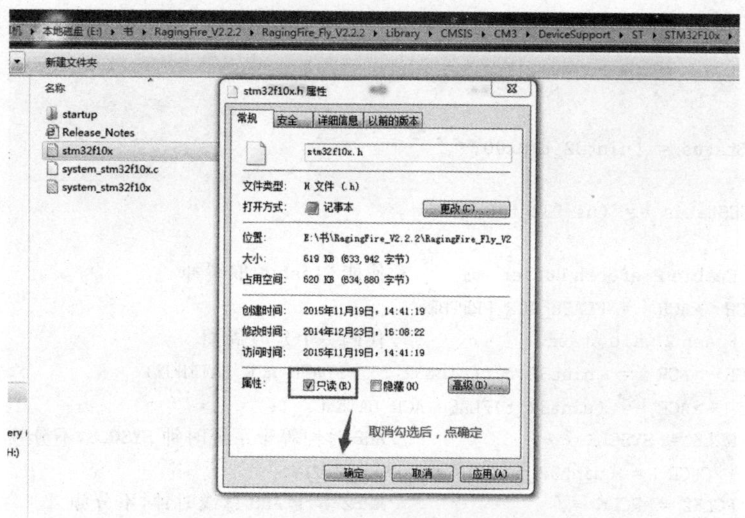

图 10－6　去掉 stm32f10x.h 的只读属性

返回 Keil 软件，就能顺利将 HSE_VALUE 的默认定义改为 16 000 000，如图 10－7 所示。

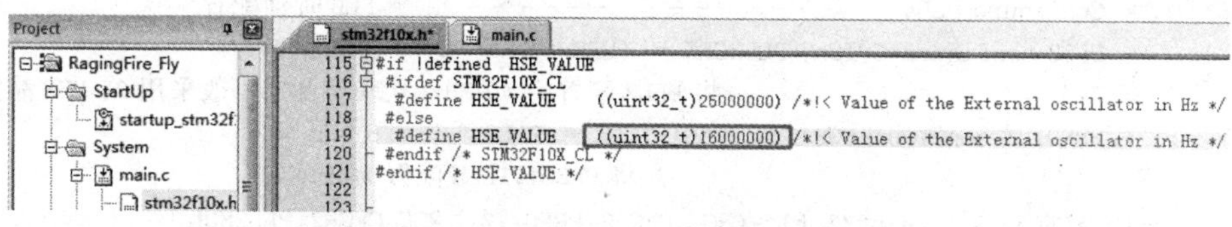

图 10－7　将 HSE_VALUE 的默认定义改为 16 000 000

接下来是修改 HSE 的分频系数，将其二分频。我们在 system_stm32f10x.c 中找到 static void SetSysClockTo72(void)，它位于这个 system_stm32f10x.c 文件的最后。我们一起来看一下这个函数是怎么设置 STM32 时钟为 72 MHz 的：

```
static void SetSysClockTo72(void)
{
  __GPIO uint32_t StartUpCounter = 0, HSEStatus = 0;
  /* SYSCLK, HCLK, PCLK2 and PCLK1 configuratGPIOn ---------------*/
                                                  //SYSCLK、HCLK、PCLK2 和 PCLK1 的配置
  /* Enable HSE */                                //使能 HSE 时钟
  RCC->CR |= ((uint32_t)RCC_CR_HSEON);
  /* Wait till HSE is ready and if Time out is reached exit */    //等待 HSE 时钟就绪或者超时
  do
  {
    HSEStatus = RCC->CR & RCC_CR_HSERDY;
    StartUpCounter++;
  } while((HSEStatus == 0) && (StartUpCounter != HSE_STARTUP_TIMEOUT));
  if ((RCC->CR & RCC_CR_HSERDY) != RESET)
  {
    HSEStatus = (uint32_t)0x01;
  }
  else
  {
    HSEStatus = (uint32_t)0x00;
  }
  if (HSEStatus == (uint32_t)0x01)
  {
    /* Enable Prefetch Buffer */      //使能 Flash 预取缓冲
    FLASH->ACR |= FLASH_ACR_PRFTBE;
    /* Flash 2 wait state */          //代码 2 个延时周期
    FLASH->ACR &= (uint32_t)((uint32_t)~FLASH_ACR_LATENCY);
    FLASH->ACR |= (uint32_t)FLASH_ACR_LATENCY_2;
    /* HCLK = SYSCLK */               //AHB 时钟等于系统时钟 SYSCLK,不分频
    RCC->CFGR |= (uint32_t)RCC_CFGR_HPRE_DIV1;
    /* PCLK2 = HCLK */                //APB2 等于 AHB 总线时钟,不分频
    RCC->CFGR |= (uint32_t)RCC_CFGR_PPRE2_DIV1;
    /* PCLK1 = HCLK */                //APB1 时钟等于 AHB 总线时钟的二分频
    RCC->CFGR |= (uint32_t)RCC_CFGR_PPRE1_DIV2;
#ifdef STM32F10X_CL                   //若定义互联型 MCU(我们采用的是非互联型 MCU,
                                      //这部分可以不看)
    /* Configure PLLs ------------------*/      //PLL 时钟配置
    /* PLL2 configuratGPIOn: PLL2CLK = (HSE / 5) * 8 = 40 MHz */
                              //将 PLL2 配置为 40 MHz(互联型 MCU 一般采用 25 MHz 晶振)
    /* PREDIV1 configuratGPIOn: PREDIV1CLK = PLL2 / 5 = 8 MHz */
                                      //将 PREDIV1CLK 配置为 8 MHz
    RCC->CFGR2 &= (uint32_t)~(RCC_CFGR2_PREDIV2 | RCC_CFGR2_PLL2MUL |
                              RCC_CFGR2_PREDIV1 | RCC_CFGR2_PREDIV1SRC);
    RCC->CFGR2 |= (uint32_t)(RCC_CFGR2_PREDIV2_DIV5 | RCC_CFGR2_PLL2MUL8 |
                             RCC_CFGR2_PREDIV1SRC_PLL2 | RCC_CFGR2_PREDIV1_DIV5);
    /* Enable PLL2 */                     //使能 PLL2 时钟
    RCC->CR |= RCC_CR_PLL2ON;
    /* Wait till PLL2 is ready */         //等待 PLL2 时钟就绪
```

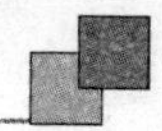

```
    while((RCC->CR & RCC_CR_PLL2RDY) == 0)
    {
    }
    /* PLL configuratGPIOn: PLLCLK = PREDIV1 * 9 = 72 MHz */      //将 PLL 时钟倍频至 72 MHz
    RCC->CFGR &= (uint32_t)~(RCC_CFGR_PLLXTPRE | RCC_CFGR_PLLSRC | RCC_CFGR_PLLMULL);
    RCC->CFGR |= (uint32_t)(RCC_CFGR_PLLXTPRE_PREDIV1 | RCC_CFGR_PLLSRC_PREDIV1 |
                          RCC_CFGR_PLLMULL9);
#else
    /*  PLL configuratGPIOn: PLLCLK = HSE * 9 = 72 MHz */
    RCC->CFGR &= (uint32_t)((uint32_t)~(RCC_CFGR_PLLSRC | RCC_CFGR_PLLXTPRE |
                                        RCC_CFGR_PLLMULL));
    RCC->CFGR |= (uint32_t)(RCC_CFGR_PLLSRC_HSE | RCC_CFGR_PLLXTPRE_HSE_Div2 | RCC_
                         CFGR_PLLMULL9);
#endif /* STM32F10X_CL */         //若定义互联型 MCU(我们采用的是非互联型 MCU,这
                                  //部分可以跳过不看)
    /* Enable PLL */              //使能 PLL 时钟
    RCC->CR |= RCC_CR_PLLON;
    /* Wait till PLL is ready */   //等待 PLL 时钟就绪
    while((RCC->CR & RCC_CR_PLLRDY) == 0)
    {
    }
    /* Select PLL as system clock source */     //选择 PLL 时钟作为系统时钟源
    RCC->CFGR &= (uint32_t)((uint32_t)~(RCC_CFGR_SW));
    RCC->CFGR |= (uint32_t)RCC_CFGR_SW_PLL;
    /* Wait till PLL is used as system clock source */     //等待 PLL 时钟用作系统时钟源
    while ((RCC->CFGR & (uint32_t)RCC_CFGR_SWS) != (uint32_t)0x08)
    {
    }
  }
  else     //若未定义互联型 MCU(我们采用的是非互联型 MCU,这部分要看)
  { /* If HSE fails to start-up, the applicatGPIOn will have a wrong clock
          configuratGPIOn. User can add here some code to deal with this error */
 /* 若 HSE 启动失败,则应用程序将出现错误的时钟配置。用户可以在这里添加一些代码来
     处理这个错误 */
  }
}
```

如果你英文比较好,根据官方库中的英文注释可以大致了解时钟的配置过程。为便于读者理解,这里将英文注释全部译为中文。关于这段代码,我们只需要知道怎么把外部 16 MHz 晶振时钟分频成 8 MHz 时钟即可。前面提到过,HSE 分频设置由时钟配置寄存器(RCC_CFGR)的 17BIT(PLLXTPRE)控制。我们可从函数 static void SetSysClockTo72(void)中找到:

```
RCC->CFGR |= (uint32_t)(RCC_CFGR_PLLSRC_HSE | RCC_CFGR_PLLMULL9);
```

这是将由外部 8 MHz 晶振提供的时钟直接经过 9 倍频到 72 MHz。我们只需要把这句话改成如下语句即可:

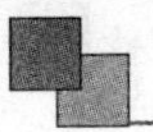


```
RCC->CFGR |= (uint32_t)(RCC_CFGR_PLLSRC_HSE | RCC_CFGR_PLLXTPRE_HSE_Div2 | RCC_CFGR_
                        PLLMULL9);
```

其中 RCC_CFGR_PLLXTPRE_HSE_Div2 表示对 HSE 进行二分频。通过分频得到了 8 MHz 的时钟，再经过 PLL 9 倍频后得到 STM32 的 72 MHz 系统时钟。至此，我们在 STM32 上使用 16 MHz 晶振的时钟设置就基本完成了，下面开始享受书写代码的乐趣吧！

10.2 LED 指示灯实验

本节结合仿真一起讲解。先看一下 GPIO 使用情况，如图 10－8 所示。

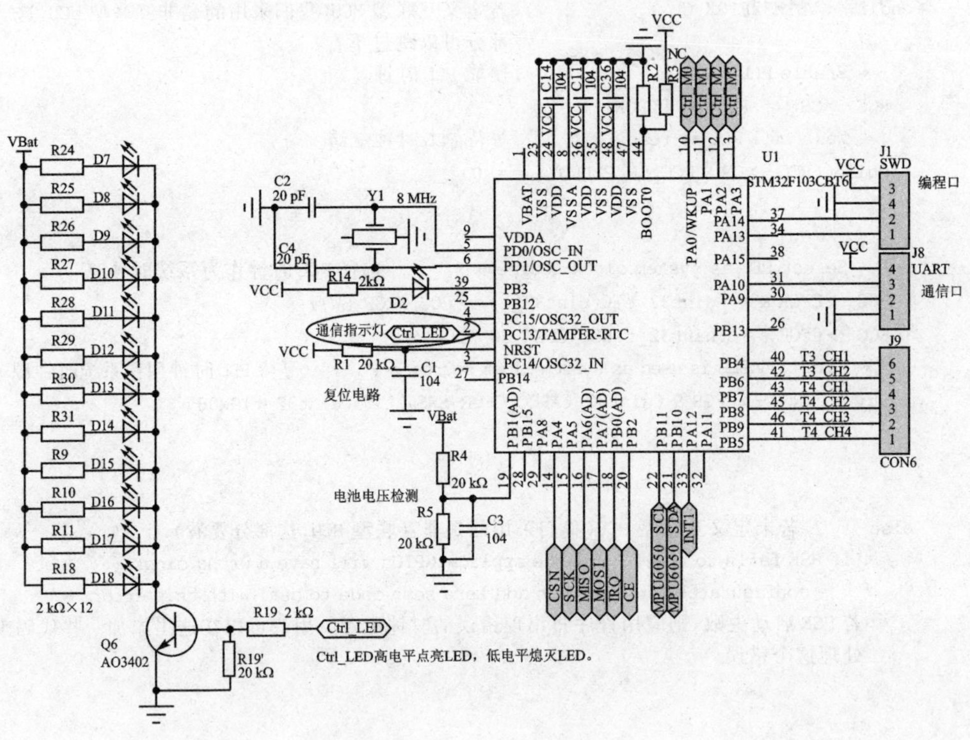

图 10－8 GPIO 使用情况

① 下面来看一下 main 函数：

```
static void delay(uint16_t n )
{
        uint16_t i,j;
        for(i = 0;i<n;i ++ )
                for(j = 0;j<n;i +8500;j ++ );
}
int main(void)
{
        LED_Init();
```

```
    while(1)
    {
        LED2_ON;
        delay(100);
        LED3_ON;
        delay(100);
        LED2_OFF;
        delay(100);
        LED3_OFF;
        delay(100);
    }
}
```

程序很简单，初始化 LED 之后，就不断地点亮 LED，点亮 LED3，熄灭 LED2，熄灭 LED3。下载后执行程序，就能看到两组 LED 不断地闪烁。LED 比较简单，实际上就是 GPIO 的应用。下面一起来学习在 STM32 上如何使用 GPIO。

② 下面是 LED 的初始化：

```
#define LED2_GPIO   GPIOB
#define LED2_Pin    GPIO_Pin_3
#define LED3_GPIO   GPIOC
#define LED3_Pin    GPIO_Pin_13
void LED_Init(void)
{
    GPIO_InitTypeDef GPIO_Structure;

    RCC_APB2PeriphClockCmd(RCC_APB2Periph_GPIOB, ENABLE);
    RCC_APB2PeriphClockCmd(RCC_APB2Periph_GPIOC, ENABLE);
    RCC_APB2PeriphClockCmd(RCC_APB2Periph_AFGPIO, ENABLE);

    //改变指定引脚的映射 GPIO_Remap_SWJ_Disable SWJ 完全禁用(JTAG+SW-DP)
    GPIO_PinRemapConfig(GPIO_Remap_SWJ_Disable, ENABLE);
    //改变指定引脚的映射 GPIO_Remap_SWJ_JTAGDisable ,JTAG-DP 禁用 + SW-DP 使能
    GPIO_PinRemapConfig(GPIO_Remap_SWJ_JTAGDisable , ENABLE);

    GPIO_Structure.GPIO_Pin =   LED2_Pin;//LED2:电源旁的指示灯
    GPIO_Structure.GPIO_Speed = GPIO_Speed_50MHz;
    GPIO_Structure.GPIO_Mode = GPIO_Mode_Out_PP;
    GPIO_Init(LED2_GPIO, &GPIO_Structure);
    GPIO_Structure.GPIO_Pin =   LED3_Pin;//LED3:机身周围的夜间灯
    GPIO_Structure.GPIO_Speed = GPIO_Speed_50MHz;
    GPIO_Structure.GPIO_Mode = GPIO_Mode_Out_PP;
    GPIO_Init(LED3_GPIO, &GPIO_Structure);
}
```

从本节开始，就涉及 STM32 的外设时钟了。APB2 外设时钟如图 10-9 所示，APB2 外设时钟相关寄存器介绍见表 10-3。连接在 APB2(高速外设)上的设备有 UART1、SPI1、Timer1、ADC1、ADC2、所有普通 GPIO 口、复用 GPIO 口。

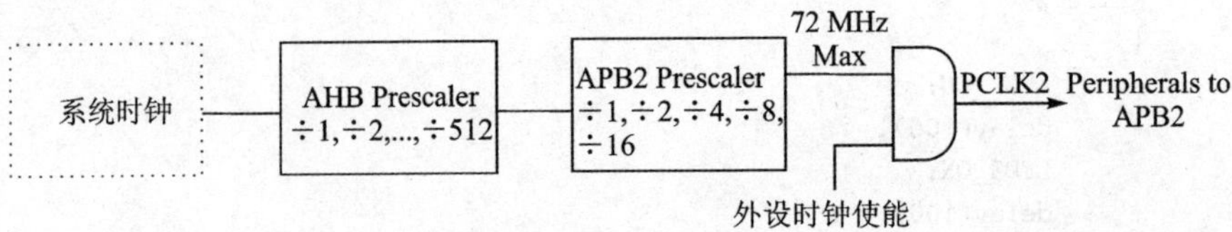

图 10-9　APB2 时钟

表 10-3　APB2 外设时钟相关寄存器介绍

寄存器名称	相关位	说　明
时钟配置寄存器（RCC_CFGR）	位 13～11(PPRE2)	高速 APB 预分频
外设时钟使能寄存器（RCC_APB2ENR）	位 15(ADC3EN)	ADC3 接口时钟使能
	位 14(USART1EN)	USART1 时钟使能
	位 13(TIM8EN)	TIM8 定时器时钟使能
	位 12(SPI1EN)	SPI1 时钟使能
	位 11(TIM1EN)	TIM1 定时器时钟使能
	位 10(ADC2EN)	ADC2 接口时钟使能
	位 9(ADC1EN)	ADC1 接口时钟使能
	位 8(GPIOPGEN)	GPIO 端口 G 时钟使能
	位 7(GPIOPFEN)	GPIO 端口 F 时钟使能
	位 6(GPIOPEEN)	GPIO 端口 E 时钟使能
	位 5(GPIOPDEN)	GPIO 端口 D 时钟使能
	位 4(GPIOPCEN)	GPIO 端口 C 时钟使能
	位 3(GPIOPBEN)	GPIO 端口 B 时钟使能
	位 2(GPIOPAEN)	GPIO 端口 A 时钟使能
	位 1(保留)	保留
	位 0(AFGPIOEN)	辅助功能 GPIO 时钟使能

寄存器部分大致了解一下即可，以后再慢慢研究。现在回到我们的程序，用 RCC_APB2PeriphClockCmd()使能相应的 GPIO 时钟，由于 LED 用到的 GPIO 是 PB3 和 PC13，因此要使能 RCC_APB2Periph_GPIOB 和 RCC_APB2Periph_GPIOC。由于 PB3 默认用于 JTAG 接口，因此要打开复用时钟 RCC_APB2Periph_AFGPIO。同时要改变引脚的映射，禁用 JTAG，使能 SWD。

GPIO_Structure 是一个 GPIO 的结构体，用于设置 GPIO 的参数。上述程序中，将 GGPIO 初始化为 GPIO_Speed_50MHz，GPIO_Mode_Out_PP，即设置 GPIO 最高输出速率为 50 MHz，工作方式为推挽输出。

点亮 LED 时，用到如下寄存器操作：

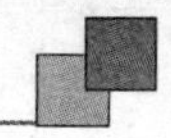

```
#define LED2_ON       LED2_GPIO->BRR   = LED2_Pin        //电源旁的指示灯
#define LED2_OFF      LED2_GPIO->BSRR  = LED2_Pin
#define LED3_ON       LED3_GPIO->BSRR  = LED3_Pin        //机身周围的夜间灯
#define LED3_OFF      LED3_GPIO->BRR   = LED3_Pin
```

其中,LED2_GPIO－＞BRR ＝ LED2_Pin 将 LED2 对应的 GPIO 输出为低电平(此时 LED2 亮起);LED3_GPIO－＞BSRR ＝ LED3_Pin 将 LED3 对应的 GPIO 输出为高电平(此时 LED3 亮起);#define 是宏定义功能,以后在程序中,我们只需要写"LED2_ON"即表示"LED2_GPIO－＞BRR ＝ LED2_Pin",起到简化程序的作用。

③ 编译程序,将烈火四轴连接到仿真器上,上电,单击"调试"按钮,并设置如图 10－10 所示的 4 个断点。

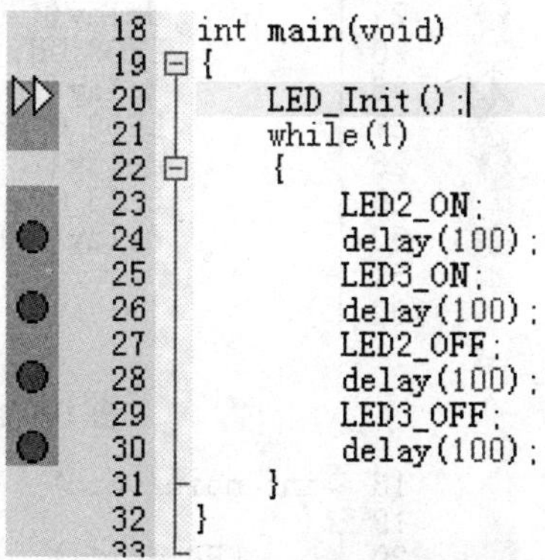

图 10－10　设置断点

④ 单击"全速运行"按钮,程序运行到断点 1,此时 LED2 亮起,LED3 熄灭,如图 10－11 所示。

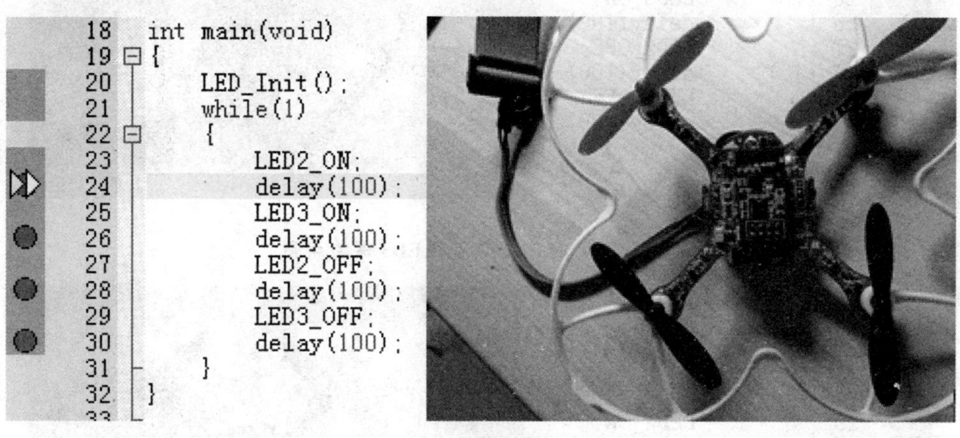

图 10－11　LED2 亮起,LED3 熄灭

⑤ 接着单击"全速运行"按钮,程序运行到断点 2,此时 LED2 保持亮,LED3 亮起,如图 10－12 所示。

⑥ 再单击"全速运行"按钮,程序运行到断点 3,此时 LED2 熄灭,LED3 保持点亮,如图 10－13 所示。

⑦ 继续单击"全速运行"按钮,程序运行到断点 4,此时 LED2 熄灭,LED3 也熄灭,如图 10－14 所示。

⑧ 最后一次单击"全速运行"按钮,发现程序运行回到断点 1,此时 LED2 亮起,LED3 熄灭,如图 10－11 所示。

```
int main(void)
{
    LED_Init();
    while(1)
    {
        LED2_ON;
        delay(100);
        LED3_ON;
        delay(100);
        LED2_OFF;
        delay(100);
        LED3_OFF;
        delay(100);
    }
}
```

图 10-12　LED2 保持亮，LED3 亮起

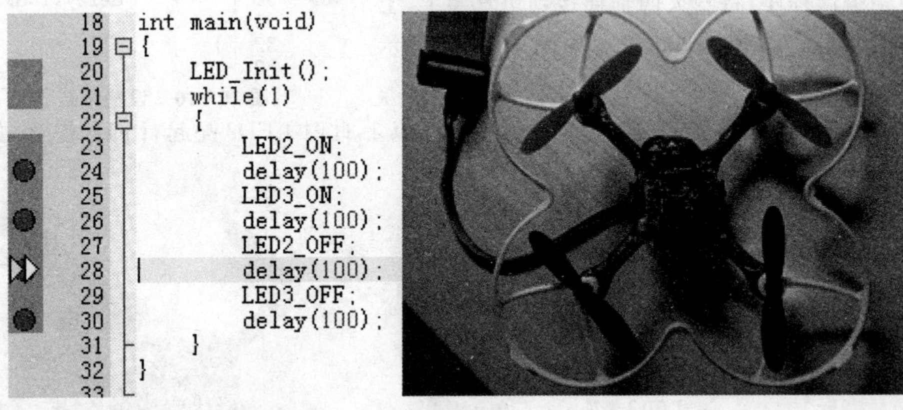

图 10-13　LED2 熄灭，LED3 保持点亮

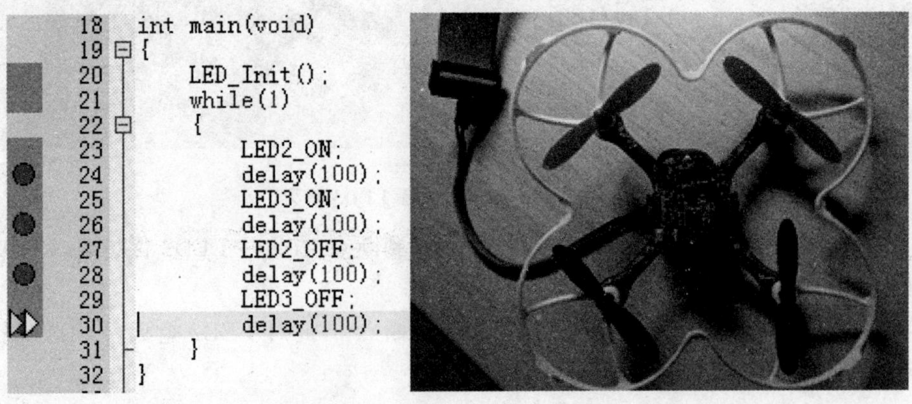

图 10-14　LED2 熄灭，LED3 熄灭

⑨ 单击“调试”按钮退出调试，发现烈火四轴上的 LED 交替闪烁。

本节介绍了 GPIO 的操作、宏定义等，希望读者自行消化吸收一下，为学习下节内容做好准备。

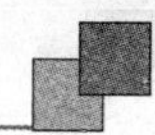

10.3　STM32 的 USART 实验

10.3.1　相关介绍

USART 的英文全称是 Universal Synchronous/Asynchronous Receiver/Transmitter，对应的中文是通用同步/异步串行接收/发送器。

USART 是一个全双工通用同步/异步串行收发模块，该接口是一个高度灵活的串行通信设备。串行通信是在一根传输线上逐位传送信息，所用的传输线少，因此特别适于远距离传输。对于那些与计算机相距不远的人－机交换设备和串行存储的外部设备如终端、打印机、逻辑分析仪、磁盘等，采用串行方式交换数据也很普遍。在实时控制和管理方面，采用多台微机处理机组成分级分布控制系统，各 CPU 之间的通信一般都是串行方式。串行接口是微机应用系统常用的接口，许多外设和计算机按串行方式进行通信。这里所说的串行方式是指外设与接口电路之间的信息传送方式，实际上 CPU 与接口之间仍按并行方式工作。

通用同步/异步收发器(USART)提供了一种灵活的方法，与使用工业标准 NRZ 异步串行数据格式的外部设备之间进行全双工数据交换。USART 利用分数波特率发生器提供宽范围的波特率选择。它支持同步单向通信和半双工单线通信，也支持 LIN (局部互联网)，智能卡协议和 IrDA(红外数据组织)SIR ENDEC 规范，以及调制解调器(CTS/RTS) 操作。它还允许多处理器通信。使用多缓冲器配置的 DMA 方式，可以实现高速数据通信。

USART 接口通过 3 个引脚与其他设备连接在一起。任何 USART 双向通信至少需要三个引脚：接收数据输入(RX)、发送数据输出(TX)以及共地线 。

RX：接收数据串行输。通过过采样技术来区别数据和噪声，从而恢复数据。

TX：发送数据输出。当发送器被禁止时，输出引脚恢复到它的 I/O 端口配置。当发送器被激活，并且不发送数据时，TX 引脚处于高电平。在单线和智能卡模式里，此 I/O 口被同时用于数据的发送和接收。

USART 的主要特性如下：

- 全双工操作(相互独立的接收数据和发送数据)；
- 同步操作时，可主机时钟同步，也可从机时钟同步；
- 独立的高精度波特率发生器，不占用定时/计数器；
- 支持 5、6、7、8 和 9 位数据位，1 或 2 位停止位的串行数据帧结构；
- 由硬件支持的奇偶校验位发生和检验；
- 数据溢出检测；
- 帧错误检测；
- 包括错误起始位的检测噪声滤波器和数字低通滤波器；
- 3 个完全独立的中断，即 TX 发送完成、TX 发送数据寄存器空、RX 接收完成；

➢ 支持多机通信模式；

➢ 支持倍速异步通信模式。

10.3.2 程序讲解

串口通信是一种最基础的通信方式，这次实验主要讲一下如何使用 STM32 的串口进行数据通信。用到的 GPIO 口为 PA9、PA10，对应的串口是 Usart1。

下面介绍 main 函数：

```
static void delay(uint16_t n )
{
        uint16_t i,j;
        for(i = 0;i<n;i ++ )
                for(j = 0;j<8500;j ++ );
}
int main(void)
{
        Uart1_Init(115200);            //串口初始化
        Nvic_Init();                   //中断分组设置
        while(1)
        {
                PrintString("\r\n RagingFire_Fly V2.2 \r\n");      //输出版本号信息
                delay(100);                                       //延时
        }
}
```

先初始化串口，然后进行中断分组设置，接着就是在 while(1)循环里从串口输出版本号信息。在输出函数后加上了延时，免得数据发送太快使得 CPU 处理不过来。实验现象如图 10-15 所示。

下面介绍串口的初始化：

```
void Uart1_Init(uint32_t baud)
{
GPIO_InitTypeDef GPIO_InitStructure;
USART_InitTypeDef USART_InitStructure;
/ * 打开 GPIO 和 USART 部件的时钟 * /
RCC_APB2PeriphClockCmd(RCC_APB2Periph_GPIOA | RCC_APB2Periph_AFGPIO, ENABLE);
RCC_APB2PeriphClockCmd(RCC_APB2Periph_USART1, ENABLE);
/ * 将 USART Tx 的 GPIO 配置为推挽复用模式 * /
GPIO_InitStructure.GPIO_Pin = GPIO_Pin_9;
GPIO_InitStructure.GPIO_Mode = GPIO_Mode_AF_PP;
GPIO_InitStructure.GPIO_Speed = GPIO_Speed_50MHz;
GPIO_Init(GPIOA, &GPIO_InitStructure);
/ * 将 USART Rx 的 GPIO 配置为浮空输入模式 * /
GPIO_InitStructure.GPIO_Pin = GPIO_Pin_10;
GPIO_InitStructure.GPIO_Mode = GPIO_Mode_IN_FLOATING;
GPIO_InitStructure.GPIO_Speed = GPIO_Speed_50MHz;
GPIO_Init(GPIOA, &GPIO_InitStructure);
/ * 配置 USART 参数 * /
```

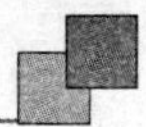

```
USART_InitStructure.USART_BaudRate = baud;                            //波特率
USART_InitStructure.USART_WordLength = USART_WordLength_8b;           //8 位数据位
USART_InitStructure.USART_StopBits = USART_StopBits_1;                //1 位停止位
USART_InitStructure.USART_Parity = USART_Parity_No;                   //不进行奇偶校验
USART_InitStructure.USART_HardwareFlowControl = USART_HardwareFlowControl_None;
                                                                      //硬件流控制失能
USART_InitStructure.USART_Mode = USART_Mode_Rx | USART_Mode_Tx; //接收 + 发送模式
USART_Init(USART1, &USART_InitStructure);
/* 使能串口接收中断 */
USART_ITConfig(USART1, USART_IT_RXNE, ENABLE);
/* 第 5 步:使能 USART, 配置完毕 */
USART_Cmd(USART1, ENABLE);
/* CPU 的小缺陷:串口配置好,如果直接发送,则第 1 个字节发送不出去
   如下语句解决第 1 个字节无法正确发送出去的问题 */
USART_ClearFlag(USART1, USART_FLAG_TC);                               //清发送完成标志位
}
```

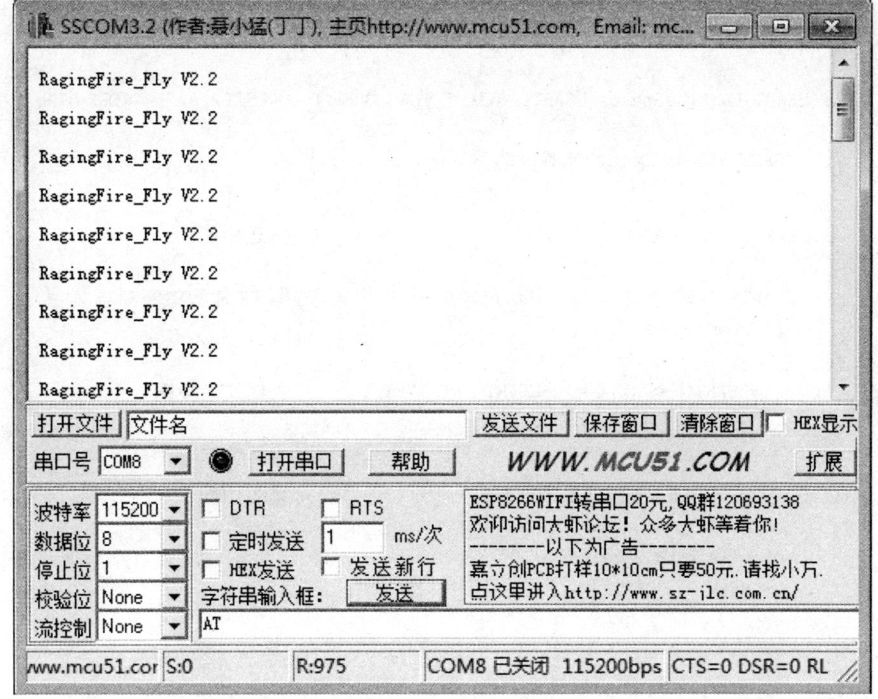

图 10-15　USART 实验现象

RCC_APB2PeriphClockCmd 一共打开三个时钟:RCC_APB2Periph_GPIOA、RCC_APB2Periph_AFGPIO 和 RCC_APB2Periph_USART1。由于用到了复用功能,因此要打开 RCC_APB2Periph_AFGPIO 的时钟。

TX 配置为推挽复用模式,RX 配置为浮空输入模式。接着是设置波特率、8 位数据位、1 位停止位,禁用奇偶校验,硬件流控制禁止等。需要注意的是,使能 USART 后,要清发送完成标志位,否则如果串口直接发送数据,则第 1 个字节发送不出去。

把这些配置好后，还不能开始用串口收发数据，因为还没有对串口中断进行设置。中断优先级分组设置为抢占优先级 1、响应优先级 0，具体如下：

```
void Nvic_Init(void)
{
    NVIC_InitTypeDef NVIC_InitStructure;
    //NVIC_PrGPIOrityGroup
    NVIC_PrGPIOrityGroupConfig(NVIC_PrGPIOrityGroup_2);//优先级分组
    //串口
    NVIC_InitStructure.NVIC_IRQChannel = USART1_IRQn;
    NVIC_InitStructure.NVIC_IRQChannelPreemptGPIOnPrGPIOrity = 1;
    NVIC_InitStructure.NVIC_IRQChannelSubPrGPIOrity = 0;
    NVIC_InitStructure.NVIC_IRQChannelCmd = ENABLE;
    NVIC_Init(&NVIC_InitStructure);
}
```

设置完中断分组后，程序就可以进入中断了。下面介绍串口中断服务函数：

```
void USART1_IRQHandler(void)
{
    if(USART_GetFlagStatus(USART1, USART_FLAG_ORE) != RESET)      //ORE 中断
    {
        USART_ReceiveData(USART1);
    }
    if(USART1->SR & USART_SR_TC)                              //发送中断
    {
        USART1->DR = TxBuff[TxCount++];                       //写 DR 清除中断标志
        if(TxCount == Count)
        {
            USART1->CR1 &= ~USART_CR1_TXEIE;                  //关闭 TXE 中断
        }
    }
    if(USART1->SR & USART_SR_RXNE)                            //接收中断
    {
        volatile int8_t com_data ;
        com_data = USART1->DR;
    }
}
```

在四轴上主要用到的是发送中断，将环形缓冲区中的数据发出去。接收中断只是清除了接收中断标志位，不进行数据处理。

下面来看一个最基本的串口发送函数：

```
//以 HEX 的形式输出 U8 型数据
void PrintHexU8(uint8_t data)
{
    TxBuff[Count++] = data;
    if(!(USART1->CR1 & USART_CR1_TXEIE))
    USART_ITConfig(USART1, USART_IT_TXE, ENABLE); //打开 TXE 中断
```

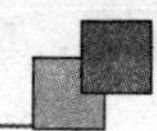

```
}
```

该函数直接将要发送的数据写入环形发送缓冲区，缓冲区声明如下：

```
static uint8_t TxBuff[256];
```

在发送中断函数中，将环形缓冲区中未发出的数据从串口发出，效率很高。

其他各个串口输出函数按照以下各种不同格式输出数据：

```
//以 HEX 的形式输出 S16 型数据
void PrintHexS16(int16_t num)
{
    PrintHexU8((uint8_t)(num & 0xff00) >>8);//先发送高 8 位，再发送低 8 位
    PrintHexU8((uint8_t)(num & 0x00ff));
}
//以字符的形式输出 S8 型数据
void PrintS8(int8_t num)
{
    uint8_t  bai,shi,ge;
    if(num<0)
    {
        PrintHexU8('-');
        num = -num;
    }
    else
        PrintHexU8(' ');
    bai = num/100;
    shi = num % 100/10;
    ge  = num % 10;
    PrintHexU8('0' + bai);
    PrintHexU8('0' + shi);
    PrintHexU8('0' + ge);
}
//以字符的形式输出 U8 型数据
void PrintU8(uint8_t num)
{
    uint8_t  bai,shi,ge;
    bai = num/100;
    shi = num % 100/10;
    ge = num % 10;
    PrintHexU8('0' + bai);
    PrintHexU8('0' + shi);
    PrintHexU8('0' + ge);
}
//以字符的形式输出 S16 型数据
void PrintS16(int16_t num)
{
    uint8_t w5,w4,w3,w2,w1;
    if(num<0)
    {
        PrintHexU8('-');
        num = -num;
```

```
    }
    else
        PrintHexU8(' ');
    w5 = num % 100000/10000;
    w4 = num % 10000/1000;
    w3 = num % 1000/100;
    w2 = num % 100/10;
    w1 = num % 10;
    PrintHexU8('0' + w5);
    PrintHexU8('0' + w4);
    PrintHexU8('0' + w3);
    PrintHexU8('0' + w2);
    PrintHexU8('0' + w1);
}
//以字符的形式输出 U16 型数据
void PrintU16(uint16_t num)
{
    uint8_t w5,w4,w3,w2,w1;
    w5 = num % 100000/10000;
    w4 = num % 10000/1000;
    w3 = num % 1000/100;
    w2 = num % 100/10;
    w1 = num % 10;
    PrintHexU8(' ');
    PrintHexU8('0' + w5);
    PrintHexU8('0' + w4);
    PrintHexU8('0' + w3);
    PrintHexU8('0' + w2);
    PrintHexU8('0' + w1);
}
//输出字符串
void PrintString(uint8_t * s)
{
    uint8_t * p;
    p = s;
    while( * p ! = '\0')
    {
        PrintHexU8( * p);
        p++ ;
    }
}
```

这里用到了 S16、S8、U16、U8 等数据类型。教大家一个简单的区分方法："S"指的是 signed，即有符号数，S16、S8 分别表示 16 位有符号数和 8 位有符号数；"U"指的是 unsigned，即无符号数，U16、U8 分别表示 16 位无符号数和 8 位无符号数。这些不同类型的数据，在传输的时候都是分成 U8 型数据传输的，因为 STM32 串口一次只发 8 位数据。

本节介绍了 STM32 串口的配置以及中断分组的使用，串口通信在遥控端使用较频繁，用于与 PC 端的上位机进行通信。

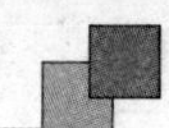

10.4 STM32 的 ADC 与 DMA 实验

本节主要介绍 ADC 与 DMA 的应用，在烈火四轴上进行电池电压的测量。

10.4.1 相关介绍

STM32F10xxx 微控制器系列拥有 12 位 ADC，是一种逐次逼近型模拟/数字转换器。它有多达 18 个通道，可测量 16 个外部和 2 个内部信号源。各通道的 A/D 转换可以单次、连续、扫描或间断模式执行。ADC 的结果可以左对齐或右对齐方式存储在 16 位数据寄存器中。模拟看门狗特性允许应用程序检测输入电压是否超出用户定义的高/低阈值，这个我们用不到。需要注意的是，ADC 的输入时钟不得超过 14 MHz，它是由 APB2 经分频产生的。

STM32 的 ADC 可以使用 DMA(data memory access)方式操作，方便高效。直接内存存取(DMA)是用于快速数据交换的重要技术，它具有独立于 CPU 的后台批量数据传输能力，能够满足实时图像处理中高速数据传输要求。在烈火四轴上，我们用它来搬运电压数据到指定地址。

10.4.2 用到的 GPIO

从图 10－16 不难看出，AD 测量的是电阻 R4 和 R5 分压后的电压值，即电池电压的一半。AD 采集用到的 GPIO 是 PB1。

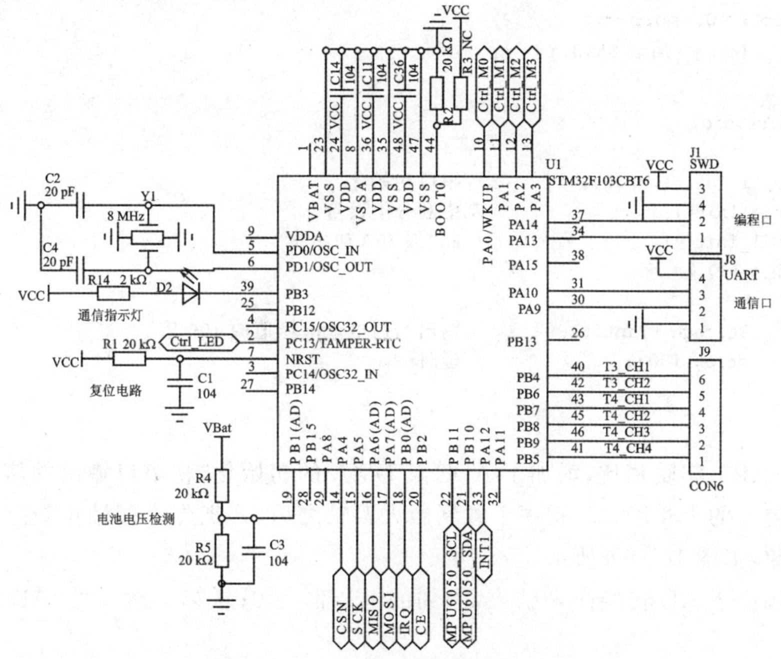

图 10－16　采集电池电压的电路

查看数据手册(如图 10-17 所示),PB1 对应的是 ADC12_IN9,即可使用 ADC1 或 ADC2 进行 AD 采集,通道号固定为 9 号。

脚位					引脚名称	类型	I/O电平	主功能(复位后)	默认的其他功能
BGA100	LQFP48	LQFP64	LQFP100	VFQFPN36					
G3	14	20	29	11	PA4	I/O		PA4	SPI1_NSS(6)/USART2 CK(6)/ADC12_IN4
H3	15	21	30	12	PA5	I/O		PA5	SPI1_SCK(6)/ADC12_IN5
J3	16	22	31	13	PA6	I/O		PA6	SPI1_MISO(6)/ADC12 IN6/TIM3_CH1(6)
K3	17	23	32	14	PA7	I/O		PA7	SPI1_MOSI(6)/ADC12 IN7/TIM3_CH2(6)
G4	-	24	33	-	PC4	I/O		PC4	ADC12_IN14
H4	-	25	34	-	PC5	I/O		PC5	ADC12_IN15
J4	18	26	35	15	PB0	I/O		PB0	ADC12_IN8/TIM3_CH3(6)
K4	19	27	36	16	PB1	I/O		PB1	ADC12_IN9/TIM3_CH4(6)

图 10-17 数据手册截图

10.4.3 代码讲解

从 main 函数开始分析:

```
static void delay(uint16_t n )
{
    uint16_t i,j;
    for(i = 0;i<n;i ++ )
        for(j = 0;j<8500;j ++ );
}

int main(void)
{
    Uart1_Init(115200);          //串口初始化
    Nvic_Init();                 //中断分组设置
    ADC1_Init();                 //ADC 及 DMA 初始化
    while(1)
    {
        Voltage_Printf();        //输出当前电池电压值的 100 倍
        delay(100);              //延时
    }
}
```

与 USART 实验相比,增加了 ADC 及 DMA 的初始化,将串口输出的信息改为了当前电池电压的 100 倍。将程序下载到烈火四轴之后,并把烈火四轴重新上电即可看到实验现象,如图 10-18 所示。

刚开始由于 AD 转换尚未结束,测到的电压值为 0;从第二次开始,AD 测量就正常了。

下面来看一下主函数:

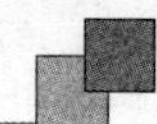

```
void ADC1_Init(void)
{
    ADC1_GPIO_Config();
    ADC1_Mode_Config();
}
```

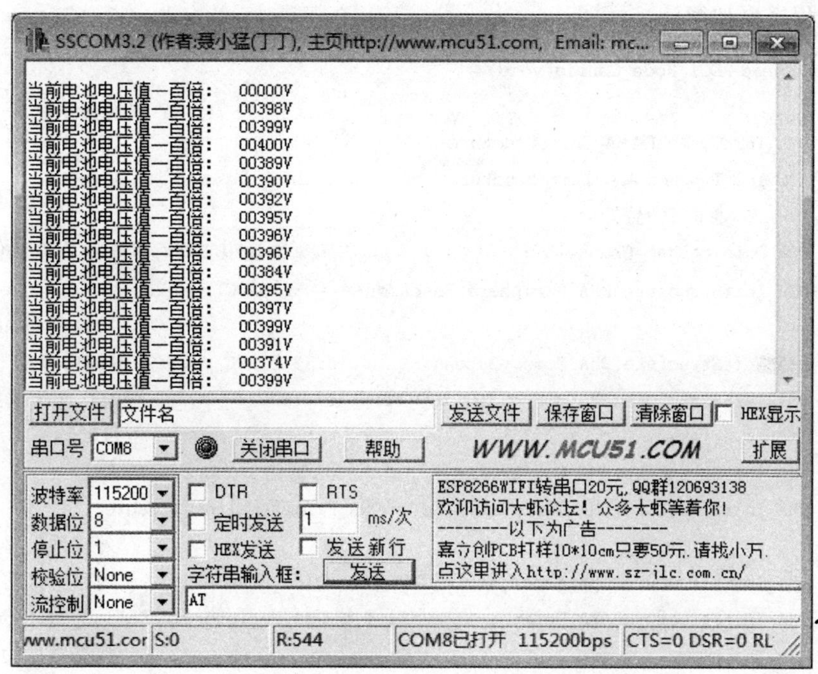

图 10－18　实验现象

static ADC1_GPIO_Config()负责初始化 ADC 对应的的 GPIO,GPIO 的设置前面已经分析过。下面来看函数:

```
static void ADC1_GPIO_Config(void)
{
    GPIO_InitTypeDef GPIO_InitStructure;
    /* 打开 GPIO 和 ADC、DMA 部件的时钟 */
    RCC_AHBPeriphClockCmd(RCC_AHBPeriph_DMA1, ENABLE);
    RCC_APB2PeriphClockCmd(RCC_APB2Periph_ADC1 | RCC_APB2Periph_GPIOB, ENABLE);
    RCC_ADCCLKConfig(RCC_PCLK2_Div6);    //72 MHz/6 = 12 MHz,ADC 最大时钟频率不超过
12 MHz
    /* 将 GPIO 配置为输入模式 */
    GPIO_InitStructure.GPIO_Pin = GPIO_Pin_1 ;
    GPIO_InitStructure.GPIO_Mode = GPIO_Mode_AIN;
    GPIO_Init(GPIOB, &GPIO_InitStructure);
}
```

我们注意到这个函数前被 static 修饰了,这表示该函数的作用域仅在该文件(DMA_ADC.c)内,也就是说在其他的文件中定义一个相同名字的函数也不会引起冲

突，这就是 static 的妙用。static 修饰变量时，表示该变量是局部变量，作用域仅在定义的位置内。

static void ADC1_Mode_Config(void)进行 AD 及 DMA 的相关设置，源程序中有详细注释，代码非常简单，这个函数也用 static 修饰了，只对外提供 ADC1_INT()的接口，使得程序更加简洁。

```
static void ADC1_Mode_Config(void)
{
    DMA_InitTypeDef DMA_InitStructure;
    ADC_InitTypeDef ADC_InitStructure;
    /* DMA 通道 1 配置 */
    DMA_DeInit(DMA1_Channel1);                    //将 DMA 的通道 1 寄存器重设为默认值
    DMA_InitStructure.DMA_PeripheralBaseAddr = (u32)&ADC1->DR;
                                                              //DMA 外设 ADC 基地址
    DMA_InitStructure.DMA_MemoryBaseAddr = (uint32_t)ADC_Value;//DMA 内存基地址
    DMA_InitStructure.DMA_DIR = DMA_DIR_PeripheralSRC;         //内存作为数据传输的
                                                              //目的地
    DMA_InitStructure.DMA_BufferSize = M;  //DMA 通道的 DMA 缓存的大小
    DMA_InitStructure.DMA_PeripheralInc = DMA_PeripheralInc_Disable;
                                                              //外设地址寄存器不变
    DMA_InitStructure.DMA_MemoryInc = DMA_MemoryInc_Enable;     //内存地址寄存器递增
    DMA_InitStructure.DMA_PeripheralDataSize = DMA_PeripheralDataSize_HalfWord;
                                                              //数据宽度为 16 位
    DMA_InitStructure.DMA_MemoryDataSize = DMA_MemoryDataSize_HalfWord;
                                                              //数据宽度为 16 位
    DMA_InitStructure.DMA_Mode = DMA_Mode_Circular;             //工作在循环缓存模式
    DMA_InitStructure.DMA_PrGPIOrity = DMA_PrGPIOrity_High; //DMA 通道 x 拥有高优先级
    DMA_InitStructure.DMA_M2M = DMA_M2M_Disable;                //DMA 通道 x 没有设置
                                                              //为内存到内存传输
    DMA_Init(DMA1_Channel1, &DMA_InitStructure);
                                        //根据 DMA_InitStruct 中指定的参数初始化 DMA 的通道
    /* 使能 DMA 通道 1 */
    DMA_Cmd(DMA1_Channel1, ENABLE);
/////////////////////////////////////////////
    ADC_DeInit(ADC1);                   //将外设 ADC1 的全部寄存器重设为默认值
    ADC_TempSensorVrefintCmd(ENABLE);                  //使能内部参照电压(1.2 V)
    /* ADC1 配置 */
    ADC_InitStructure.ADC_Mode = ADC_Mode_Independent;  //独立模式每个 ADC 独立工作
    ADC_InitStructure.ADC_ScanConvMode = ENABLE;        //使用扫描模式 scan 位设置
    ADC_InitStructure.ADC_ContinuousConvMode = ENABLE;  //cont 位设置连续转换模式
    ADC_InitStructure.ADC_ExternalTrigConv = ADC_ExternalTrigConv_None;
                                  //EXTSEL 选择启动规则通道组转换的外部事件，设置成有软件控制
```

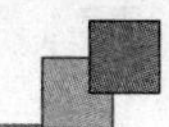

```
ADC_InitStructure.ADC_DataAlign = ADC_DataAlign_Right;
                                  //数据对齐,由软件置位和清除,这里设置成右对齐
    ADC_InitStructure.ADC_NbrOfChannel = M;
      //规则通道序列长度,这些位由软件定义在规则通道转换序列中的通道数目,1 个转换,
      //指定由多少个通道被转换
ADC_Init(ADC1, &ADC_InitStructure);

    /* ADC1 采样顺序配置 */
ADC_RegularChannelConfig(ADC1, ADC_Channel_9, 1, ADC_SampleTime_239Cycles5);
                                                                    //电源电压
ADC_RegularChannelConfig(ADC1, ADC_Channel_17,2, ADC_SampleTime_239Cycles5);
                                                           //内部参照电压(1.2 V)
    /* 使能 ADC1 DMA */
    ADC_DMACmd(ADC1, ENABLE);
    /* 使能 ADC1 */
    ADC_Cmd(ADC1, ENABLE);
    /* 复位 ADC1 的校准寄存器 */
    ADC_ResetCalibratGPIOn(ADC1);
    /* 等待 ADC1 校准寄存器复位完成 */
    while(ADC_GetResetCalibratGPIOnStatus(ADC1));
    /* 开始 ADC1 校准 */
    ADC_StartCalibratGPIOn(ADC1);
    /* 等待 ADC1 校准完成 */
    while(ADC_GetCalibratGPIOnStatus(ADC1));
    /* 使能指定的 ADC1 的软件转换启动功能 */
    ADC_SoftwareStartConvCmd(ADC1, ENABLE);
}
```

以上函数中用到的两个变量:

```
static uint16_t Battery;          //当前电池电压值的 100 倍
uint16_t ADC_Value[M];            //存放 ADC 转换读到的 12 位原始数据
```

配置好 AD 和 DMA 并启动后,AD 采集到的电压数据将自动存放到 ADC_Value[M]中,我们只需要去读这个数组就可以了。是不是很方便呢?

再来看主函数中一直在循环的函数 void Voltage_Printf(void):

```
void Voltage_Printf(void)
{
    Battery = (uint16_t)(2.0f * ADC_Value[0]/ADC_Value[1] * 1.2f * 100);
    PrintString("\r\n 当前电池电压值一百倍:");
    PrintU16(Battery);
    PrintString("V");
}
```

ADC_Value[0]中存放的是采集到的电池电压数据,这个值对应的电压是实际电池电压的一半;ADC_Value[1]中存放的是采集到的内部1.2 V基准电压数据。2.0f * ADC_Value[0]/ADC_Value[1] * 1.2f * 100就是当前电压值的100倍了。

主函数中不断地将采集到的数据换算成电压值的100倍,再从串口发回。

本节主要介绍了AD采集电压的应用。在烈火四轴上,我们可以进行低压报警的设置。

10.5 STM32的PWM驱动电机实验

10.5.1 相关介绍

学习PWM之前,我们需要先了解STM32的定时器。STM32定时器一共分为3种:TIM1和TIM8是高级控制定时器,TIM6和TIM7是基本定时器,TIM2、TIM3、TIM4和TIM5是通用定时器。从它们的分类就可以看得出主要功能上的差异。

每个通用定时器都有一个16位的自动加载递加或递减计数器,一个16位的预分频器和4个独立的通道,每个通道都可用于输入捕捉、输出比较、PWM和单脉冲模式输出,在最大的封装配置中可提供最多16个输入捕获、输出比较或PWM通道。它们还能通过定时器链接功能与高级控制定时器共同工作,提供同步或事件链接功能。任一标准定时器都能用于产生PWM输出,每个定时器都有独立的DMA请求机制。

基本定时器主要用于产生DAC触发信号,也可当成通用的16位时基计数器。

高级控制定时器可以被看出是分配到6个通道的三相PWM发生器,还可以被当成完整的通用定时器。四个独立的通道可以用于:输入捕获、输出比较、产生PWM(边缘或中心对齐模式)、单脉冲输出、互补PWM输出,具有程序可控的死区插入功能。当配置为16位通用定时器时,它与通用定时器具有相同的功能;当配置为16位PWM发生器时,它具有全调制能力(0~100%)。它的很多功能都与通用定时器相同,内部结构也相同,因此可以通过定时器链接功能与TIM定时器协同操作,提供同步或事件链接功能。

了解了STM32的定时器后,下面来着重分析它的PWM功能,以便驱动电机。

通用定时器和高级定时器的区别:通用定时器可以输出4路独立的PWM信号,高级定时器可以输出3对互补PWM信号外加ch4通道共7路。

在设计飞行器时用的空心杯电机,PWM信号可以控制电机电流大小以完成各个姿态,而这个PWM信号仅仅需要占空比可调即可,所以选择通用定时器。

10.5.2 用到的GPIO

STM32的PWM驱动能力不足,需要通过MOS管(AO3402)将电流放大,才能驱动空心杯电机,为烈火小四轴提供动力。同时加上了二极管(IN4148)作为泄流通道,防止反电动势烧坏电机。对应用到的GPIO口为PA0、PA1、PA2、PA3,如图10-19所示。

查找芯片手册(如图10-20所示),对应的刚好是TIM2的4个通道,这样PWM

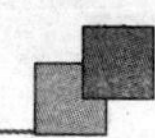

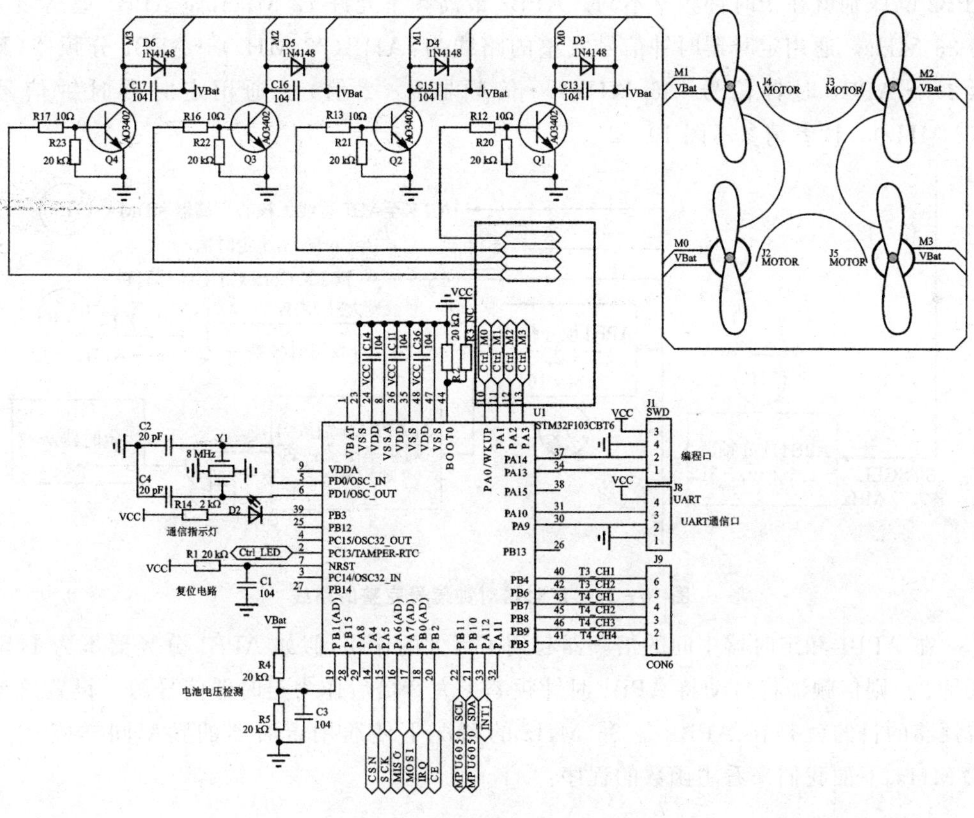

图 10－19　电机驱动用到的 GPIO

就只需要用到一个定时器了。

PA0-WKUP	I/O		PA0	WKKUP/USART2_CTS(7) ADC12_IN0/ TIM2_CH1_ETR(7)
PA1	I/O		PA1	USART2_RTS(7)/ ADC12_IN1/TIM2_CH2(7)
PA2	I/O		PA2	USART2_TX(7)/ ADC12_IN2/TIM2_CH3(7)
PA3	I/O		PA3	USART2_RX(7)/ ADC12_IN3/TIM2_CH4(7)

图 10－20　芯片手册截图

10.5.3　代码讲解

通用定时器的 PWM 信号比较简单，就是普通的调节占空比调节频率。

PWM 输出最基本的调节就是频率和占空比。频率当然又和时钟信号扯上了关系。高级定时器是挂接到 APB2 上，而通用定时器是挂接到 APB1 上的。APB1 和

APB2 的区别就在于时钟频率不同。APB2 最高频率允许 72 MHz，而 APB1 最高频率为 36 MHz。通用定时器时钟信号完整的路线为：AHB(72 MHz)→APB1 分频器(默认 2)→APB1 时钟信号(36 MHz)→倍频器(×2 倍)→通用定时器时钟信号(72 MHz)。读者请参考图 10-21。

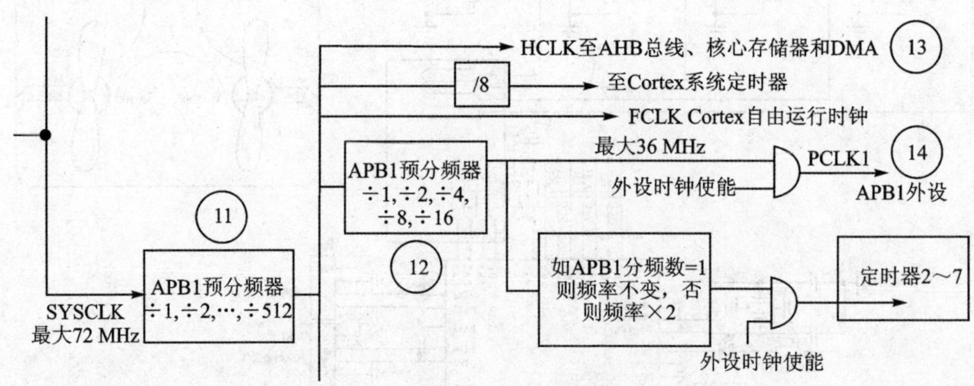

图 10-21 定时器时钟信号完整的路线

在 APB1 和定时器中间的倍频器起到了巨大的作用，假如 APB1 分频器不为 1(默认是 2)，则倍频器将自动将 APB1 时钟频率扩大 2 倍后作为定时器信号源。设置这个倍频器的目的就是在 APB1 是 36 MHz 的情况下使通用定时器的频率同样能达到 72 MHz。下面我们来看主函数的程序：

```
int main(void)
{
    Uart1_Init(115200);     //串口初始化
    Nvic_Init();            //中断分组设置
    Motor_Init();           //PWM 初始化
    while(1);
}
```

照旧初始化了串口，因为我们用它来反馈程序运行的状态。下面来看Motor_Init()这个函数是怎么初始化 PWM 的：

```
void Motor_Init(void)
{
    GPIO_InitTypeDef GPIO_InitStructure;
    //使能电机用的时钟
    RCC_APB2PeriphClockCmd(RCC_APB2Periph_GPIOA , ENABLE);
    //设置电机使用到的引脚
    GPIO_InitStructure.GPIO_Pin = GPIO_Pin_0 | GPIO_Pin_1 | GPIO_Pin_2 | GPIO_Pin_3 ;
    GPIO_InitStructure.GPIO_Speed = GPIO_Speed_50MHz;
    GPIO_InitStructure.GPIO_Mode = GPIO_Mode_AF_PP;
    GPIO_Init(GPIOA, &GPIO_InitStructure);
    Tim2_init();
    PrintString("\r\n PWM 初始化完成!");
}
```

然后，初始化 PA0、1、2、3 这 4 个 GPIO 口，配置为 GPIO_Mode_AF_PP（复用推挽输出）并从串口输出初始化成功的信息。Tim2_init()如下：

```
static void Tim2_init(void)
{
    TIM_TimeBaseInitTypeDef  TIM_TimeBaseStructure;
    TIM_OCInitTypeDef  TIM_OCInitStructure;
    RCC_APB1PeriphClockCmd(RCC_APB1Periph_TIM2, ENABLE);
    //PWM 频率 = 72 000 000/4/1 000 = 18 kHz
    TIM_TimeBaseStructure.TIM_Period = 1000 - 1;//PWM 计数上限
    TIM_TimeBaseStructure.TIM_Prescaler = 4 - 1;//设置用来作为 TIM2 时钟频率除数的
                                                //预分频值,四分频
    TIM_TimeBaseStructure.TIM_ClockDivisGPIOn = 0;//设置时钟分割:TDTS = Tck_tim
    TIM_TimeBaseStructure.TIM_CounterMode = TIM_CounterMode_Up; //TIMx 向上计数模式
    TIM_TimeBaseInit(TIM2, &TIM_TimeBaseStructure);
                                   //根据 TIM_TimeBaseStructure 中指定的参数初始化外设 TIM2
    TIM_OCInitStructure.TIM_OCMode = TIM_OCMode_PWM1;            //选择定时器模式
    TIM_OCInitStructure.TIM_OutputState = TIM_OutputState_Enable; //比较输出使能
    TIM_OCInitStructure.TIM_Pulse = 0;              //设置待装入捕获比较寄存器的脉冲值
    TIM_OCInitStructure.TIM_OCPolarity = TIM_OCPolarity_High;
                                                    //输出极性:TIM 输出比较极性高
    TIM_OC1Init(TIM2, &TIM_OCInitStructure);
    TIM_OC1PreloadConfig(TIM2, TIM_OCPreload_Enable);   //使能 TIM2 在 CCR1 上的预装载
                                                        //寄存器
    TIM_OC2Init(TIM2, &TIM_OCInitStructure);
    TIM_OC2PreloadConfig(TIM2, TIM_OCPreload_Enable);   //使能 TIM2 在 CCR2 上的预装载
                                                        //寄存器
    TIM_OC3Init(TIM2, &TIM_OCInitStructure);
    TIM_OC3PreloadConfig(TIM2, TIM_OCPreload_Enable);   //使能 TIM2 在 CCR3 上的预装载
                                                        //寄存器
    TIM_OC4Init(TIM2, &TIM_OCInitStructure);
    TIM_OC4PreloadConfig(TIM2, TIM_OCPreload_Enable);   //使能 TIM2 在 CCR4 上的预装载
                                                        //寄存器
    TIM_ARRPreloadConfig(TIM2, ENABLE);                 //使能 TIM2 在 ARR 上的预装载
                                                        //寄存器
    TIM_Cmd(TIM2, ENABLE);                              //使能 TIM2 外设
}
```

程序中设置计数上限为 1 000，并将 TIM2 时钟四分频，因此输出的 PWM 频率是 18 kHz。要注意的是，TIM_OCXPreloadConfig()和 TIM_ARRPreloadConfig()两个函数控制的是 CCRX（X=1,2,3,4）和 ARR 的预装载使能。使能和禁止的区别就是：使能的时候这两个寄存器的读/写需要等待有更新事件发生时才能被改变（比如计数溢出就是更新时间）。禁止的时候可以直接进行读/写而没有延迟。我们希望生成的 PWM 波形更加平滑，因此我们使能 CCRX（X=1,2,3,4）和 ARR。

初始化 TIM2 后，电机并没有转动，因为我们设置待装入捕获比较寄存器的脉冲值 TIM_OCInitStructure. TIM_Pulse = 0；此时的占空比为 0/1 000 = 0。若把 0 改为 20，重新编译，并下载到烈火小四轴上运行，就可以看到电机缓慢地转动了。此时占空比为 20/1 000=0.02。

上述方式可以在初始化时改变 PWM 的占空比。在程序运行时，我们只需要改变 CCRX（X=1,2,3,4）寄存器的值即可。实现函数为 void Motor_Out(int16_t duty1, int16_t duty2,int16_t duty3,int16_t duty4)：

```
void Motor_Out(int16_t duty1,int16_t duty2,int16_t duty3,int16_t duty4)
{
    if(duty1>1000)duty1 = 1000;
    if(duty1<0)    duty1 = 0;
    if(duty2>1000)duty2 = 1000;
    if(duty2<0)    duty2 = 0;
    if(duty3>1000)duty3 = 1000;
    if(duty3<0)    duty3 = 0;
    if(duty4>1000)duty4 = 1000;
    if(duty4<0)    duty4 = 0;
    TIM2->CCR1 = duty1;
    TIM2->CCR2 = duty2;
    TIM2->CCR3 = duty3;
    TIM2->CCR4 = duty4;
}
```

duty1,2,3,4 分别对应 PA0,1,2,3 输出的 PWM。此函数对输入的变量做了限制（0～1 000），对应的是 PWM 的计数上限。在主函数中调用该函数：

```
int main(void)
{
    Uart1_Init(115200);      //串口初始化
    Nvic_Init();             //中断分组设置
    Motor_Init();            //PWM 初始化
    Motor_Out(20,20,20,20);
    while(1);
}
```

此时可以看到 4 个电机缓慢地转动了。直接更改数字 20，就能更改占空比了。

10.6 STM32 与 MPU6050 I²C 通信实验

10.6.1 MPU6050 介绍

MPU6050 为全球首例集成六轴传感器的运动处理组件，内置了运动融合引擎，用于手持和桌面的应用程序、游戏控制器、体感遥控以及其他消费电子设备。它内置一个三轴 MEMS 陀螺仪、一个三轴 MEMS 加速度计、一个数字运动处理引擎（DMP）以及用于第三方数字传感器接口的辅助 I²C 端口（常用于扩展磁力计）。当辅助 I²C 端口连接到一个三轴磁力计，MPU6050 能提供一个完整的九轴融合输出到其主 I²C 端口。

MPU6050 拥有 16 位模/数转换器（ADC），将三轴陀螺仪及三轴加速度计数据转化为数字量输出。为了精确跟踪快速和慢速运动，MPU6050 支持用户可编程的陀螺

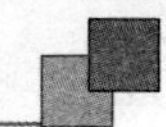

仪满量程范围有：±250、±500、±1 000 与±2 000(单位为(°)/s 或 dps)，支持用户可编程的加速度计满量程范围有：±2G、±4G、±8G 与±16G。同时 MPU6050 内置了一个可编程的低通滤波器，可用于传感器数据的滤波。

MPU6050 数据传输可通过最高至 400 kHz 的 I^{2}C 总线完成，它的封装尺寸为 4 mm×4 mm×0.9 mm(QFN)，在业界是革命性的尺寸。其他的特征包括内置的温度传感器以及在整个工作温度范围内的振荡频率仅有±1%波动的振荡器，并具有高达 10 000 GHz的碰撞容忍度。

MPU6050 的电源供应十分灵活，电源电压 VDD 供电范围为 2.375～3.46 V。此外，提供了 I^{2}C 接口的逻辑参考电平 VLOGIC，它可以是 1.8 V±5%或 VDD 的电压。MPU6050 的三轴陀螺仪正常工作电流为 3.6 mA，待机电流低至 5 μA；三轴加速度计正常工作电流为 500 μA，低功耗模式下工作电流最低为 10 μA。通过片上的数字运动处理引擎 DMP(digital motion processing)可减少复杂的融合运算负荷，支持 3D 运动处理和手势识别算法。同时使能六轴传感器以及 DMP 仅需 3.9 mA 的工作电流。

要玩转 MPU6050，首先驱动 I^{2}C 总线，然后初始化 MPU6050，最后从 MPU6050 读取数据。

MPU6050 的寄存器有很多，如表 10－4 所列。

表 10－4　MPU6050 寄存器

地址(H)	地址(D)	寄存器名称	操　作	位 7	位 6	位 5	位 4	位 3	位 2	位 1	位 0
0D	13	X 自检寄存器	R/W	XA_TEST[4:2]			XG_TEST[4:0]				
0E	14	Y 自检寄存器	R/W	YA_TEST[4:2]			YG_TEST[4:0]				
0F	15	Z 自检寄存器	R/W	ZA_TEST[4:2]			ZG_TEST[4:0]				
10	16	A 自检寄存器	R/W	RESERVED		XA_TEST[1:0]		YA_TEST[1:0]		ZA_TEST[1:0]	
19	25	采样频率分频器	R/W	SMPLRT_DIV[7:0]							
1A	26	配置寄存器	R/W	—	—	EXT_SYNC_SET[2:0]			DLPF_CFG[2:0]		
1B	27	陀螺仪配置	R/W	XG_ST	YG_ST	ZG_ST	FS_SEL[1:0]				
1C	28	加速度计配置	R/W	XA_ST	YA_ST	ZA_ST	AFS_SEL[1:0]				
1F	31	运动检测阈值	R/W	MOT_THR[7:0]							
23	35	FIFO 使能	R/W	TEMP_FIFO_EN	XG_FIFO_EN	YG_FIFO_EN	ZG_FIFO_EN	ACCEL_FIFO_EN	SLV2_FIFO_EN	SLV1_FIFO_EN	SLV0_FIFO_EN
24	36	I^{2}C 主机控制	R/W	MULT_MST_EN	WAIT_FOR_ES	SLV_3_FIFO_EN	I2C_MST_P_NSR	I2C_MST_CLK[3:0]			
25	37	I^{2}C 从机 0 地址	R/W	I2C_SLV0_RW	I2C_SLV0_ADDR[6:0]						
26	38	I^{2}C 从机 0 寄存器	R/W	I2C_SLV0_REG[7:0]							

续表 10－4

地址(H)	地址(D)	寄存器名称	操作	位7	位6	位5	位4	位3	位2	位1	位0
27	39	I^2C 从机 0 控制	R/W	I2C_SLV0_EN	I2C_SLV0_BYTE_SW	I2C_SLV0_REG_DIS	I2C_SLV0_GRP	I2C_SLV0_LEN[3:0]			
28	40	I^2C 从机 1 地址	R/W	I2C_SLV1_RW	I2C_SLV1_ADDR[6:0]						
29	41	I^2C 从机 1 寄存器	R/W	I2C_SLV1_REG[7:0]							
2A	42	I^2C 从机 1 控制	R/W	I2C_SLV1_EN	I2C_SLV1_BYTE_SW	I2C_SLV1_REG_DIS	I2C_SLV1_GRP	I2C_SLV1_LEN[3:0]			
2B	43	I^2C 从机 2 地址	R/W	I2C_SLV2_RW	I2C_SLV2_ADDR[6:0]						
2C	44	I^2C 从机 2 寄存器	R/W	I2C_SLV2_REG[7:0]							
2D	45	I^2C 从机 2 控制	R/W	I2C_SLV2_EN	I2C_SLV2_BYTE_SW	I2C_SLV2_REG_DIS	I2C_SLV2_GRP	I2C_SLV2_LEN[3:0]			
2E	46	I^2C 从机 3 地址	R/W	I2C_SLV3_RW	I2C_SLV3_ADDR[6:0]						
2F	47	I^2C 从机 3 寄存器	R/W	I2C_SLV3_REG[7:0]							
30	48	I^2C 从机 3 控制	R/W	I2C_SLV3_EN	I2C_SLV3_BYTE_SW	I2C_SLV3_REG_DIS	I2C_SLV3_GRP	I2C_SLV3_LEN[3:0]			
31	49	I^2C 从机 4 地址	R/W	I2C_SLV4_RW	I2C_SLV4_ADDR[6:0]						
32	50	I^2C 从机 4 寄存器	R/W	I2C_SLV4_REG[7:0]							
33	51		R/W	I2C_SLV4_DO[7:0]							
34	52	I^2C 从机 4 控制	R/W	I2C_SLV4_EN	I2C_SLV4_INT_EN	I2C_SLV4_REG_DIS	I2C_MST_DLY[4:0]				
35	53		R	I2C_SLV4_DI[7:0]							
36	54	I^2C 主机状态	R	PASS_THROUGH	I2C_SLV4_DONE	I2C_LOST_ARB	I2C_SLV4_NACK	I2C_SLV3_NACK	I2C_SLV2_NACK	I2C_SLV1_NACK	I2C_SLV0_NACK
37	55	引脚旁路使能配置寄存器	R/W	INT_LEVEL	INT_OPEN	LATCH_INT_EN	INT_RD_CLEAR	FSYNC_INT_LEVEL	FSYNC_INT_EN	I2C_BYPASS_EN	
38	56	中断使能寄存器	R/W		MOT_EN		FIFO_OFLOW_EN	I2C_MST_INT_EN			DATA_RDY_EN

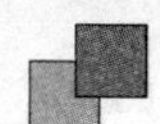

续表 10-4

地址（H）	地址（D）	寄存器名称	操作	位7	位6	位5	位4	位3	位2	位1	位0
3A	58	中断状态寄存器	R		MOT_INT		FIFO_OFLOW_INT	I2C_MST_INT			DATA_RDY_INT
3B	59	X轴加速度高位	R	ACCEL_XOUT[15:8]							
3C	60	X轴加速度低位	R	ACCEL_XOUT[7:0]							
3D	61	Y轴加速度高位	R	ACCEL_YOUT[15:8]							
3E	62	Y轴加速度低位	R	ACCEL_YOUT[7:0]							
3F	63	Z轴加速度高位	R	ACCEL_ZOUT[15:8]							
40	64	Z轴加速度低位	R	ACCEL_ZOUT[7:0]							
41	65	温度测量高位	R	TEMP_OUT[15:8]							
42	66	温度测量低位	R	TEMP_OUT[7:0]							
43	67	X轴陀螺仪高位	R	GYRO_XOUT[15:8]							
44	68	X轴陀螺仪低位	R	GYRO_XOUT[7:0]							
45	69	Y轴陀螺仪高位	R	GYRO_YOUT[15:8]							
46	70	Y轴陀螺仪低位	R	GYRO_YOUT[7:0]							
47	71	Z轴陀螺仪高位	R	GYRO_ZOUT[15:8]							
48	72	Z轴陀螺仪低位	R	GYRO_ZOUT[7:0]							
49	73	外部传感器0数据	R	EXT_SENS_DATA_00[7:0]							
4A	74	外部传感器1数据	R	EXT_SENS_DATA_01[7:0]							
4B	75	外部传感器2数据	R	EXT_SENS_DATA_02[7:0]							
4C	76	外部传感器3数据	R	EXT_SENS_DATA_03[7:0]							
4D	77	外部传感器4数据	R	EXT_SENS_DATA_04[7:0]							
4E	78	外部传感器5数据	R	EXT_SENS_DATA_05[7:0]							
4F	79	外部传感器6数据	R	EXT_SENS_DATA_06[7:0]							
50	80	外部传感器7数据	R	EXT_SENS_DATA_07[7:0]							
51	81	外部传感器8数据	R	EXT_SENS_DATA_08[7:0]							
52	82	外部传感器9数据	R	EXT_SENS_DATA_09[7:0]							
53	83	外部传感器10数据	R	EXT_SENS_DATA_10[7:0]							
54	84	外部传感器11数据	R	EXT_SENS_DATA_11[7:0]							
55	85	外部传感器12数据	R	EXT_SENS_DATA_12[7:0]							
56	86	外部传感器13数据	R	EXT_SENS_DATA_13[7:0]							
57	87	外部传感器14数据	R	EXT_SENS_DATA_14[7:0]							
58	88	外部传感器15数据	R	EXT_SENS_DATA_15[7:0]							
59	89	外部传感器16数据	R	EXT_SENS_DATA_16[7:0]							
5A	90	外部传感器17数据	R	EXT_SENS_DATA_17[7:0]							
5B	91	外部传感器18数据	R	EXT_SENS_DATA_18[7:0]							

续表 10-4

地址(H)	地址(D)	寄存器名称	操 作	位 7	位 6	位 5	位 4	位 3	位 2	位 1	位 0
5C	92	外部传感器 19 数据	R	EXT_SENS_DATA_19[7:0]							
5D	93	外部传感器 20 数据	R	EXT_SENS_DATA_20[7:0]							
5E	94	外部传感器 21 数据	R	EXT_SENS_DATA_21[7:0]							
5F	95	外部传感器 22 数据	R	EXT_SENS_DATA_22[7:0]							
60	96	外部传感器 23 数据	R	EXT_SENS_DATA_23[7:0]							
63	99	I^2C 从机 0 输出数据	R/W	I2C_SLV0_DO[7:0]							
64	100	I^2C 从机 1 输出数据	R/W	I2C_SLV1_DO[7:0]							
65	101	I^2C 从机 2 输出数据	R/W	I2C_SLV2_DO[7:0]							
66	102	I^2C 从机 3 输出数据	R/W	I2C_SLV3_DO[7:0]							
67	103	I^2C 主机延时管理	R/W	DELAY_ES_SHADOW			I2C_SLV4_DLY_EN	I2C_SLV3_DLY_EN	I2C_SLV2_DLY_EN	I2C_SLV1_DLY_EN	I2C_SLV0_DLY_EN
68	104	信号通道复位	R/W						GYRO_RESET	ACCEL_RESET	TEMP_RESET
69	105	运动检测控制	R/W			ACCEL_ON_DELAY[1:0]					
6A	106	用户配置	R/W		FIFO_EN	I2C_MST_EN	I2C_IF_DIS		FIFO_RESET	I2C_MST_RESET	SIG_COND_RESET
6B	107	电源管理 1	R/W	DEVICE_RESET	SLEEP	CYCLE		TEMP_DIS	CLKSEL[2:0]		
6C	108	电源管理 2	R/W	LP_WAKE_CTRL[1:0]		STBY_XA	STBY_YA	STBY_ZA	STBY_XG	STBY_YG	STBY_ZG
72	114	FIFO 计数寄存器	R/W	FIFO_COUNT[15:8]							
73	115		R/W	FIFO_COUNT[7:0]							
74	116	FIFO 读/写	R/W	FIFO_DATA[7:0]							
75	117	我是谁	R		WHO_AM_I[6:1]						

这么多的寄存器看得头都晕了，其实简单的应用只需要表 10-4 中以灰色底纹标注的几个寄存器就可以完成了。下面就先来了解这几个常规的寄存器。

① 寄存器 25——采样频率分频器(sample rate divider)

SMPLRT_DIV[7:0]为 8 位无符号值，通过该值将陀螺仪输出分频，得到采样频率，用来产生 MPU6050 的采样频率。

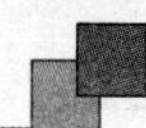

表 10-5 采样频率分频器

寄存器(Hex)	寄存器(Decimal)	位 7	位 6	位 5	位 4	位 3	位 2	位 1	位 0
19	25	SMPLRT_DIV[7:0]							

传感器寄存器的输出、FIFO 输出、DMP 采样和运动检测的都是基于该采样率，其计算公式如下：

采样率＝陀螺仪的输出率 / (1 + SMPLRT_DIV)

当数字低通滤波器没有使能时，陀螺仪的输出频率等于 8 kHz，反之等于 1 kHz。

② 寄存器 26——配置寄存器(configuration)

表 10-6 配置寄存器

寄存器(Hex)	寄存器(Decimal)	位 7	位 6	位 5	位 4	位 3	位 2	位 1	位 0
1A	26	—	—	EXT_SYNC_SET[2:0]			DLPF_CFG[2:0]		

➤ EXT_SYNC_SET[2:0]为 3 位无符号值，配置帧同步引脚的采样。

通过配置 EXT_SYNC_SET，可以对连接到 FSYNC 引脚的一个外部信号采样，FSYNC 引脚上的信号变化会被锁存，这样就能捕获到很短的选通信号。采样结束后，锁存器将复位到当前的 FSYNC 信号状态。

EXT_SYNC_SET	FSYNC_Bit_Location
0 0 0	Input Disable
0 0 1	Temp_Out_L[0]
0 1 0	GYRO_XOUT_L[0]
0 1 1	GYRO_YOUT_L[0]
1 0 0	GYRO_ZOUT_L[0]
1 0 1	ACCEL_XOUT_L[0]
1 1 0	ACCEL_YOUT_L[0]
1 1 1	ACCEL_ZOUT_L[0]

➤ DLPF_CFG[2:0]为 3 位无符号值，配置数字低通滤波器。

该寄存器为陀螺仪和加速度计配置外部帧同步(FSYNC)引脚采样和数字低通滤波器(DLPF)。

③ 寄存器 27——陀螺仪配置(gyroscope configuration)

表 10-7 陀螺仪配置

寄存器(Hex)	寄存器(Decimal)	位 7	位 6	位 5	位 4	位 3	位 2	位 1	位 0
1B	27	XG_ST	YG_ST	ZG_ST	FS_SEL[1:0]		—	—	—

➤ XG_ST　设置此位，X 轴陀螺仪进行自我测试。

➤ YG_ST　设置此位，Y 轴陀螺仪进行自我测试。

➤ ZG_ST　设置此位，Z 轴陀螺仪进行自我测试。

➤ FS_SEL[1:0]　2 位无符号值，选择陀螺仪的量程。

陀螺仪自检允许用户测试陀螺仪的机械和电气部分，通过设置该寄存器的 XG_ST、YG_ST 和 ZG_ST 位可以激活陀螺仪对应轴的自检。每个轴的检测可以独立进行或同时进行。

自检的响应 = 打开自检功能时的传感器输出 − 未启用自检功能时传感器的输出

在 MPU6000/MPU6050 数据手册的电气特性表中已经给出了每个轴的限制范围。若自检的响应值在规定的范围内，就能够通过自检；反之，就不能通过自检。

FS_SEL 选择陀螺仪输出的量程如下：

FS_SEL[1]	[0]	量程范围
0	0	±250 (°)/s
0	1	±500 (°)/s
1	0	±1 000 (°)/s
1	1	±2 000 (°)/s

④ 寄存器 28　加速度计配置(accelerometer configuration)

表 10-8　加速度计配置

寄存器 (Hex)	寄存器 (Decimal)	位 7	位 6	位 5	位 4	位 3	位 2	位 1	位 0
1B	27	XA_ST	YA_ST	ZA_ST	AFS_SEL[1:0]		—	—	—

➤ XA_ST　设置此位，X 轴加速度计进行自我测试。

➤ YA_ST　设置此位，Y 轴加速度计进行自我测试。

➤ ZA_ST　设置此位，Z 轴加速度计进行自我测试。

➤ AFS_SEL[1:0]　2 位无符号值，选择加速度计的量程。

具体细节与上面的陀螺仪相似。

FS_SEL 选择陀螺仪输出的量程如下：

AFS_SEL[1]	[0]	量程范围
0	0	±2G
0	1	±4G
1	0	±8G
1	1	±16G

⑤ 寄存器 59～64——加速度测量寄存器(accelerometer measurements)

➤ ACCEL_XOUT　16 位二进制补码值，存储最新的 X 轴加速度感应器的测量值。

➤ ACCEL_YOUT　16 位二进制补码值，存储最新的 Y 轴加速度感应器的测

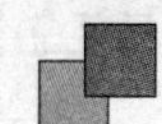

量值。

➤ ACCEL_ZOUT 16位二进制补码值,存储最新的 Z 轴加速度感应器的测量值。

表10-9 加速度测量寄存器

寄存器(Hex)	寄存器(Decimal)	位7	位6	位5	位4	位3	位2	位1	位0
3B	59	ACCEL_XOUT[15:8]							
3C	60	ACCEL_XOUT[7:0]							
3D	61	ACCEL_YOUT[15:8]							
3E	62	ACCEL_YOUT[7:0]							
3F	63	ACCEL_ZOUT[15:8]							
40	64	ACCEL_ZOUT[7:0]							

加速度测量器寄存器连同温度测量器寄存器、陀螺仪测量器寄存器和外部传感数据寄存器,都由两部分寄存器组成:一个是内部寄存器,用户不可见;另一个是用户可读的寄存器。内部寄存器中数据在采样的时候及时得到更新,仅在串行通信接口(I^2C 总线)不忙碌时才将内部寄存器中的值复制到用户可读的寄存器中去,避免了直接对感应测量值的突发访问。

⑥ 寄存器65~66——温度测量寄存器(temperature measurement)

表10-10 温度测量寄存器

寄存器(Hex)	寄存器(Decimal)	位7	位6	位5	位4	位3	位2	位1	位0
41	65	TEMP_OUT[15:8]							
42	66	TEMP_OUT[7:0]							

TEMP_OUT为16位有符号值,存储最新的温度感应器的测量值。

⑦ 寄存器67~72——陀螺仪测量寄存器(gyroscope measurements)

表10-11 陀螺仪测量寄存器

寄存器(Hex)	寄存器(Decimal)	位7	位6	位5	位4	位3	位2	位1	位0
43	67	GYRO_XOUT[15:8]							
44	68	GYRO_XOUT[7:0]							
45	69	GYRO_YOUT[15:8]							
46	70	GYRO_YOUT[7:0]							
47	71	GYRO_ZOUT[15:8]							
48	72	GYRO_ZOUT[7:0]							

该寄存器同加速度测量寄存器相似。

⑧ 寄存器 101——电源管理 1 寄存器(power management1)

表 10-12　电源管理 1 寄存器

寄存器(Hex)	寄存器(Decimal)	位 7	位 6	位 5	位 4	位 3	位 2	位 1	位 0
6B	107	Device_Reset	SLEEP	CYCLE	—	TEMP_DIS	CLKSEL[2:0]		

➤ DEVICE_RESET　置 1 后所有的寄存器复位,随后 DEVICE_RESET 自动置 0。

➤ SLEEP　置 1,MPU6050 进入睡眠模式。

➤ CYCLE　置 1,且 SLEEP 没有置 1,MPU6050 进入循环模式,在睡眠模式和正常数据采集模式之间切换,每次获得一组加速度计采样数据。

➤ TEMP_DIS　置 1 后关闭温度传感器。

➤ CLKSEL　指定设备的时钟源。CLKSEL 选择设备的时钟源如下:

CLKSEL	时钟源
0	内部 8 MHz 振荡器
1	*X* 轴陀螺仪时钟倍频
2	*Y* 轴陀螺仪时钟倍频
3	*Z* 轴陀螺仪时钟倍频
4	用外部 32.768 kHz 时钟倍频
5	用外部 19.2 MHz 时钟倍频
6	保留
7	停止时钟并保持定时发生器复位

⑨ 寄存器 117——我是谁(who am I)

表 10-13　我是谁

寄存器(Hex)	寄存器(Decimal)	位 7	位 6	位 5	位 4	位 3	位 2	位 1	位 0
75	117	—	WHO_AM_I[6:1]						—

WHO_AM_I 中的内容是 MPU6050 的 6 位 I^2C 地址,上电复位的第 6 位到第 1 位的值为:110100。为了让两片 MPU6050 能够连接在一个 I^2C 总线上,当 AD0 引脚逻辑低电平时,设备的地址是 b1101000,当 AD0 引脚逻辑高电平时,设备的地址是 b1101001。

10.6.2　I^2C 总线介绍

I^2C 总线一些相关术语如下:

发送器——发送数据到总线的器件;

接收器——从总线接收数据的器件;

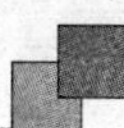

主机——启动数据传送并产生时钟信号的设备；

从机——被主机寻址的器件。

在数据传输中，主机作为发送器时，从机作为接收器；从机作为发送器时，主机作为接收器。在此次试验中，STM32 为主机，MPU6050 为从机。由于 STM32 的硬件 I^2C 较难使用，我们采用了 GPIO 模拟 I^2C 协议来与 MPU6050 进行通信。

10.6.3　模拟 I^2C 驱动详解

模拟 I^2C 协议的 GPIO 口为 PB10、PB11，主函数如下：

```
int main(void)
{
    Uart1_Init(115200);                 //串口初始化
    Nvic_Init();                        //中断分组设置
    I2C2_Int();                         //I²C 初始化
    Delay(200);
    InitMPU6050();                      //初始化 MPU6050
    while(1)
    {
        Debug1_H;
        MPU6050_SequenceRead();         //连续读取 MPU6050 数据寄存器
        Debug1_L;
        MPU6050_Compose();              //MPU6050 数据合成
        MPU6050_Printf();               //输出 MPU6050 的原始数据
        Delay(100);
    }
}
```

串口初始化是少不了的，因为我们将通过它把读到的 MPU6050 原始数据发回 PC 端进行观察。Debug1_H 和 Debug1_L 分别是让一个特定的 GPIO 口输出高电平和低电平，它的作用稍后介绍。I2C2_Int()如下：

```
void I2C2_Int(void)
{
    GPIO_InitTypeDef GPIO_InitStructure;
    RCC_APB2PeriphClockCmd(RCC_APB2Periph_GPIOB , ENABLE);          //打开外设 B 的时钟

    GPIO_InitStructure.GPIO_Pin = Debug1_Pin | Debug2_Pin | Debug3_Pin;
                                                                //用于测量程序运行速率
    GPIO_InitStructure.GPIO_Speed = GPIO_Speed_50MHz;
    GPIO_InitStructure.GPIO_Mode = GPIO_Mode_Out_PP;            //推挽输出
    GPIO_Init(GPIOB, &GPIO_InitStructure);

    GPIO_InitStructure.GPIO_Pin = SCL_Pin;                      //SCL
    GPIO_InitStructure.GPIO_Speed = GPIO_Speed_50MHz;
    GPIO_InitStructure.GPIO_Mode = GPIO_Mode_Out_OD;            //开漏输出
    GPIO_Init(GPIOB, &GPIO_InitStructure);

    GPIO_InitStructure.GPIO_Pin = SDA_Pin;                      //SDA
    GPIO_InitStructure.GPIO_Speed = GPIO_Speed_50MHz;
    GPIO_InitStructure.GPIO_Mode = GPIO_Mode_Out_OD;            //开漏输出
```

```
    GPIO_Init(GPIOB, &GPIO_InitStructure);
    PrintString("\r\n 模拟 I2C  初始化完成!");
}
```

GPIO 初始化函数，配置为开漏输出，这样既可以用作输出，可以读取 GPIO 口高低电平的状态，而且不需要再改变 GPIO 的配置，优化了总线速度。Debug_Pin 是用来测量 I²C 速率的，在读取总线开始和结束时翻转电平，既可以用逻辑分析仪测出 I²C 通信消耗的时间。经测量，连续读取 14 位寄存器在零延时只需要 100 多个 μs。

为了方便 GPIO 操作，给端口宏定义如下：

```
#define  SCL_Pin GPIO_Pin_10
#define  SDA_Pin GPIO_Pin_11
#define  SCL_H   GPIOB->BSRR = SCL_Pin              //SCL 高电平
#define  SCL_L   GPIOB->BRR  = SCL_Pin              //SCL 低电平
#define  SDA_H   GPIOB->BSRR = SDA_Pin              //SDA 高电平
#define  SDA_L   GPIOB->BRR  = SDA_Pin              //SDA 低电平
#define  SDA_Read GPIOB->IDR  & SDA_Pin             //SDA 读数据

#define  Debug1_Pin  GPIO_Pin_5                      //用于测量程序运行速率
#define  Debug1_H    GPIOB->BSRR = Debug1_Pin        //高电平
#define  Debug1_L    GPIOB->BRR  = Debug1_Pin        //低电平
#define  Debug2_Pin  GPIO_Pin_9
#define  Debug2_H    GPIOB->BSRR = Debug2_Pin
#define  Debug2_L    GPIOB->BRR  = Debug2_Pin
#define  Debug3_Pin  GPIO_Pin_8
#define  Debug3_H    GPIOB->BSRR = Debug3_Pin
#define  Debug3_L    GPIOB->BRR  = Debug3_Pin
```

用 GPIO 模拟 I²C 时序，需要注意的是：在传输数据的时候，SDA 线必须在时钟的高电平周期保持稳定；SDA 的高或低电平状态只有在 SCL 线的时钟信号为低电平时才能改变 。

SCL 线是高电平时，SDA 线从高电平向低电平切换，这个情况表示起始条件，若起始 I²C 总线失败，则返回 0；若成功，则返回 1。

```
static uint8_t I2C_Start(void)
{
    SCL_L;
    SDA_H;
    SCL_H;
    if(! SDA_Read)
        return 0;           //SDA 线为低电平则总线忙，退出
    SDA_L;
    if(SDA_Read)
        return 0;           //SDA 线为高电平则总线出错，退出
    SDA_L;
    return 1;
}
```

SCL 线是高电平时，SDA 线由低电平向高电平切换，这个情况表示停止条件：

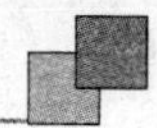

```
static void I2C_Stop(void)
{
    SCL_L;
    SDA_L;
    SCL_H;
    SDA_H;
}
```

起始和停止条件一般由主机(这里的主机是 STM32)产生。总线在起始条件后被认为处于忙的状态,在停止条件的某段时间后总线被认为再次处于空闲状态。如果产生重复起始条件而不产生停止条件,则总线会一直处于忙的状态,此时的起始条件和重复起始条件在功能上是一样的。

字节格式:发送到 SDA 线上的每个字节必须为 8 位,每次传输可以发送的字节数量不受限制。每个字节后必须跟一个响应位。首先传输的是数据的最高位(MSB),这里用 GPIO 模拟时序向 I^2C 总线写 1 字节数据,数据高位在前,低位在后:

```
static void I2C_WriteByte(unsigned char SendByte)
{
    uint8_t i = 8;
    while(i -- )
    {
        SCL_L;
        if( SendByte&0x80 ) SDA_H;
        else SDA_L;
        SendByte< < = 1;
        SCL_H;
    }
    SCL_L;
}
```

这里用 GPIO 模拟时序,向 I^2C 总线读 1 字节数据,数据高位在前,低位在后:

```
static uint8_t I2C_ReadByte(void)
{
    uint8_t i = 8;
    uint8_t ReceiveByte = 0;
    SDA_H;
    while(i -- )
    {
        SCL_L;
        __nop();
        SCL_H;
        ReceiveByte< < = 1;
        if(SDA_Read)
            ReceiveByte | = 0x01;
        }
        SCL_L;
        return ReceiveByte;
}
```

应答响应：数据传输必须带响应，相关的响应时钟脉冲由主机产生。在响应的时钟脉冲期间发送器释放 SDA 线（置高电平）。在响应的时钟脉冲期间，接收器必须将 SDA 线拉低，使它在这个时钟脉冲的高电平期间保持稳定的低电平。通常被寻址的接收器在接收到的每个字节后，必须产生一个响应。当从机不能响应从机地址时（例如它正在执行一些实时函数不能接收或发送），主机将产生一个停止条件终止传输或者产生重复起始条件开始新的传输。从机必须使数据线保持高电平。

如果从机接收器响应了从机地址，但是在传输了一段时间后不能接收更多数据字节，主机必须再一次终止传输。这个情况用从机在第一个字节后没有产生响应来表示。从机使数据线保持高电平，主机产生一个停止或重复起始条件。这里用 GPIO 模拟时序接收从机的 ACK/NACK 信号：

```
static uint8_t I2C_WaitAck(void)
{
    SCL_L;
    SDA_H;
    SCL_H;
    if(SDA_Read)
    {
        SCL_L;
        return 0;
    }
    SCL_L;
    return 1;
}
```

如果传输中有主机接收器，则它必须在从机发出的最后一个字节时产生一个响应，向从机发送器通知数据结束。从机发送器必须释放数据线，允许主机产生一个停止或重复起始条件。

根据时序要求，模拟主机应答响应（ACK）及无应答响应（NACK）信号如下：

```
static void I2C_ACK(void)
{
    SCL_L;
    __nop();
    SDA_L;              //写应答信号
    __nop();
    SCL_H;
    __nop();
    SCL_L;
}
static void I2C_NACK(void)
{
    SCL_L;
    SDA_H;              //不写应答信号
    SCL_H;
    SCL_L;
```

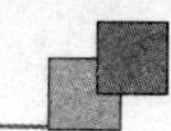

```
}
```

至此，I^2C 的基本操作已经模拟结束，接下来可以实现对 I^2C 从机(MPU6050)的读/写操作了。根据上述要求，对 I^2C 是否忙进行了判断：若 I^2C 总线起始错误，则退出总线；若 I^2C 从机(MPU6050)无 ACK 应答，则也退出总线操作。以下是 MPU6050 的写操作函数：

```
static uint8_t Single_WriteI2C(unsigned char Regs_Addr,unsigned char Regs_Data)
{
    if(!I2C_Start())
        return 0;                        //I²C 起始错误,返回
    I2C_WriteByte(MPU6050Address);       //写从机地址,并配置成写模式
    if(!I2C_WaitAck())
    {
        I2C_Stop();
        return 0;                        //无 ACK,返回
    }
    I2C_WriteByte(Regs_Addr);            //写寄存器地址
    I2C_WaitAck();
    I2C_WriteByte(Regs_Data);            //写寄存器数据
    I2C_WaitAck();
    I2C_Stop();
    return 1;
}
```

同理，以下是 MPU6050 的读操作函数：

```
#define MPU6050Address 0xD0
static uint8_t Single_ReadI2C(unsigned char Regs_Addr)
{
    uint8_t ret;
    if(!I2C_Start())
        return 0;                            //I²C 起始错误,返回
    I2C_WriteByte(MPU6050Address);           //写从机地址,并配置成写模式
    if(!I2C_WaitAck())
    {
        I2C_Stop();
        return 0;                            //无 ACK,返回
    }
    I2C_WriteByte(Regs_Addr);                //写寄存器地址
    I2C_WaitAck();
    I2C_Start();
    I2C_WriteByte(MPU6050Address + 1);       //写从机地址,并配置成读模式
    I2C_WaitAck();
    ret = I2C_ReadByte();                    //从传感器中读出数据
    I2C_NACK();                              //无应答
    I2C_Stop();                              //结束本段 I²C 进程
    return ret;
}
```

这里要注意的是，I^2C 地址为 7 位，第一个字节的头 7 位组成了从机地址，最低位(LSB)是第 8 位，它决定了传输的方向。第一个字节的最低位是 0，表示主机会写信息到被选中的从机，1 表示主机会向从机读信息。在发送了一个地址后，系统中的每个器件都在起始条件后将头 7 位与它自己的地址比较。如果一样则器件会判定它被主机寻址，至于是从机接收器还是从机发送器，都由 LSB 位决定的。I^2C 器件地址是 7 位而不是 8 位，而模拟 I^2C 用 8 位传送地址，因此是 0xD0(器件 AD0 引脚接地)。

现在，MPU6050 的读/写操作函数都搞定了。我们只需要初始化 MPU6050，然后就可以读取它的数据了。初始化最开始，读取"WHO_AM_I"寄存器的值，正常情况下读取到的数是 MPU6050 的 I^2C 地址(7 位的)即 0x68。确定 MPU6050 正常后，只需要对 MPU6050 进行初始化即可。初始化程序如下：

```
uint8_t InitMPU6050(void)
{
    if( Single_ReadI2C(WHO_AM_I) ! = 0x68)      //检查 MPU6050 是否正常
    {
        return 0;
    }
    PrintString("\r\n MPU6050 正常!");
    Single_WriteI2C(PWR_MGMT_1, 0x00);          //电源管理,典型值:0x00,正常模式
    I2C_delay(20000);                           //约 2.5 ms 延时
    Single_WriteI2C(SMPLRT_DIV, 0x00);          //陀螺仪采样率,典型值:0x00,不分频(8 kHz)
    I2C_delay(20000);
    Single_WriteI2C(CONFIG2, 0x00);             //低通滤波频率,典型值:0x00,不启用
                                                //MPU6050 自带滤波
    I2C_delay(20000);
    Single_WriteI2C(GYRO_CONFIG, 0x18);         //陀螺仪自检及测量范围,典型值:0x18
                                                //(不自检,2 000 deg/s)
    I2C_delay(20000);
    ingle_WriteI2C(ACCEL_CONFIG, 0x1F);
                        //加速计自检、测量范围及高通滤波频率,典型值:0x1F(不自检,16G)
    I2C_delay(20000);
    PrintString("\r\n MPU6050 初始化完成!");
    return 1;
}
```

初始化成功，则返回 1；否则返回 0。初始化结束后，终于可以读取数据了。翻到 MPU6050 数据手册第 39 页，其内容如图 10－22 所示。本书配套资料中可找到相应寄存器手册。若连续读取 14 个寄存器(Burst Read Sequence)，则能省去十几次 I^2C 的起始和停止信号，速度自然更快。

仔细看 Burst Read Sequence 模式，Master 在前 13 次读取时，要发出 ACK 信号，而第 14 次(最后一次)读取时，则要发出 NACK 信号。很快，我们也模拟出了这种连续读取方式：

```
uint8_t MPU6050_SequenceRead(void)
{
    uint8_t index = 14;
```

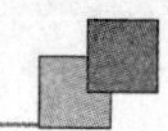

To read the internal MPU-60X0 registers, the master sends a start condition, followed by the I²C address and a write bit, and then the register address that is going to be read. Upon receiving the ACK signal from the MPU-60X0, the master transmits a start signal followed by the slave address and read bit. As a result, the MPU-60X0 sends an ACK signal and the data. The communication ends with a not acknowledge (NACK) signal and a stop bit from master. The NACK condition is defined such that the SDA line remains high at the 9th clock cycle. The following figures show single and two-byte read sequences.

Single-Byte Read Sequence

Master	S	AD+W		RA		S	AD+R			NACK	P
Slave			ACK		ACK			ACK	DATA		

Burst Read Sequence

Master	S	AD+W		RA		S	AD+R			ACK		NACK	P
Slave			ACK		ACK			ACK	DATA		DATA		

图 10-22 MPU6050 数据手册第 39 页内容

```
    if(!I2C_Start() )
        return 0;                                  //I²C 起始错误,返回
    I2C_WriteByte(MPU6050Address);                 //写从机地址,并配置成写模式
    if(!I2C_WaitAck() )
    {
        I2C_Stop();
        return 0;                                  //无 ACK,返回
    }
    I2C_WriteByte(ACCEL_XOUT_H);                   //写寄存器地址
    I2C_WaitAck();
    I2C_Start();
    I2C_WriteByte(MPU6050Address + 1);             //写从机地址,并配置成读模式
    I2C_WaitAck();
    while(--index)                                 //连读 13 位寄存器
    {
        MPU6050_Buffer[13 - index] = I2C_ReadByte();
        I2C_ACK();
    }
        MPU6050_Buffer[13] = I2C_ReadByte();       //读第 14 寄存器
    I2C_NACK();
    I2C_Stop();
    return 1;
}
```

接下来测试模拟 I²C 读取 MPU6050 数据消耗的时间。前面提到的 Debug1_H 和 Debug1_L,在开始读 MPU6050 数据前,把 PB5 设为高电平;当读完 MPU6050 的数据后,将其置为低电平。这样,通过测量 PB5 上产生高电平的长度,我们就知道读一次 MPU6050 需要花费的时间;通过测量 PB5 上脉冲频率,我们也就知道了当前程序中读取 MPU6050 数据的频率。

为了测量上述数据,我们用到了逻辑分析仪(如图 10-23 所示),将逻辑分析仪接到四轴上。

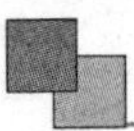

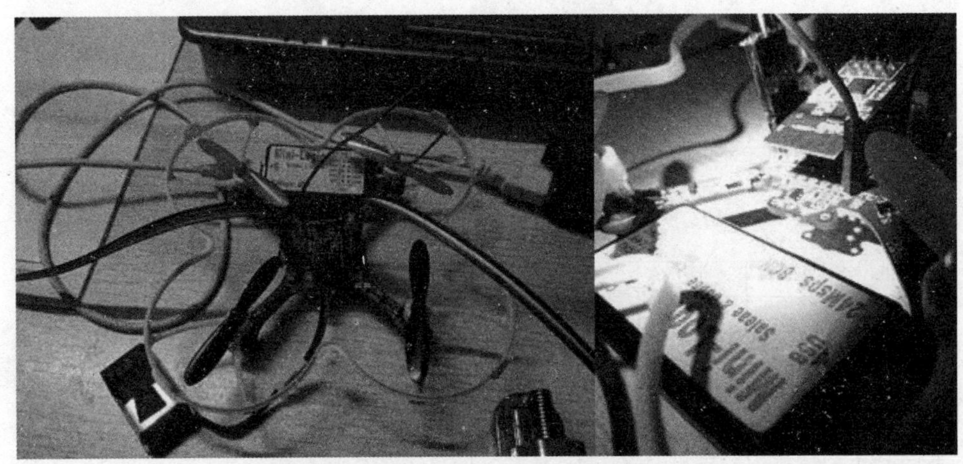

图 10-23　将逻辑分析仪接到四轴上

关于逻辑分析仪的使用，本书不再介绍。这里给大家介绍测量程序运行速率的方法。测试 PB5 上脉冲频率结果如图 10-24 所示。可以看到，读取 MPU6050 的频率接近 9 Hz。

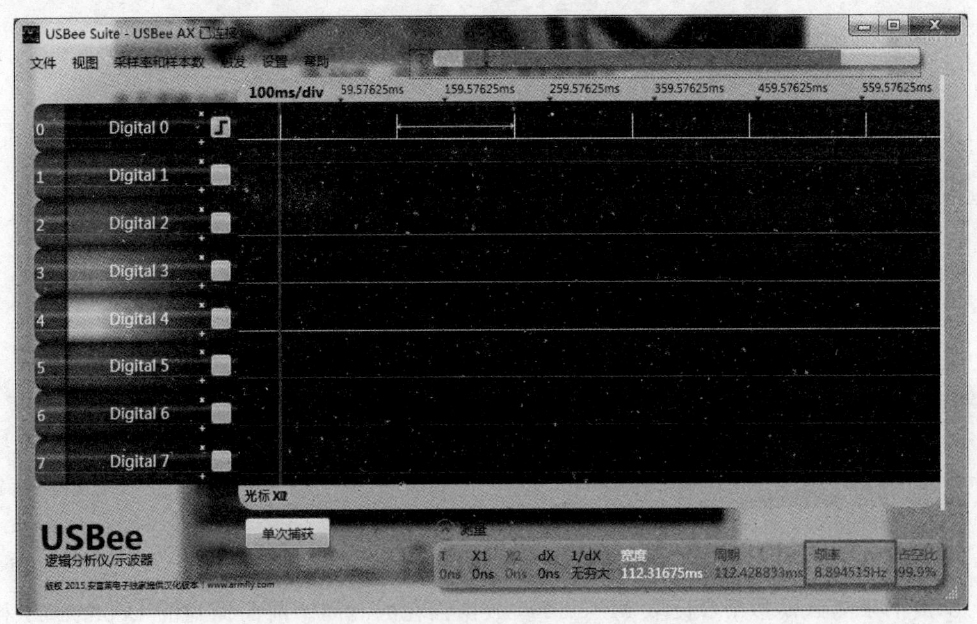

图 10-24　脉冲频率

测试 PB5 上高电平时间结果如图 10-25 所示，太快了！才用了 100 μs 多点就把 14 个数据读完了，此时的 I²C 通信速率已经超过 1 MHz 了！MPU6050 的手册上说明，最高支持的 I²C 通信速率为 400 kHz。为了稳定使用，我们实际使用的时候将读取速度降低了，但是 CPU 在降低通信速率的情况下还是有很多空闲时间的。

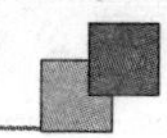

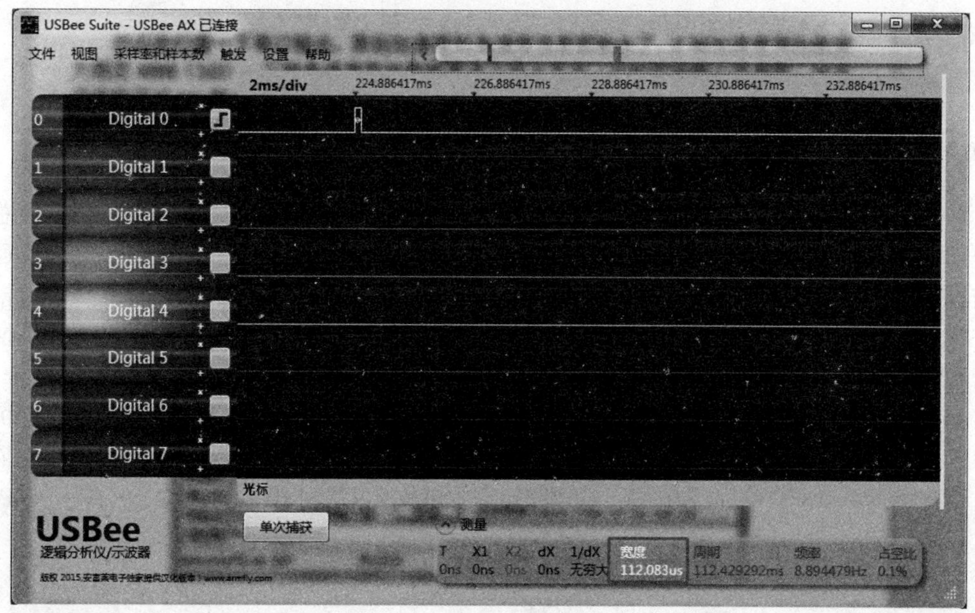

图 10 - 25　PB5 上高电平时间

然后我们看一下串口输出，原始加速度和角速度信息都输出了，Z 轴加速度原始数据稍低于 2 048(1G)，三轴角速度原始数据基本上在 0 左右(第一次读取时角速度数据较大，是因为四轴上电的时候影响了传感器，稳定后读取的数据就是 0 附近了)，如图 10 - 26 所示。

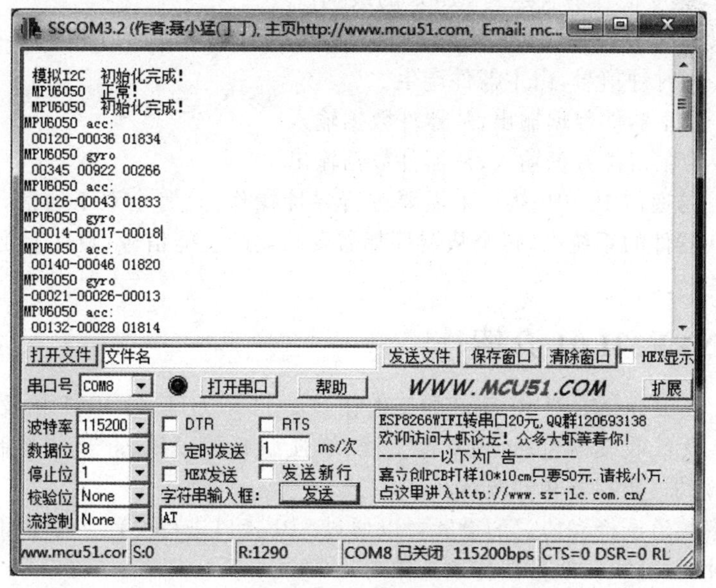

图 10 - 26　串口输出

10.7 STM32 与 NRF24L01 SPI 通信实验

10.7.1 SPI 总线相关介绍

SPI 的中文名叫串行外围设备接口，英文名为 serial peripheral interface。它的总线系统是一种同步串行外设接口，它可以使 MCU 与各种外围设备以串行方式进行通信以交换信息。SPI 有 3 个寄存器分别为：控制寄存器 SPCR、状态寄存器 SPSR、数据寄存器 SPDR。外围设备包括 FLASHRAM、网络控制器、LCD 显示驱动器、A/D 转换器和 MCU 等。SPI 总线系统可直接与各个厂家生产的多种标准外围器件直接接口，该接口一般使用 4 条线：串行时钟线(SCLK)、主机输入/从机输出数据线 MISO、主机输出/从机输入数据线 MOSI 和低电平有效的从机选择线 NSS(有的 SPI 接口芯片带有中断信号线 INT，有的 SPI 接口芯片没有主机输出/从机输入数据线 MOSI)。SPI 总线接口示意图如图 10-27 所示。

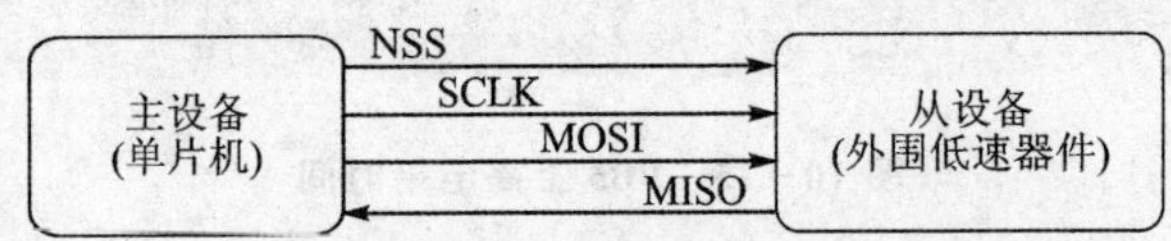

图 10-27 SPI 总线接口示意图

SPI 接口是在 CPU 和外围低速器件之间进行同步串行数据传输，在主器件的移位脉冲下，数据按位传输，高位在前，低位在后，为全双工通信。数据传输速度总体来说比 I^2C 总线要快，速度很容易就达到 Mbps 的级别。

- NSS 为从器件使能信号，由主器件控制，有的 IC 会标注为 CS(chip select)。
- SCLK 为时钟信号，由主器件产生。
- MOSI 为主器件数据输出，从器件数据输入。
- MISO 为主器件数据输入，从器件数据输出。

在点对点的通信中，SPI 接口不需要进行寻址操作，且为全双工通信，显得简单高效。在多个从器件的系统中，每个从器件都需要独立的使能信号，硬件上比 I^2C 系统要稍微复杂一些。

10.7.2 NRF24L01 介绍

NRF24L01 是由 NORDIC 生产的工作在 2.4～2.5 GHz 的 ISM 频段的单片无线收发器芯片。无线收发器包括：频率发生器、增强型 SchockBurst 模式控制器、功率放大器、晶体振荡器、调制器和解调器。

输出功率频道选择和协议的设置可以通过 SPI 接口进行设置。几乎可以连接到各种单片机芯片，并完成无线数据传送工作。

极低的电流消耗：当工作在发射模式下发射功率为 0 dBm 时的电流消耗为 11.3 mA，在接收模式下为 12.3 mA，而掉电模式和待机模式下的电流消耗更低。其性能参数如下：

- 体积小，QFN20 4 mm×4 mm 封装。
- 电压工作范围宽，1.9～3.6 V，输入引脚可承受 5 V 电压输入。
- 工作温度范围为−40～+80 ℃。
- 工作频率范围为 2.400～2.483 5 GHz。
- 发射功率可选择为 0 dBm、−6 dBm、−12 dBm 和−18 dBm。
- 数据传输速率支持 1 Mbps、2 Mbps。
- 低功耗设计，接收时工作电流为 12.3 mA，0 dBm 功率发射时为 11.3 mA，掉电模式时仅为 900 nA。
- 125 个通信通道，6 个数据通道，满足多点通信和调频需要。
- 增强型 ShockBurst 工作模式，硬件的 CRC 校验和点对多点的地址控制。
- 数据包每次可传输 1～32 字节的数据。
- 4 线 SPI 通信端口，通信速率最高可达 10Mbps，适合与各种 MCU 连接，编程简单。
- 可通过软件设置工作频率、通信地址、传输速率和数据包长度。
- MCU 可通过 IRQ 引脚状态判断是否完成数据接收和数据发送。

NRF24L01 共有 20 个引脚，常用的封装为 QFN20，其引脚及功能见图 10－28及表 10－14。

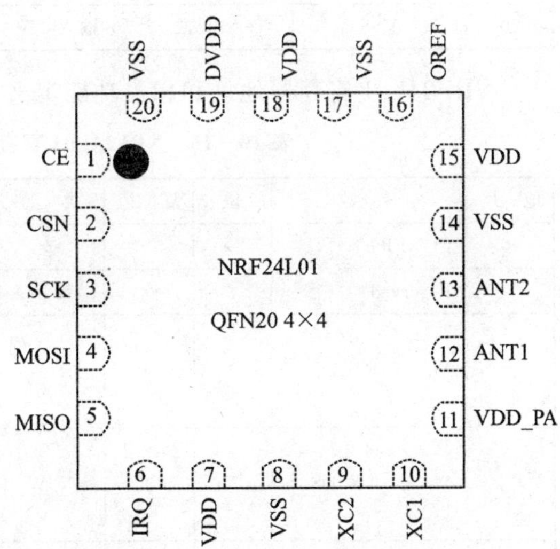

图 10－28 NRF24L01 引脚及封装

表 10－14 NRF24L01 的引脚及功能

引 脚	名 称	引脚功能	描 述
1	CE	数字输入	发射或接收模式选择
2	CSN	数字输入	SPI 片选信号
3	SCK	数字输入	SPI 时钟
4	MOSI	数字输入	主机输出从机输入数据脚
5	MISO	数字输出	主机输入从机输出数据脚
6	IRQ	数字输出	可屏蔽中断脚
7	VDD	电源	输入+3 V 电源
8	VSS	电源	输入 0 V
9	XC2	模拟输出	晶体振荡器脚
10	XC1	模拟输入	晶体振荡器脚/外部时钟输入脚
11	VDD_PA	电源输出	给 RF 的功率放大器提供+1.8 V 电源
12	ANT1	天线	天线接口

续表 10-4

引 脚	名 称	引脚功能	描 述
13	ANT2	天线	天线接口
14	VSS	电源	输入 0 V
15	VDD	电源	输入+3 V 电源
16	IREF	模拟输入	参考电流
17	VSS	电源	输入 0 V
18	VDD	电源	输入+3 V 电源
19	DVDD	电源输出	去耦电路电源正极端
20	VSS	电源	输入 0 V

NRF24L01 寄存器地址和相关功能定义见表 10-15。

表 10-15　NRF24L01 寄存器地址及相关功能定义

地 址	参 数	位	复位值	类 型	描 述
00	CONFIG				配置寄存器
	Reserved	7	0	R/W	只允许为 0
	MASK_RX_DR	6	0	R/W	可屏蔽中断 RX_RD: 1——IRQ 引脚不响应 RX_RD 中断; 0——RX_RD 中断产生时 IRQ 引脚置低
	MASK_TX_DS	5	0	R/W	可屏蔽中断 TX_RD: 1——IRQ 引脚不响应 TX_DS 中断; 0——TX_RD 中断产生时 IRQ 引脚置低
	MASK_MAX_RT	4	0	R/W	可屏蔽中断 MAX_RT: 1——IRQ 引脚不响应 MAX_RT 中断; 0——MAX_RT 中断产生时 IRQ 引脚置低电平
	EN_CRC	3	1	R/W	CRC 使能。 如果 EN_AA 中任意一位为高,则 EN_CRC 强制为高
	CRCO	2	0	R/W	CRC 模式: 0——8 位 CRC 校验; 1——16 位 CRC 校验
	PWR_UP	1	0	R/W	1——上电;0——掉电
	PRIM_RX	0	0	R/W	1——接收模式;0——发射模式
01	EN_AA Enhanced ShockBurst				自动应答使能
	Reserved	7:6	00	R/W	只允许为 00
	ENAA_P5	5	1	R/W	数据通道 5 自动应答允许
	ENAA_P4	4	1	R/W	数据通道 4 自动应答允许

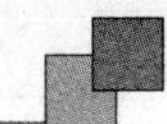

续表 10-15

地 址	参 数	位	复位值	类 型	描 述
	ENAA_P3	3	1	R/W	数据通道 3 自动应答允许
	ENAA_P2	2	1	R/W	数据通道 2 自动应答允许
	ENAA_P1	1	1	R/W	数据通道 1 自动应答允许
	ENAA_P0	0	1	R/W	数据通道 0 自动应答允许
02	EN_RXADDR				接收地址允许
	Reserved	7:6	00	R/W	只允许为 00
	ERX_P5	5	0	R/W	接收数据通道 5 允许
	ERX_P4	4	0	R/W	接收数据通道 4 允许
	ERX_P3	3	0	R/W	接收数据通道 3 允许
	ERX_P2	2	0	R/W	接收数据通道 2 允许
	ERX_P1	1	0	R/W	接收数据通道 1 允许
	ERX_P0	0	0	R/W	接收数据通道 0 允许
03	SETUP_AW				
	Reserved	7:2	00000	R/W	只允许为 00000
	AW	1:0	11	R/W	接收/发射地址宽度： 00——无效； 01——3 字节宽； 10——4 字节宽； 11——5 字节宽
04	SETUP_RETR				建立自动重发
	ARD	7:4	0000	R/W	自动重发延时： 0000——等待 250 μs； 0001——等待 500 μs； 0010——等待 750 μs； …… 1111——等待 4 000 μs （延时时间是指一包数据发送完成到下一包数据开始发送的时间间隔）
	ARC	3:0	0011	R/W	自动重发计数： 0000——禁止自动重发； 0001——自动重发 1 次； …… 0000——自动重发 15 次
05	RF_CH				射频通道
	Reserved	7		R/W	只允许为 0
	RF_CH	6:0	0000010	R/W	设置 NRF24L01 工作通道频率
06	RF_SETUP			R/W	射频寄存器

续表 10 - 15

地址	参数	位	复位值	类型	描述
	Reserved	7:5	000	R/W	只允许为000
	PLL_LOCK	4	0	R/W	PLL_LOCK 允许，仅应用于测试模式
	RF_DR	3	1	R/W	数据传输率：0——1 Mbps；1——2 Mbps
	RF_PWR	2:1	11	R/W	发射功率： 00——18 dBm； 01——12 dBm； 10——6 dBm； 11——0 dBm
	LNA_HCURR	0:1		R/W	1——使能低噪声放大器增益
07	STATUS				状态寄存器
	Reserved	7	0	R/W	只允许为0
	RX_DR	6	0	R/W	接收数据中断。当接收到有效数据后置1。写1清除中断
	TX_DS	5	0	R/W	数据发送完成中断。当数据发生完成后产生中断，如果工作在自动应答模式下，只有当接收到应答信号后此位置1。写1清除中断
	MAX_RT	4	0	R/W	达到多次重发中断。写1清除中断。 如果MAX_RT中断产生，则必须清除后系统才能进行通信
	RX_P_NO	3:1	111	R	接收数据通道号： 000～101——数据通道号； 110——未使用； 111——RX_FIFO 寄存器为空
	TX_FULL	0	0	R	TX_FIFO 寄存器满标志： 1——TX_FIFO 寄存器满； 0——TX_FIFO 寄存器未满
08	OBSERVE_TX				发送检测寄存器
	PLOS_CNT	7:4	0	R	数据包丢失计数器。当写 RF_CH 寄存器时，此寄存器复位。当丢失15个数据包时，此寄存器重启
	ARC_CNT	3:0	0	R	重发计数器，发送新数据包时此寄存器复位
09	CD				
	Reserved	7:1	000000	R	
	CD	0	0	R	载波检测
0A	RX_ADDR_P0	39:0	0xE7E7 E7E7E7	R/W	数据通道0接收地址。最大长度为5字节（先写低字节，所写字节数量由 SETUP_AW 设定）

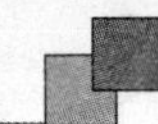

续表 10-15

地　址	参　数	位	复位值	类　型	描　述
0B	RX_ADDR_P1	39:0	0xC2C2 C2C2C2	R/W	数据通道 1 接收地址。最大长度为 5 字节(先写低字节,所写字节数量由 SETUP_AW 设定)
0C	RX_ADDR_P2	7:0	0xC3	R/W	数据通道 2 接收地址。最低字节可设置。高字节部分必须与 RX_ADDR_P1[39:8]相等
0D	RX_ADDR_P3	7:0	0xC4	R/W	数据通道 3 接收地址。最低字节可设置。高字节部分必须与 RX_ADDR_P1[39:8]相等
0E	RX_ADDR_P4	7:0	0xC5	R/W	数据通道 4 接收地址。最低字节可设置。高字节部分必须与 RX_ADDR_P1[39:8]相等
0F	RX_ADDR_P5	7:0	0xC6	R/W	数据通道 5 接收地址。最低字节可设置。高字节部分必须与 RX_ADDR_P1[39:8]相等
10	TX_ADDR	39:0	0xE7E7 E7E7E7	R/W	发送地址。先写低字节
11	RX_PW_P0				
	Resverved	7:6	00	R/W	只允许为 00
	RX_PW_P0	5:0	0	R/W	接收数据通道 0 有效数据宽度(1～32 字节): 0——设置不合法; 1——字节有效数据宽度; …… 32——32 字节有效数据宽度
12	RX_PW_1				
	Resverved	7:6	00	R/W	只允许为 00
	RX_PW_P1	5:0	0	R/W	接收数据通道 1 有效数据宽度(1～32 字节): 0——设置不合法; 1——字节有效数据宽度; …… 32——32 字节有效数据宽度
13	RX_PW_2				
	Resverved	7:6	00	R/W	只允许为 00
	RX_PW_P2	5:0	0	R/W	接收数据通道 2 有效数据宽度(1～32 字节): 0——设置不合法; 1——字节有效数据宽度; …… 32——32 字节有效数据宽度
14	RX_PW_3				
	Resverved	7:6	00	R/W	只允许为 00

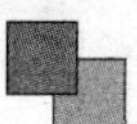
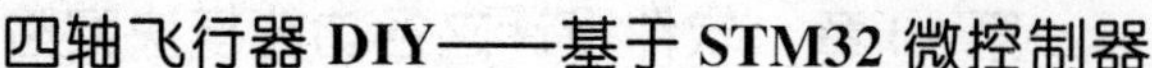

续表 10-15

地 址	参 数	位	复位值	类 型	描 述
	RX_PW_P3	5:0	0	R/W	接收数据通道 3 有效数据宽度(1～32 字节)： 0——设置不合法； 1——字节有效数据宽度； …… 32——32 字节有效数据宽度
15	RX_PW_4				
	Resverved	7:6	00	R/W	只允许为 00
	RX_PW_P4	5:0	0	R/W	接收数据通道 4 有效数据宽度(1～32 字节)： 0——设置不合法； 1——字节有效数据宽度； …… 32——32 字节有效数据宽度。
16	RX_PW_5				
	Resverved	7:6	00	R/W	只允许为 00
	RX_PW_P5	5:0	0	R/W	接收数据通道 4 有效数据宽度(1～32 字节)： 0——设置不合法； 1——字节有效数据宽度； …… 32——32 字节有效数据宽度。
17	FIFO_STATUS				FIFO 状态寄存器
	Resverved	7	0	R/W	只允许为 0
	TX_REUSE	6	0	R	若 TX_REUSE=1 则当 CE 位高电平状态时不断发送上一数据包。 TX_REUSE 通过 SPI 指令 REUSE_TX_PL 置位；通过 W_TX_PALOAD 或 FLUSH_TX 复位
	TX_FULL	5	0	R	TX FIFO 寄存器满标志： 1——TX FIFO 寄存器满； 0——TX FIFO 寄存器未满有可用空间
	TX_EMPTY	4	1	R	TX FIFO 寄存器空标志： 1——TX FIFO 寄存器空； 0——TX FIFO 寄存器非空
	Resverved	3:2	00	R/W	只允许为 0
	RX_FULL	1	0	R	RX FIFO 寄存器满标志： 1——RX FIFO 寄存器满； 0——RX FIFO 寄存器未满有可用空间
	RX_EMPTY	0	1	R	RX FIFO 寄存器空标志： 1——RX FIFO 寄存器空； 0——RX FIFO 寄存器非空

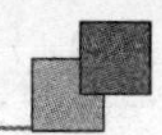

如此多的寄存器难免令人望而却步，实际仅用几个常规寄存器即可实现我们需要的无线通信功能。

10.7.3　用到的 GPIO

先看一下我们用到的 GPIO，如图 10－29 所示。

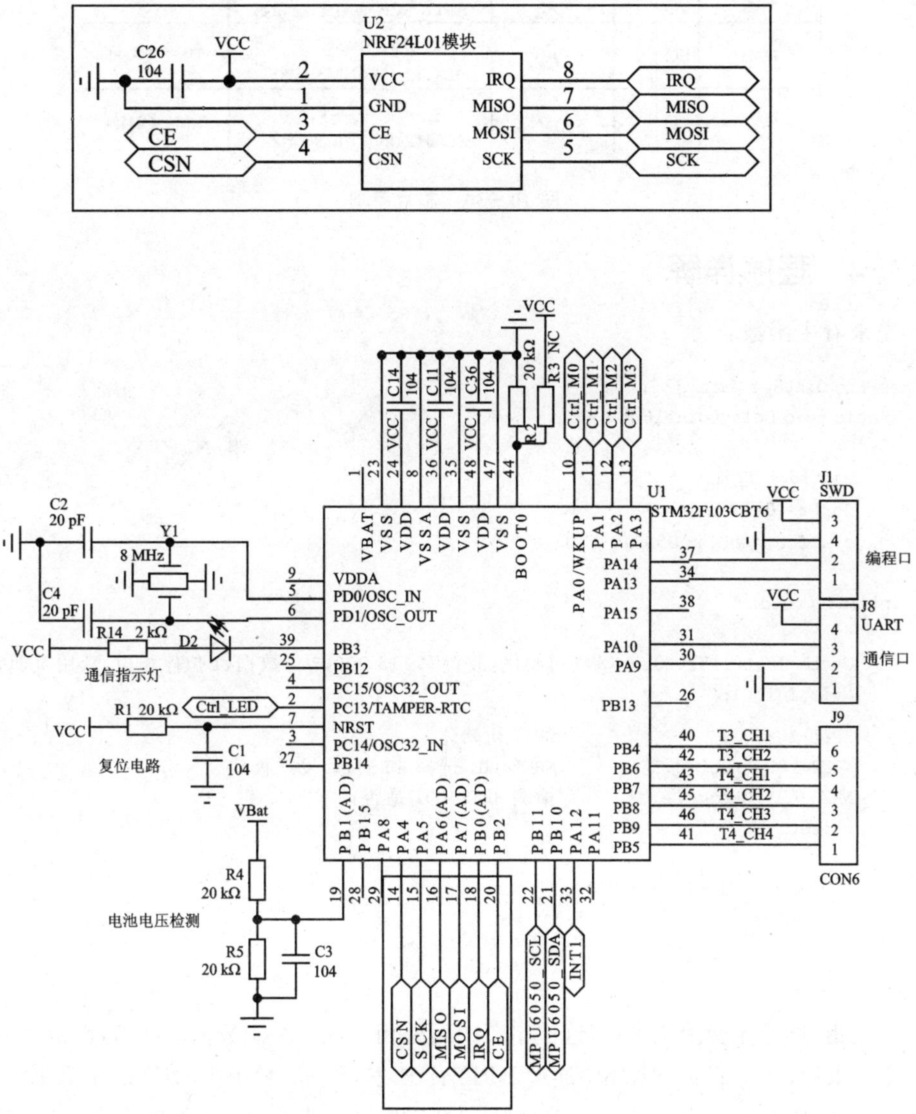

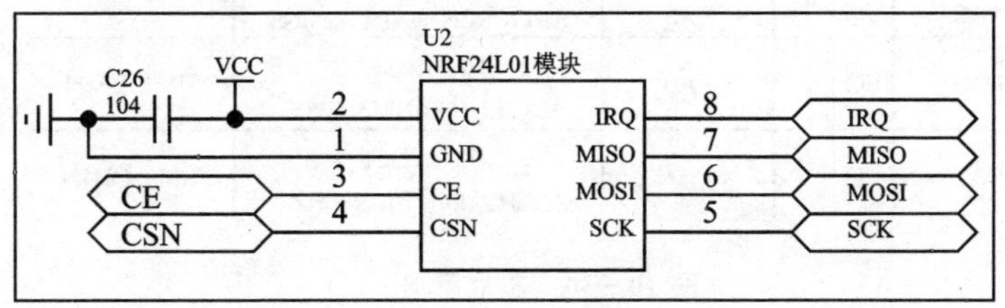

图 10－29　用到的 GPIO

查芯片手册可知 PA4～7 对应的是 SPI1，如图 10－30 所示。

引脚名称	类型(1)	I/O电平(2)	主功能(3)(复位后)	可选的复用功能	
				默认复用功能	重定义功能
PA4	I/O		PA4	SPI1_NSS(7)/USART2_CK(7)/ADC12_IN4	
PA5	I/O		PA5	SPI1_SCK(7)/ADC12_IN5	
PA6	I/O		PA6	SPI1_MISO(7)/ADC12_IN6/TIM3_CH1(7)	TIM1_BKIN
PA7	I/O		PA7	SPI1_MOSI(7)/ADC12_IN7/TIM3_CH2(7)	TIM1_CH1N

图 10-30 芯片手册

10.7.4 程序详解

先来看主函数：

```
static uint8_t data[32];
static void Delay(uint16_t n)
{
    uint16_t i,j;
    for(i = 0;i<n;i ++ )
        for(j = 0;j<8500;j ++ );
}
int main(void)
{
    Uart1_Init(115200);//串口初始化:波特率 115 200,8 位数据,1 位停止位,禁用奇偶校验
    Nvic_Init();

    SPI1_Init();              //SPI1 初始化
    NRF24L01_Init(40,TX);     //NRF24L01 选择 40 通道,发送模式
    NRF24L01_Check();         //检测 NRF24L01 是否正常
    while(1)
    {
        NRF_Send_TX(data,32);
        Delay(100);
    }
}
```

老规矩，还是先初始化串口，这次串口的用处相当大。主函数依旧简洁，都带注释了。初始化结束后，在 while(1)循环中通过 NRF24L01 发送 data 数组中的前 32 个数据。

由于 NRF24L01 最高支持到 10 MHz 的 SPI 接口速率，因此在初始化 SPI1 时，要将其降频到 9 MHz，这样 NRF24L01 才能正常工作：

```
void SPI1_Init(void)
{
    SPI_InitTypeDef SPI_InitStructure;
```

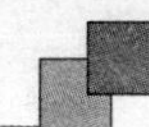

```
    GPIO_InitTypeDef GPIO_InitStructure;

    RCC_APB2PeriphClockCmd(RCC_APB2Periph_GPIOA, ENABLE);
    RCC_APB2PeriphClockCmd(RCC_APB2Periph_GPIOB, ENABLE);
    RCC_APB2PeriphClockCmd(RCC_APB2Periph_SPI1, ENABLE);
    //配置 SCK,MISO,MOSI 引脚
    GPIO_InitStructure.GPIO_Pin = GPIO_Pin_5|GPIO_Pin_6|GPIO_Pin_7;
    GPIO_InitStructure.GPIO_Speed = GPIO_Speed_10MHz;
    GPIO_InitStructure.GPIO_Mode = GPIO_Mode_AF_PP;                    //推挽复用
    GPIO_Init(GPIOA, &GPIO_InitStructure);
    //配置 CE 引脚
    GPIO_InitStructure.GPIO_Pin = NRF_CE_Pin;
    GPIO_InitStructure.GPIO_Speed = GPIO_Speed_10MHz;
    GPIO_InitStructure.GPIO_Mode = GPIO_Mode_Out_PP;                   //推挽输出
    GPIO_Init(NRF_CE_GPIO, &GPIO_InitStructure);
    //配置 CSN 引脚
    GPIO_InitStructure.GPIO_Pin = NRF_CSN_Pin;
    GPIO_InitStructure.GPIO_Speed = GPIO_Speed_10MHz;
    GPIO_InitStructure.GPIO_Mode = GPIO_Mode_Out_PP;                   //推挽输出
    GPIO_Init(NRF_CSN_GPIO, &GPIO_InitStructure);
    //配置 IRQ 引脚
    GPIO_InitStructure.GPIO_Pin = NRF_IRQ_Pin;
    GPIO_InitStructure.GPIO_Speed = GPIO_Speed_50MHz;
    GPIO_InitStructure.GPIO_Mode = GPIO_Mode_IPU;                      //上拉输入
    GPIO_Init(NRF_IRQ_GPIO, &GPIO_InitStructure);
    NRF_CSN_H;                                                         //禁止 NRF 器件
    SPI_InitStructure.SPI_Direction = SPI_Direction_2Lines_FullDuplex;//双线全双工
    SPI_InitStructure.SPI_Mode = SPI_Mode_Master;                      //主模式
    SPI_InitStructure.SPI_DataSize = SPI_DataSize_8b;                 //数据大小为 8 位
    SPI_InitStructure.SPI_CPOL = SPI_CPOL_Low;
                                                              //时钟极性,空闲时为低
    SPI_InitStructure.SPI_CPHA = SPI_CPHA_1Edge;
                                                //第 1 个边沿有效,上升沿为采样时刻
    SPI_InitStructure.SPI_NSS = SPI_NSS_Soft;
                                                              //NSS 信号由软件产生
    SPI_InitStructure.SPI_BaudRatePrescaler = SPI_BaudRatePrescaler_8;//8 分频,9 MHz
    SPI_InitStructure.SPI_FirstBit = SPI_FirstBit_MSB;                 //高位在前
    SPI_InitStructure.SPI_CRCPolynomial = 7;

    SPI_Init(SPI1, &SPI_InitStructure);

    SPI_Cmd(SPI1, ENABLE);     //使能 SPI1
    PrintString("\r\n SPI1 初始化完成!");
}
```

对应的 GPIO 宏定义如下：

```
#define NRF_CE_GPIO   GPIOB
#define NRF_CE_PinG   PIO_Pin_2
```

```
#define NRF_CSN_GPIO GPIOA
#define NRF_CSN_Pin   GPIO_Pin_4
#define NRF_IRQ_GPIO GPIOB
#define NRF_IRQ_Pin   GPIO_Pin_0

#define NRF_CE_H  NRF_CE_GPIO ->BSRR = NRF_CE_Pin                //CE 高电平
#define NRF_CE_L  NRF_CE_GPIO ->BRR  = NRF_CE_Pin                //CE 低电平
#define NRF_CSN_H  NRF_CSN_GPIO->BSRR = NRF_CSN_Pin              //CSN 高电平
#define NRF_CSN_L  NRF_CSN_GPIO->BRR  = NRF_CSN_Pin              //CSN 高电平
#define NRF_IRQ_Read  NRF_IRQ_GPIO->IDR  & NRF_IRQ_Pin           //IRQ 读数据
```

SPI 总线的基本读/写操作：

```
uint8_t SPI_RW(uint8_t data)
{
    while (SPI_I2S_GetFlagStatus(SPI1, SPI_I2S_FLAG_TXE) == RESET);
                                                    //当 SPI 发送缓冲器非空时等待
    SPI_I2S_SendData(SPI1, data);                   //通过 SPI 总线发送 1 字节数据
    while (SPI_I2S_GetFlagStatus(SPI1, SPI_I2S_FLAG_RXNE) == RESET);
                                                    //当 SPI 接收缓冲器为空时等待
    return SPI_I2S_ReceiveData(SPI1);
}
```

NRF24L01 的 CS 引脚低电平时，表示被选中；高电平时，表示被禁止了；以下是 SPI 总线的读/写寄存器操作以及读/写/缓冲区操作：

```
/*****************************************************************
函数原型:      uint8_t NRF_Write_Reg(uint8_t reg, uint8_t value)
功    能:      NRF 写寄存器
返 回 值:      NRF 写寄存器返回值
*****************************************************************/
uint8_t NRF_Write_Reg(uint8_t reg, uint8_t value)
{
    uint8_t status;
    NRF_CSN_L;                          //选通 NRF 器件
    status = SPI_RW(reg);               //写寄存器地址
    SPI_RW(value);                      //写数据
    NRF_CSN_H;                          //禁止 NRF 器件
    return     status;
}
/*****************************************************************
函数原型:      uint8_t NRF_Read_Reg(uint8_t reg)
功    能:      NRF 读寄存器
返 回 值:      寄存器数据
*****************************************************************/
uint8_t NRF_Read_Reg(uint8_t reg)
{
    uint8_t reg_val;
    NRF_CSN_L;                          //选通 NRF 器件
    SPI_RW(reg);                        //写寄存器地址
    reg_val = SPI_RW(0);                //读取该寄存器返回数据
    NRF_CSN_H;                          //禁止 NRF 器件
```

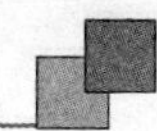

```
    return      reg_val;
}
/****************************************************************
函数原型:      uint8_t NRF_Write_Buf(uint8_t reg, uint8_t * pBuf, uint8_t uchars)
功    能:      NRF 写缓冲区
返 回 值:      NRF 写缓冲区返回值
****************************************************************/
uint8_t NRF_Write_Buf(uint8_t reg, uint8_t * pBuf, uint8_t uchars)
{
    uint8_t i;
    uint8_t status;
    NRF_CSN_L;                          //选通 NRF 器件
    status = SPI_RW(reg);               //写寄存器地址
    for(i = 0; i<uchars; i ++ )
    {
        SPI_RW(pBuf[i]);                //写数据
    }
    NRF_CSN_H;                          //禁止 NRF 器件
    return    status;
}
/****************************************************************
函数原型:      uint8_t NRF_Read_Buff(uint8_t reg, uint8_t * pBuf, uint8_t uchars)
功    能:      NRF 读缓冲区
返 回 值:      缓冲区数据
****************************************************************/
uint8_t NRF_Read_Buff(uint8_t reg, uint8_t * pBuf, uint8_t uchars)
{
    uint8_t i;
    uint8_t    status;
    NRF_CSN_L;                          //选通 NRF 器件
    status = SPI_RW(reg);               //写寄存器地址
    for(i = 0; i<uchars; i ++ )
    {
        pBuf[i] = SPI_RW(0);            //读取返回数据
    }
    NRF_CSN_H;                          //禁止 NRF 器件
    return status;
}
```

下面是对 NRF24L01 进行初始化:输入参数 Chanal 为通信频段号,一共有 125 个通道。其中,TX 节点地址与 RX 节点地址可随意设置。修改与本程序中的本地地址和接收地址即可在同一区域内实现多个烈火四轴的独立控制。

```
uint8_t NRF24L01_RXDATA[32];                                        //NRF24L01 接收到的数据
uint8_t NRF24L01_TXDATA[32];                                        //NRF24L01 需要发送的数据
static uint8_t TX_ADDRESS[5] = {0x1A,0x3B,0x5C,0x7D,0x9E};  //本地地址
static uint8_t RX_ADDRESS[5] = {0x1A,0x3B,0x5C,0x7D,0x9E};  //接收地址
#define TX1
#define RX2
void NRF24L01_Init(uint8_t Chanal,uint8_t Mode)
{
```

```
    NRF_CE_L;
    NRF_Write_Reg(FLUSH_TX,0xff);                          //清空发送缓冲区
    NRF_Write_Reg(FLUSH_RX,0xff);                          //清空接收缓冲区
    NRF_Write_Buf(NRF_WRITE_REG + TX_ADDR,   TX_ADDRESS,5);//写 TX 节点地址
    NRF_Write_Buf(NRF_WRITE_REG + RX_ADDR_P0,RX_ADDRESS,5);//写 RX 节点地址
    NRF_Write_Reg(NRF_WRITE_REG + EN_AA,      0x01);       //使能通道 0 的自动应答
    NRF_Write_Reg(NRF_WRITE_REG + EN_RXADDR, 0x01);        //使能通道 0 的接收地址
    NRF_Write_Reg(NRF_WRITE_REG + SETUP_RETR,0x1a);
                            //设置自动重发间隔时间:500 μs;最大自动重发次数:10 次
    NRF_Write_Reg(NRF_WRITE_REG + RF_CH,   Chanal);        //设置 RF 通道为 Chanal
    NRF_Write_Reg(NRF_WRITE_REG + RX_PW_P0,     32);       //设置通道 0 的有效数据宽度
    NRF_Write_Reg(NRF_WRITE_REG + RF_SETUP,  0x0f);
                               //设置 TX 发射参数,0 db 增益,2 Mbps,低噪声增益开启
    if(Mode == TX)
        NRF_Write_Reg(NRF_WRITE_REG + CONFIG,0x0E);        //发送
    else if(Mode == RX)
        NRF_Write_Reg(NRF_WRITE_REG + CONFIG,0x0F);        //接收
    NRF_CE_H;
}
```

初始化 NRF24L01 后,我们检查一下 NRF24L01 是否正常,用到 NRF24L01_Check():

```
void NRF24L01_Check(void)
{
    uint8_t buf[5];
    uint8_t i;
    //写入 5 字节的地址
    NRF_Write_Buf(NRF_WRITE_REG + TX_ADDR,TX_ADDRESS,5);
    //读出写入的地址
    NRF_Read_Buff(TX_ADDR,buf,5);
    //比较
    for(i = 0;i<5;i ++ )
    {
        if(buf[i]! = TX_ADDRESS[i])
            break;
    }
    if(i == 5)
        PrintString("\r\n NRF24L01 初始化成功!");
    else
        PrintString("\r\n NRF24L01 初始化失败!");
}
```

NRF24L01 有个特点,向它的某一位寄存器写入数据后,能从该寄存器读出相同的数据。利用这个特点,实现上述 NRF24L01 的检测。

下面是 NRF24L01 的发送函数 NRF_Send_TX(),将以 tx_buf 为起始地址的 len 个数据从 NRF24L01 发出:

```
#define RX_DR     6     //接收数据中断.当接收到有效数据后置 1。写 1 清除中断
#define TX_DS     5     //数据发送完成中断。当数据发送完成后产生中断。如果工作在自动
```

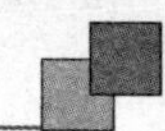

```
                            //应答模式下,只有当接收到应答信号后此位置 1。写 1 清除中断
#define MAX_RT    4         //达到最多次重发中断。写 1 清除中断。如果 MAX_RT 中断产生则
                            //必须清除后系统才能进行通信
#define TX_FULL   0         //TX FIFO 寄存器满标志。1:TX FIFO,寄存器满;0:TX FIFO,寄存器
                            //未满,有可用空间

void NRF_Send_TX(uint8_t * tx_buf, uint8_t len)
{
    NRF24L01_Set_TX();
    NRF_CE_L;                                     //进入待机模式 1
    NRF_Write_Buf(WR_TX_PLOAD, tx_buf, len); //装载数据
    NRF_CE_H;     //设置 CE 为高,启动发射。CE 高电平持续时间最小为 10 μs
    while(NRF_IRQ_Read);                          //等待发送完成
    uint8_t status = NRF_Read_Reg(NRF_READ_REG + NRFRegSTATUS);
    NRF_Write_Reg(NRF_WRITE_REG + NRFRegSTATUS,status);//清除 TX_DS 或 MAX_RT 中断标志
    if(status & (1<<MAX_RT))                      //达到最多次重发中断
    {
        if(status & (1<<TX_FULL))                 //TX FIFO 溢出
        {
            NRF_Write_Reg(FLUSH_TX,0xff);         //清空缓冲区
        }
    }
    if(status&(1<<TX_DS))                         //发送完成
    {
        NRF24L01_Set_RX();
    }
}
```

当 NRF24L01 发送或接收到数据时,会在 IRQ 引脚产生一个低电平中断,因此在发送数据后,用 while(NRF_IRQ_Read)来等待发送完成产生一个。发送结束后,需要读出当前工作状态,并将状态位清除,才能进行下一次通信。

不知道读者是否看出,这种写法有一个不好的地方就是:如果 NRF24L01 或通信出现异常状态导致 IRQ 引脚没有产生一个低电平中断,或者在这个低电平中断来临的瞬间产生了硬件中断使得刚好不能检测到低电平的到来,则程序将会卡在等待中断的 while(NRF_IRQ_Read)处。如果这个情况发生在在飞行中,则小四轴基本上就是要炸机了。

请读者自行思考应当如何解决。在后面的章节,烈火四轴对应的完整代码中采用了巧妙的方法解决。希望读者在思考后再看一下我们的完整代码。

实验现象为:打开遥控和四轴后,遥控收到数据,绿色 LED 亮起,红色 LED 闪烁,如图 10-31 所示。

关闭小四轴后,遥控收不到数据,绿色 LED 熄灭,红色 LED 闪烁,如图 10-32 所示。

现在把小四轴的串口连接到 PC 上,打开串口助手,给小四轴上电,将返回成功初始化信息,如图 10-33 所示。

接下来把小四轴电源断开,拔下 NRF24L01,再上电,串口将返回初始化失败信息,如图 10-34 所示。

图 10－31　遥控收到数据

图 10－32　遥控收不到数据

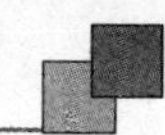

图 10－33　NRF24L01 初始化成功

SSCOM3.2 (作者:聂小猛(丁丁), 主页http://www.mcu51.com, Email: mc...

SPI1　　初始化完成!
NRF24L01 初始化成功!
SPI1　　初始化完成!
NRF24L01 初始化失败!

打开文件 文件名 发送文件 保存窗口 清除窗口 HEX显示
串口号 COM8 关闭串口 帮助 WWW.MCU51.COM 扩展
波特率 115200 数据位 8 停止位 1 校验位 None 流控制 None
DTR RTS 定时发送 1 ms/次 HEX发送 发送新行 字符串输入框: 发送 AT
ESP8266WIFI转串口20元, QQ群120693138
欢迎访问大虾论坛! 众多大虾等着你!
--------以下为广告--------
嘉立创PCB打样10*10cm只要50元. 请找小万.
点这里进入http://www.sz-jlc.com.cn/
www.mcu51.cor S:0 R:96 COM8已打开 115200bps CTS=0 DSR=0 RL

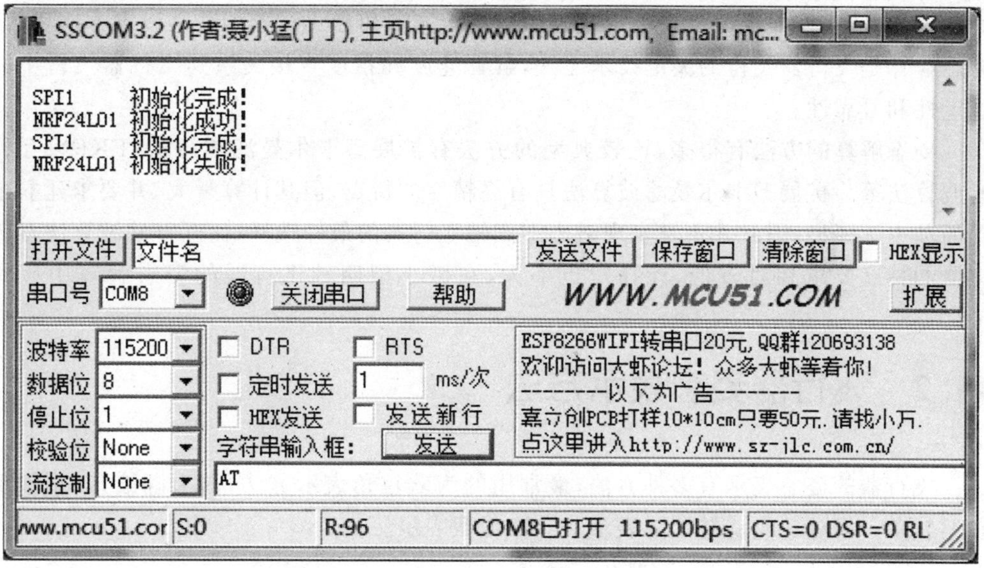

图 10－34　NRF24L01 初始化失败

第 11 章

飞行器的姿态解算

11.1 姿态解算的意义

姿态解算即指控制器读取自身传感器数据，实时计算四轴飞行器的姿态角，比如翻滚角(roll)、倾仰角(pitch)、偏航角(yaw)信息，控制器根据这些信息即可计算 4 个电机的输出量，使飞行器保持平衡稳定或者保持一定倾斜角使飞行器朝着某设定方向飞行。姿态解算是飞行器飞行的关键技术之一，解算速度和精度直接关系到飞行器飞行中的稳定性和可靠性。

姿态解算的方法有很多，比较典型的方法有扩展型卡尔曼滤波算法(EKF)、互补滤波算法等。扩展型卡尔曼滤波算法具有高精度的特点，但其计算量大，并要求建立精确的动力学模型，因此并不是实现微小型四轴飞行器的最佳选择；而互补滤波算法对传感器的精度要求相对较低，计算量也不大，在微小型四轴飞行器的姿态解算中应用最广。

11.2 飞行器姿态表示方法

飞行器的姿态表示有多种方法，最常用的为欧拉角表示方法，即为翻滚角、倾仰角和偏航角。另外还有旋转矩阵表示法和四元数表示法。

11.2.1 旋转矩阵和欧拉角、转轴-转角表示法

旋转矩阵用于表示一个坐标系在另外一个坐标系的姿态。若飞行器姿态用旋转矩阵 $\boldsymbol{R}$ 表示，则 $\boldsymbol{R}$ 具有以下性质：

① 两个向量的点积在它们都被同一个旋转矩阵操作(相当于旋转)之后的点积相等，例如 $\boldsymbol{a}\cdot\boldsymbol{b}=,\boldsymbol{Ra}\cdot\boldsymbol{Rb}$，其中 $\boldsymbol{a}$ 和 $\boldsymbol{b}$ 为两个任意 3×1 的向量；

② 旋转矩阵的逆即为其转置，即 $\boldsymbol{R}^{-1}=\boldsymbol{R}^{\mathrm{T}}$，或 $\boldsymbol{R}^{-1}\cdot\boldsymbol{R}^{\mathrm{T}}=\boldsymbol{I}$，其中 $\boldsymbol{I}$ 为单位矩阵。

读者并不能从旋转矩阵中直接读出飞行器的姿态，而欧拉角表示方法可以，故被广

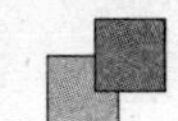

泛接受。从一个坐标系(比如静止的全局坐标系 F_W)转到另一个坐标系(比如运动的飞行器自身坐标系 F_b)可以有不同的顺序。常用的旋转顺序有 $Z-X-Y$ 或者 $Z-Y-X$,航空航天上亦称之为 Tait - Bryan 角。以下以 $Z-Y-X$ 欧拉角举例详细说明。

假设全局坐标系 F_W 固定于地面保持静止,而随飞行器转边的坐标系 F_b 初始姿态与 F_W 是重合为 F_b^0,然后 F_b^0 按以下顺序旋转至最终的姿态 F_b:

① F_b^0 绕着 F_W^0 的 Z 轴按右手坐标系规则转动 ψ 角,ψ 即为偏航角(yaw),并假设 F_b^0 转动后的新姿态为 F_b^1;

② F_b^1 绕着 F_b^1 的 Y 轴按右手坐标系规则转动 θ 角,θ 即为倾仰角(pitch),并假设 F_b^1 转动后的新姿态为 F_b^2;

③ F_b^2 绕着 F_b^2 的 X 轴按右手坐标系规则转动 ϕ 角,ϕ 即为翻滚角(roll),此时 F_b^2 转动到最终坐标系 F_b^2。

值得注意的是,以上 3 次转动分别都绕自身坐标系的某一个轴,而不是绕固定于地面的全局坐标系的坐标轴。以上 3 次转动分别对应一个基本旋转矩阵:

$$\boldsymbol{R}_{(Z,\psi)}=\begin{bmatrix}\cos\psi & -\sin\psi & 0\\ \sin\psi & \cos\psi & 0\\ 0 & 0 & 1\end{bmatrix}$$

$$\boldsymbol{R}_{(Y,\theta)}=\begin{bmatrix}\cos\theta & 0 & \sin\theta\\ 0 & 1 & 0\\ -\sin\theta & 0 & \cos\theta\end{bmatrix}$$

$$\boldsymbol{R}_{(X,\phi)}=\begin{bmatrix}1 & 0 & 0\\ 0 & \cos\phi & -\sin\phi\\ 0 & \sin\phi & \cos\phi\end{bmatrix}$$

于是,F_b 在 F_W 中的姿态表示即为以上 3 次转动的合成矩阵:

$$\begin{aligned}\boldsymbol{R}&=\boldsymbol{R}_{(Z,\psi)}\cdot\boldsymbol{R}_{(Y,\theta)}\cdot\boldsymbol{R}_{(X,\phi)}\\ &=\begin{bmatrix}\cos\psi & -\sin\psi & 0\\ \sin\psi & \cos\psi & 0\\ 0 & 0 & 1\end{bmatrix}\cdot\begin{bmatrix}\cos\theta & 0 & \sin\theta\\ 0 & 1 & 0\\ -\sin\theta & 0 & \cos\theta\end{bmatrix}\cdot\begin{bmatrix}1 & 0 & 0\\ 0 & \cos\phi & -\sin\phi\\ 0 & \sin\phi & \cos\theta\end{bmatrix}\\ &=\begin{bmatrix}C_\theta C_\psi & -C_\phi S_\psi+S_\phi S_\theta C_\psi & S_\phi S_\psi+C_\phi S_\theta C_\psi\\ C_\theta S_\psi & C_\phi C_\psi+S_\phi S_\theta S_\psi & -S_\phi C_\psi+C_\phi S_\theta S_\psi\\ -S_\theta & S_\phi C_\theta & C_\phi C_\theta\end{bmatrix}\end{aligned}$$

为简化表达式,C_ϕ 即为 $\cos\phi$,S_ϕ 即为 $\sin\phi$,其他亦然。同理,若欧拉角的旋转顺序为 $Z-X-Y$,则 $\boldsymbol{R}=\boldsymbol{R}_{(Z,\psi)}\cdot\boldsymbol{R}_{(X,\phi)}\cdot\boldsymbol{R}_{(Y,\theta)}$。

反之,若已知 F_b 在 F_W 中的姿态表示旋转矩阵 $\boldsymbol{R}$ 时,以上 $Z-Y-X$ 的欧拉角如何计算得到呢?观察以上 $\boldsymbol{R}$ 的表达式,可以得到

$$\begin{cases}\phi = \operatorname{atan} 2(\boldsymbol{R}_{(3,2)}, \boldsymbol{R}_{(3,3)}) \\ \theta = \arcsin(-\boldsymbol{R}_{(3,1)}) \\ \psi = \operatorname{atan} 2(\boldsymbol{R}_{(2,1)}, \boldsymbol{R}_{(1,1)})\end{cases}$$

其中 $\boldsymbol{R}_{(3,2)} = \sin\phi\cos\theta$，其他亦然。

旋转矩阵还可以用转轴—转角的方式来表达，即 F_{b} 可以通过从 F_{W} 姿态绕一个单位向量 $\boldsymbol{n} = [\hat{n}_X, \hat{n}_Y, \hat{n}_Z]^{\mathrm{T}}$（即转轴）转动角度 δ（即转角）得到。其表达式如下，具体推导过程详见参考文献[1]：

$$\boldsymbol{R} = \begin{bmatrix} \hat{n}_X^2 V_\delta + C_\delta & \hat{n}_X \hat{n}_Y V_\delta - \hat{n}_Z S_\delta & \hat{n}_X \hat{n}_Z V_\delta + \hat{n}_Y S_\delta \\ \hat{n}_X \hat{n}_Y V_\delta + \hat{n}_Z S_\delta & \hat{n}_Y^2 V_\delta + C_\delta & \hat{n}_Y \hat{n}_Z V_\delta - \hat{n}_X S_\delta \\ \hat{n}_X \hat{n}_Z V_\delta - \hat{n}_Y S_\delta & \hat{n}_Y \hat{n}_Z V_\delta + \hat{n}_X S_\delta & \hat{n}_Z^2 V_\delta + C_\delta \end{bmatrix}$$

其中，$V_\delta = 1 - \cos\delta$，$S_\delta = \sin\delta$。

11.2.2 四元数表示法

单位四元数(unit quaternion)与欧拉角、旋转矩阵是等价的，但又不同于欧拉角表示，四元数表示法没有奇异点的问题，正是因为这个优点，单位四元数在姿态估算的核心算法中非常常见。比起三维旋转矩阵，四元数表示法能更方便地给出旋转的转轴和旋转角。

四元数一般表示为

$$\boldsymbol{q} = q_0 + q_1\boldsymbol{i} + q_2\boldsymbol{j} + q_3\boldsymbol{k}$$

其中，$\boldsymbol{i}, \boldsymbol{j}, \boldsymbol{k}$ 为四元数的基，满足以下性质：

① $\boldsymbol{i}^2 = \boldsymbol{j}^2 = \boldsymbol{k}^2 = \boldsymbol{ijk} = -1$；

② $\boldsymbol{ij} = \boldsymbol{k}, \boldsymbol{ji} = -\boldsymbol{k}$；

③ $\boldsymbol{jk} = \boldsymbol{i}, \boldsymbol{kj} = -\boldsymbol{i}$；

④ $\boldsymbol{ki} = \boldsymbol{j}, \boldsymbol{ik} = -\boldsymbol{j}$。

由此可见，四元数的基的乘法是不可交换的。四元数也可以简单表示为 $\boldsymbol{q} = (q_0, q_1, q_2, q_3)$。用以表示旋转矩阵的四元数必须是单位四元数，即 $\boldsymbol{q}$ 应满足

$$q_0^2 + q_1^2 + q_2^2 + q_3^2 = 1$$

给定 2 个四元数 $\boldsymbol{p} = (p_0, p_1, p_2, p_3)$ 和 $\boldsymbol{q} = (q_0, q_1, q_2, q_3)$，它们的乘积为

$$\boldsymbol{p} * \boldsymbol{q} = \begin{bmatrix} p_0 & -p_1 & -p_2 & -p_3 \\ p_1 & p_0 & -p_3 & p_2 \\ p_2 & p_3 & p_0 & -p_1 \\ p_3 & -p_2 & p_1 & p_0 \end{bmatrix} \begin{bmatrix} q_0 \\ q_1 \\ q_2 \\ q_3 \end{bmatrix}$$

读者不难验算得出 $\boldsymbol{p} * \boldsymbol{q} \neq \boldsymbol{q} * \boldsymbol{p}$，即四元数乘法是不可交换的(注：本书中用“*”特指四元数乘法)。

在表示旋转矩阵时，四元数的向量部分 (q_1, q_2, q_3) 与旋转轴 $\hat{n}$ 相关，而标量部分 q_0

则与旋转角相关[2]，其关系式如下：

$$\boldsymbol{q}=\begin{bmatrix}q_0\\q_1\\q_2\\q_3\end{bmatrix}=\begin{bmatrix}\cos\dfrac{\delta}{2}\\\cos\alpha\cdot\sin\dfrac{\delta}{2}\\\cos\beta\cdot\sin\dfrac{\delta}{2}\\\cos\gamma\cdot\sin\dfrac{\delta}{2}\end{bmatrix}=\begin{bmatrix}\cos\dfrac{\delta}{2}\\\hat{n}\cdot\sin\dfrac{\delta}{2}\end{bmatrix}$$

相反可得

$$\begin{cases}\delta=2\arccos q_0\\ \hat{\boldsymbol{n}}=\begin{bmatrix}\hat{n}_X\\\hat{n}_Y\\\hat{n}_Z\end{bmatrix}=\begin{bmatrix}\cos\alpha\\\cos\beta\\\cos\gamma\end{bmatrix}=\dfrac{1}{\sin\dfrac{\delta}{2}}\begin{bmatrix}q_1\\q_2\\q_3\end{bmatrix}\end{cases}$$

以上式子中，转轴 $\hat{n}$ 以方向余弦来表示，而 α、β、γ 为其方向余弦角，代入到旋转矩阵的转轴－转角表达式中，即可得到使用四元数表示的旋转矩阵

$$\boldsymbol{R}=\begin{bmatrix}q_0^2+q_1^2-q_2^2-q_3^2 & 2(q_1q_2-q_0q_3) & 2(q_0q_2+q_1q_3)\\2(q_1q_2+q_0q_3) & q_0^2-q_1^2+q_2^2-q_3^2 & 2(q_2q_3-q_0q_1)\\2(q_1q_3-q_0q_2) & 2(q_0q_1+q_2q_3) & q_0^2-q_1^2-q_2^2+q_3^2\end{bmatrix}$$

其中

$$\begin{aligned}\boldsymbol{R}_{(1,1)}&=\hat{n}_X^2V_\delta+C_\delta\\&=\hat{n}_X^2(1-\cos\delta)+\cos\delta\\&=\frac{q_1^2}{\sin^2\dfrac{\delta}{2}}\left[1-\left(1-2\sin^2\frac{\delta}{2}\right)\right]+\left(2\cos^2\frac{\delta}{2}-1\right)\\&=2q_1^2+2q_0^2-1\\&=q_0^2+q_1^2-q_2^2-q_3^2\end{aligned}$$

$$\begin{aligned}\boldsymbol{R}_{(2,1)}&=\hat{n}_X\hat{n}_YV_\delta+\hat{n}_ZS_\delta\\&=\hat{n}_X\hat{n}_Y(1-\cos\delta)+\hat{n}_Z\sin\delta\\&=\frac{q_1q_2}{\sin^2\dfrac{\delta}{2}}\left[1-\left(1-2\sin\frac{\delta}{2}\right)\right]+\frac{q_3}{\sin\dfrac{\delta}{2}}\left(2\sin\frac{\delta}{2}\cdot\cos\frac{\delta}{2}\right)\\&=2q_1q_2+2q_3\cos\frac{\delta}{2}\\&=2(q_1q_2+q_0q_3)\end{aligned}$$

其他项亦可同样计算得到。于是，欧拉角也可以直接通过四元数计算得到

$$\begin{cases}\phi = \text{atan } 2(\boldsymbol{R}_{(3,2)}, \boldsymbol{R}_{(3,3)}) \\ \quad = \text{atan } 2[2(q_0 q_1 + q_2 q_3), q_0^2 - q_1^2 - q_2^2 + q_3^2] \\ \theta = \arcsin(-\boldsymbol{R}_{(3,1)}) \\ \quad = \arcsin 2(q_0 q_1 - q_1 q_3) \\ \psi = \text{atan } 2(\boldsymbol{R}_{(2,1)}, \boldsymbol{R}_{(1,1)}) \\ \quad = \text{atan } 2[2(q_0 q_1 + q_1 q_3), q_0^2 + q_1^2 - q_2^2 - q_3^2]\end{cases}$$

11.2.3 四元数运动学方程

四元数运动学方程和欧拉角的运动方程类似。假设在时刻 t，F_b 相对于 F_W 的姿态表示为四元数 $\boldsymbol{q}(t)$，又假设此时 F_b 相对于 F_W 的绕轴 $\hat{s}$ 转动，角速度大小为 ω，则在很小的一个时间片段 Δt 内，四元数的增量 $\Delta\boldsymbol{q}$ 可以由下式近似表示

$$\Delta\boldsymbol{q} = \begin{bmatrix}\cos(\omega\Delta t/2) \\ \sin(\omega\Delta t/2)\cdot\hat{\boldsymbol{s}}^b\end{bmatrix} \approx \begin{bmatrix}1 \\ \hat{\boldsymbol{s}}^b\cdot\omega\Delta t/2\end{bmatrix}$$

上式中 $\hat{\boldsymbol{s}}^b$ 为转轴 $\hat{s}$ 在 F_b 中的表示。于是最终的四元数为

$$\boldsymbol{q}(t+\Delta t) = \Delta\boldsymbol{q} * \boldsymbol{q}(t)$$

注意：上式中的乘法为四元数乘法，所以

$$\begin{aligned}\frac{\mathrm{d}\boldsymbol{q}(t)}{\mathrm{d}t} &= \lim_{\Delta t\to 0}\frac{\boldsymbol{q}(t+\Delta t)-\boldsymbol{q}(t)}{\Delta t} \\ &= \lim_{\Delta t\to 0}\frac{\Delta\boldsymbol{q}*\boldsymbol{q}(t)-\boldsymbol{q}(t)}{\Delta t} = \lim_{\Delta t\to 0}\frac{(\Delta\boldsymbol{q}-I_q)*\boldsymbol{q}(t)}{\Delta t} \\ &= \lim_{\Delta t\to 0}\frac{\left(\begin{bmatrix}1 \\ \hat{\boldsymbol{s}}^b\cdot\omega\Delta t/2\end{bmatrix} - \begin{bmatrix}1\\0\\0\\0\end{bmatrix}\right)*\boldsymbol{q}(t)}{\Delta t} = \frac{1}{2}\boldsymbol{q}(t)*\begin{bmatrix}0 \\ \hat{\boldsymbol{s}}^b\cdot\omega\end{bmatrix}\end{aligned}$$

最后一个乘法为四元数与向量的乘法，它可以使用矩阵乘法代替，如下：

$$\dot{\boldsymbol{q}} = \frac{\mathrm{d}\boldsymbol{q}(t)}{\mathrm{d}t} = \frac{1}{2}\begin{bmatrix}0 & -(\boldsymbol{\omega}^b)^T \\ \boldsymbol{\omega}^b & \boldsymbol{\Omega}\end{bmatrix}\begin{bmatrix}q_0 \\ \boldsymbol{q}^r\end{bmatrix}$$

式中定义 $\boldsymbol{\omega}=\hat{\boldsymbol{s}}^b\cdot\omega$，$\boldsymbol{\Omega}=(\boldsymbol{\omega}^b)^\wedge$，$\boldsymbol{q}^r=[q_1,q_2,q_3]^T$，$\boldsymbol{\omega}^b$ 为 F_b 在 F_w 中的角速度。假设角速度为 $\boldsymbol{\omega}^b=[\omega_X,\omega_Y,\omega_Z]^T$，(注：R 为矩阵 R 中的一个元素)则上式可以写成如下的完整形式：

$$\begin{bmatrix}\dot{q}_0\\\dot{q}_1\\\dot{q}_2\\\dot{q}_3\end{bmatrix} = \begin{bmatrix}0 & -\omega_X & -\omega_Y & -\omega_Z \\ \omega_X & 0 & \omega_Z & -\omega_Y \\ \omega_Y & -\omega_Z & 0 & \omega_X \\ \omega_Z & \omega_Y & -\omega_X & 0\end{bmatrix}\begin{bmatrix}q_0\\q_1\\q_2\\q_3\end{bmatrix}$$

此即为四元数的运动学方程。

把上式简写为

$$\dot{\boldsymbol{q}}(t)=\frac{1}{2}\Theta(t)\cdot\boldsymbol{q}(t)$$

则可见 $\boldsymbol{q}(t)$ 的通解为

$$\boldsymbol{q}(t)=\exp\left(\frac{1}{2}\int_{t_0}^{t}\Theta(\tau)\mathrm{d}\tau\right)\boldsymbol{q}(t_0)$$

对该解离散化可得

$$\boldsymbol{q}(k\Delta t+\Delta t)=\exp\left(\frac{1}{2}\Theta(k)\Delta t\right)\boldsymbol{q}(k\Delta t)$$

或简写成

$$\boldsymbol{q}(k+1)=\exp\left(\frac{1}{2}\Theta(k)\Delta t\right)\boldsymbol{q}(k)$$

上式假设在一个 Δt 时间内，角速度为恒定值。定义如下：

$$\Delta\Theta(k)=\Theta(k)\Delta t=\begin{bmatrix}\omega_X(k)\Delta t\\ \omega_Y(k)\Delta t\\ \omega_Z(k)\Delta t\end{bmatrix}\cdot\begin{bmatrix}\Delta\omega_X(k)\\ \Delta\omega_Y(k)\\ \Delta\omega_Z(k)\end{bmatrix}$$

再对上式进行泰勒展开，可得

$$\begin{aligned}\boldsymbol{q}(k+1)&=\left\{I+\frac{(1/2)\Delta\Theta(k)}{1!}+\frac{[(1/2)\Delta\Theta(k)]^2}{2!}+\frac{[(1/2)\Delta\Theta(k)]^3}{3!}+\cdots\right\}\boldsymbol{q}(k)\\&=\left\{I+\frac{\Delta\Theta(k)}{2}+\frac{[(1/2)\Delta\Theta(k)]^2}{8}+\frac{[\Delta\Theta(k)]^3}{48}+\frac{[\Delta\Theta(k)]^4}{384}+\cdots\right\}\boldsymbol{q}(k)\end{aligned}$$

注意：

$$\begin{aligned}[\Delta\Theta(k)]^2&=\begin{bmatrix}0&-\Delta\omega_X&-\Delta\omega_Y&-\Delta\omega_Z\\ \Delta\omega_X&0&\Delta\omega_Z&-\Delta\omega_Y\\ \Delta\omega_Y&-\Delta\omega_Z&0&\Delta\omega_X\\ \Delta\omega_Z&\Delta\omega_Y&-\Delta\omega_X&0\end{bmatrix}\begin{bmatrix}0&-\Delta\omega_X&-\Delta\omega_Y&-\Delta\omega_Z\\ \Delta\omega_X&0&\Delta\omega_Z&-\Delta\omega_Y\\ \Delta\omega_Y&-\Delta\omega_Z&0&\Delta\omega_X\\ \Delta\omega_Z&\Delta\omega_Y&-\Delta\omega_X&0\end{bmatrix}\\&=-(\Delta\omega_X{}^2+\Delta\omega_Y{}^2+\Delta\omega_Z{}^2)\begin{bmatrix}1&0&0&0\\0&1&0&0\\0&0&1&0\\0&0&0&1\end{bmatrix}\end{aligned}$$

为简便起见，上式中省掉了“(k)”。

定义 $\Delta\omega=\sqrt{\Delta\omega_X{}^2+\Delta\omega_Y{}^2+\Delta\omega_Z{}^2}$，则 $[\Delta\Theta(k)]^2=-\Delta\omega^2 I_4$，而

$$\begin{cases}[\Delta\Theta(k)]^3=-\Delta\omega^2\begin{bmatrix}0&-\Delta\omega_X&-\Delta\omega_Y&-\Delta\omega_Z\\ \Delta\omega_X&0&\Delta\omega_Z&-\Delta\omega_Y\\ \Delta\omega_Y&-\Delta\omega_Z&0&\Delta\omega_X\\ \Delta\omega_Z&\Delta\omega_Y&-\Delta\omega_X&0\end{bmatrix}\\ [\Delta\Theta(k)]^4=\Delta\omega^4 I_4\end{cases}$$

其他高阶项亦可按此规律求得，于是可得

$$q(k+1)=\left[I+\frac{1}{2}\Delta\Theta(k)-\frac{\Delta\omega^2}{8}I-\frac{\Delta\omega^2}{48}\Delta\Theta(k)+\frac{\Delta\omega^4}{384}I+\cdots\right]q(k)$$

上式即为四元数微分方程(或运动学方程)的毕卡解法[3]，按照解算的精度不同可得

① 毕卡一阶解算

$$q(k+1)=\left[I+\frac{1}{2}\Delta\Theta(k)\right]q(k)$$

② 毕卡二阶解算

$$q(k+1)=\left(1-\frac{\Delta\omega^2}{8}\right)q(k)+\frac{1}{2}\Delta\Theta(k)q(k)$$

③ 毕卡三阶解算

$$q(k+1)=\left(1-\frac{\Delta\omega^2}{8}\right)q(k)+\left(\frac{1}{2}-\frac{\Delta\omega^2}{48}\right)\Delta\Theta(k)q(k)$$

④ 毕卡四阶解算

$$q(k+1)=\left(1-\frac{\Delta\omega^2}{8}+\frac{\Delta\omega^4}{384}\right)q(k)+\left(\frac{1}{2}-\frac{\Delta\omega^2}{48}\right)\Delta\Theta(k)q(k)$$

11.3 互补滤波算法

在给出姿态解读算法之前，此节给出互补滤波算法[4]的背景知识。

在多个传感器对同一个信号各有独立测量且不同噪声的情况下，互补滤波算法提供了一种高效的数据融合算法。比如两个测量值 $y_1=x+\mu_1$ 和 $y_2=x+\mu_2$，其中 μ_1 主要是高频噪声，而 μ_2 主要是低频干扰。选择一对互补的传递函数 $F_1(s)+F_2(s)=1$，其中 $F_1(s)$是低通滤波器而 $F_2(s)$是高通滤波器，则状态 x 的估计传递函数为

$$\hat{X}(s)=F_1(s)Y_1+F_2(s)Y_2=X(s)+F_1(s)\mu_1(s)+F_2(s)\mu_2(s)$$

信号 $X(s)$是全通过的，而噪声 $\mu_1(s)$和 $\mu_2(s)$分别只有低频部分和高频部分通过。这个滤波器也叫无损滤波器，因为 $X(s)$是没有受损的。互补滤波特别适用于融合一阶动态系统的低带宽的位置测量和高带宽的速率测量。考虑以下线性系统

$$\dot{x}=u$$

以及两个测量值

$$\begin{cases}y_x=L(s)x+\mu_x\\ y_u=u+\mu_u+b(t)\end{cases}$$

其中 $L(s)$是一个低通滤波变量，μ_x 和 μ_u 分别为位置测量和速率测量的噪声，而 $b(t)$是一个低频的确定值。通常情况下 $L(s)\approx 1$，对速率测量值进行积分 u/s，即可得到位置值。选择

$$F_1(s)=\frac{C(s)}{C(s)+s}$$

$$F_2(s) = 1 - F_1(s) = \frac{s}{C(s) + s}$$

于是可得

$$\begin{aligned}\hat{X}(s) &= F_1(s)[L(s)X(s) + \mu_x(s)] + F_2(s)\,\frac{u(s) + \mu_u(s) + b(s)}{s} \\ &= \left[F_1(s)L(s)X(s) + F_2(s)\,\frac{u(s)}{s}\right] + F_1(s)\mu_x(s) + \frac{\mu_u(s) + b(s)}{C(s) + s} \\ &= x(s) + F_1(s)u_x(s) + \frac{U_u(s) + b(s)}{c(s) + s}\end{aligned}$$

上式中，由于 $L(s) \approx 1$ 和 $sX(s) = u(s)$，则

$$F_1(s)L(s)X(s) + F_2(s)\,\frac{u(s)}{s} \approx F_1(s)X(s) + F_2(s)X(s) = X(s)$$

可以看出，尽管 $F_2(s)$ 是高通滤波变量，噪声 $\mu_u(s) + b(s)$ 仍然是低通的。上式中的状态观测器如图 11－1 所示。

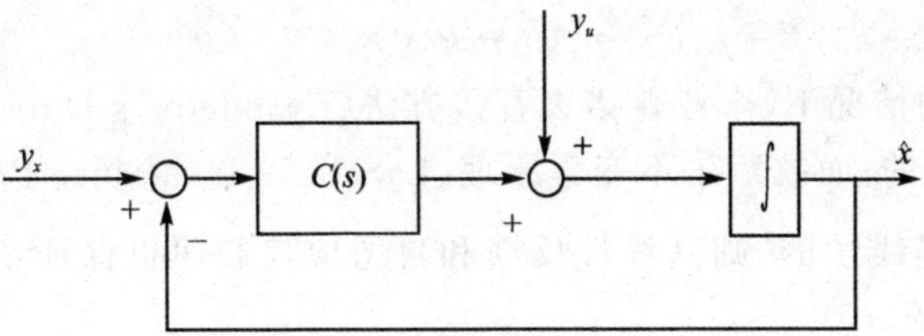

图 11－1　互补滤波器框图

状态 $\hat{X}(s)$ 又可写作

$$\begin{aligned}\hat{X}(s) &= \frac{C(s)}{C(s) + s}Y_x(s) + \frac{s}{C(s) + s}\,\frac{Y_u(s)}{s} \\ &= T(s)Y_x(s) + S(s)\,\frac{Y_u(s)}{s}\end{aligned}$$

这个滤波结构非常容易实现，同时也方便采用经典控制方法设计 $C(s)$。最简单的设计即为线性反馈 $C(s) = k_P$，于是滤波器的动态反馈即为

$$\dot{\hat{x}} = y_u + k_P(y_x - \hat{x})$$

对应的两个滤波器即为 $F_1(s) = \frac{k_P}{s + k_P}$ 和 $F_2(s) = \frac{s}{s + k_P}$，系统分频点为 k_P(rad/s)。k_P 的选择取决于两个测量值之间的最佳分频点。另外，若速率测量值中的偏移量 $b(t) = b_0$ 为一个常数值，则其会被积分至最终状态观测值，因此在 $C(s)$ 中添加积分器是理所当然的

$$C(s) = k_P + \frac{k_I}{s}$$

于是，可得如下的状态滤波器条件：

$$\dot{\hat{x}} = y_u - \hat{b} + k_P(y_x - \hat{x})$$

$$\dot{\hat{b}} = -k_I(y_x - \hat{x})$$

积分器的引入,可以使 $\hat{b}$ 抵消掉 y_u 中的偏差成分。下面我们用李亚普诺夫定理来判断系统是否稳定,考虑李亚普诺夫函数

$$\gamma = \frac{1}{2}(x-\hat{x})^2 + \frac{1}{2k_I}(b_0 - \hat{b})^2$$

并设 $\tilde{x} = x - \hat{x}$ 以及 $\tilde{b} = b_0 - \hat{b}$,则

$$\begin{aligned}
\frac{d\gamma}{dt} &= (x-\dot{\hat{x}})(\dot{\hat{x}}) + \frac{1}{k_I}(b_0 - \hat{b})(-\dot{\hat{b}}) \\
&= \tilde{x}\{u - [y_u - \hat{b} + k_P(y-\hat{x})]\} + \frac{1}{k_I}\tilde{b}[k_I(y_x - \hat{x})] \\
&= \hat{x}[-\mu_u - b_0 + \hat{b} - k_P(x + \mu_x - \hat{x})] + \tilde{b}(x + \mu_x - \hat{x}) \\
&= \tilde{x}[-\mu_u - \tilde{b} - k_P(\tilde{x} + \mu_x)] + \tilde{b}(\tilde{x} + \mu_x) \\
&= -k_P\tilde{x}^2 - \mu_u\tilde{x} + \mu_x(\tilde{b} - k_P\tilde{x})
\end{aligned}$$

在没有噪声的情况下,李亚普诺夫直接方法(Lyapunov's Direct Method)即可判定系统状态是收敛的,而拉萨尔不变集原理(LaSalle's Invariance Principle)也可判定 $\hat{b} \to b_0$。如果系统是线性的,则其线性反馈和自适应控制律也保证了反馈系统是线性的,且指数是稳定的。

11.4 基于四元数的姿态解算互补滤波算法

有了前面章节的理论基础,本节我们给出一个具体实例来讲解姿态解算算法。在一个 IMU 系统中,一般集成有加速度计芯片、陀螺仪芯片、磁传感器(罗盘)芯片;而目前最常见的飞控制系统中只有一个传感器芯片,即这个芯片集成了加速度计、陀螺仪以及磁传感器。读取这些传感器的数据不是本节的重点,这里我们只关心如何把这些数据解算成飞行器的姿态,并用四元数和欧拉角分别表示出来。

以下是姿态解算的主要程序:

```
//=================================================================
//描述:
//必须定义 'halfT' 为周期的一半,以及滤波器的参数 kP 和 kI
//四元数 'q0', 'q1', 'q2', 'q3' 定义为全局变量
//需要在每一个采样周期调用 'IMUupdate()' 函数
//陀螺仪数据单位是弧度/秒,加速度计的单位无关重要,因为会被规范化
//=================================================================
# include <math.h>
#definek        P1.6f       //比例常数
#definekI       0.001f      //积分常数
#define halfT   0.0005f     //半周期
#define T       0.001f      //周期为 1 ms
//=================================================================
```

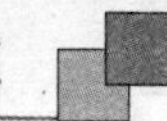

```
//变量定义
float q0 = 1, q1 = 0, q2 = 0, q3 = 0;// 四元数,定义为全局变量
float exInt = 0, eyInt = 0, ezInt = 0;// 误差积分累计值
//==============================================================
//函数原型:void IMUupdate(float gx, float gy, float gz, float ax, float ay, float az)
//功能:互补滤波进行姿态解算
//输入:陀螺仪数据及加速度计数据
//==============================================================
void IMUupdate(float gx, float gy, float gz, float ax, float ay, float az)
{
        float norm;
        float vx, vy, vz;
        float ex, ey, ez;
        //把加速度计的三维向量转成单位向量
        norm = 1.0f/sqrt(ax * ax + ay * ay + az * az);
        ax = ax * norm;
        ay = ay * norm;
        az = az * norm;

        //估计重力加速度方向在飞行器坐标系中的表示,为四元数表示的旋转矩阵的第三行
        vx = 2 * (q1 * q3 - q0 * q2);
        vy = 2 * (q0 * q1 + q2 * q3);
        vz = q0 * q0 - q1 * q1 - q2 * q2 + q3 * q3;

        //加速度计读取的方向与重力加速度方向的差值,用向量叉乘计算
        ex = ay * vz - az * vy;
        ey = az * vx - ax * vz;
        ez = ax * vy - ay * vx;

        //误差累积,已与积分常数相乘
        exInt = exInt + ex * kI;
        eyInt = eyInt + ey * kI;
        ezInt = ezInt + ez * kI;

        //用叉积误差来做PI修正陀螺零偏,即抵消陀螺读数中的偏移量
        gx = gx + kP * ex + exInt;
        gy = gy + kP * ey + eyInt;
        gz = gz + kP * ez + ezInt;

        //四元数积分,求得当前的姿态
        float q0_last = q0;
        float q1_last = q1;
        float q2_last = q2;
        float q3_last = q3;

        //一阶近似算法,即为四元数运动学方程的离散化形式和积分
        q0 = q0_last + (-q1_last * gx - q2_last * gy - q3_last * gz) * halfT;
        q1 = q1_last + ( q0_last * gx + q2_last * gz - q3_last * gy) * halfT;
        q2 = q2_last + ( q0_last * gy - q1_last * gz + q3_last * gx) * halfT;
        q3 = q3_last + ( q0_last * gz + q1_last * gy - q2_last * gx) * halfT;
```

```
        //二阶近似算法
        //      float delta2 = (gx * gx + gy * gy + gz * gz) * T * T;
        //      q0 = q0_last * (1 - delta2/8) + ( - q1_last * gx - q2_last * gy - q3_last
        //       * gz) * halfT;
        //      q1 = q1_last * (1 - delta2/8) + ( q0_last * gx + q2_last * gz - q3_last
        //       * gy) * halfT;
        //      q2 = q2_last * (1 - delta2/8) + ( q0_last * gy - q1_last * gz + q3_last
        //       * gx) * halfT;
        //      q3 = q3_last * (1 - delta2/8) + ( q0_last * gz + q1_last * gy - q2_last
        //       * gx) * halfT;

        //三阶近似算法
        //      float delta2 = (gx * gx + gy * gy + gz * gz) * T * T;
        //      q0 = q0_last * (1 - delta2/8) + ( - q1_last * gx - q2_last * gy - q3_last
        //       * gz) * T * (0.5 - delta2/48);
        //      q1 = q1_last * (1 - delta2/8) + ( q0_last * gx + q2_last * gz - q3_last
        //       * gy) * T * (0.5 - delta2/48);
        //      q2 = q2_last * (1 - delta2/8) + ( q0_last * gy - q1_last * gz + q3_last
        //       * gx) * T * (0.5 - delta2/48);
        //      q3 = q3_last * (1 - delta2/8) + ( q0_last * gz + q1_last * gy - q2_last
        //       * gx) * T * (0.5 - delta2/48);

        //四阶近似算法
        //        float delta2 = (gx * gx + gy * gy + gz * gz) * T * T;
        //        q0 = q0_last * (1 - delta2/8 + delta2 * delta2/384) +
        //        ( - q1_last * gx - q2_last * gy - q3_last * gz) * T * (0.5 - delta2/48);
        //        q1 = q1_last * (1 - delta2/8 + delta2 * delta2/384) +
        //        (q0_last * gx + q2_last * gz - q3_last * gy) * T * (0.5 - delta2/48);
        //        q2 = q2_last * (1 - delta2/8 + delta2 * delta2/384) +
        //        (q0_last * gy - q1_last * gz + q3_last * gx) * T * (0.5 - delta2/48);
        //        q3 = q3_last * (1 - delta2/8 + delta2 * delta2/384) +
        //        (q0_last * gz + q1_last * gy - q2_last * gx) * T * (0.5 - delta2/48);

//四元数规范化
        norm = 1/sqrt(q0 * q0 + q1 * q1 + q2 * q2 + q3 * q3);
        q0 = q0 * norm;
        q1 = q1 * norm;
        q2 = q2 * norm;
        q3 = q3 * norm;
}

//==================================================
//函数原型:void Get_Euler_Angle(struct EulerAngle * angle)
//功能:四元数转欧拉角
//注意:若采用不同的欧拉角顺序,则代码会不一样
//==================================================
void Get_Euler_Angle(struct EulerAngle * angle)
{
  angle->roll  =  atan2(2.0f * (q0 * q1 + q2 * q3),q0^2 - q1^2 - q2^2 + q3^2) * 180/pi;
  angle->pitch = asin(2.0f * (q0 * q2 - q1 * q3)) * 180/pi;
  angle->yaw = atan2(2 * (q0 * q1 + q2 * q3),q0^2 + q1^2 - q2^2 - q3^2) * 180/pi;
```

}

该姿态解算代码采用了互补滤波算法，对应的观测值为低频的加速度计数值和高频的陀螺仪数值。同时，加速度数值即为重力加速度的直接观测量加上一定的误差；而陀螺仪数值即为重力加速度的微分加上一定的误差，另外还有陀螺仪偏移量。这个偏移量通常来自不稳定的温度，在短时间内变化不大，可以看作是常量。因此，系统与 10.3 节互补滤波算法的例子是一致的。$C(s)$ 是一个比例积分环节，选择 $K_P = 1.6$，$K_I = 0.001$，陀螺仪的偏移量 $\hat{b}$ 即为 K_I 与误差的乘积。最后，四元数的解算采用了一阶毕卡算法，同时上述代码还提供了二阶、三阶以及四阶的毕卡算法。最后一个函数是从四元数计算得到欧拉角。值得注意的是，不同的欧拉角。顺序所对应的程序是不一样的。

第12章 PID算法在多旋翼飞行器上的应用

12.1 PID算法介绍

PID控制器是一个在工业控制应用中常见的反馈回路部件。这个控制器把收集到的数据和一个参考值进行比较，然后把这个差别用于计算新的输入值，这个新的输入值的目的是让系统的数据达到或者保持在设定的参考值。PID控制器可以根据历史数据和差别的出现率来调整输入值，使系统更加准确且稳定。

PID控制器的比例单元P、积分单元I和微分单元D分别对应目前误差、过去累计误差及未来误差。若是不知道受控系统的特性，一般认为PID控制器是最适用的控制器。借由调整PID控制器的3个参数可以调整控制系统，设法满足设计需求。控制器的响应可以用控制器对误差的反应速度、控制器过冲的程度及系统振荡的程度来表示。不过使用PID控制器不一定能保证可达到系统的最佳控制，也不能保证系统稳定性。典型的单级PID控制器如图12-1所示。

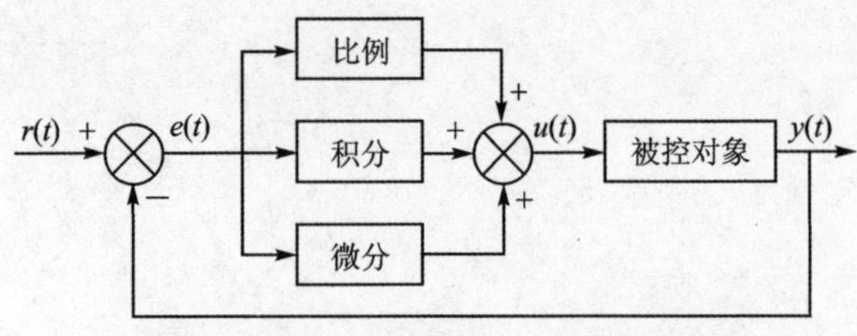

图12-1　典型的单级PID控制器结构框图

有些应用只需要PID控制器的部分单元，将不需要单元的参数设为零即可。因此PID控制器可以变成PI控制器、PD控制器、P控制器或I控制器。其中又以PI控制器比较常用，因为D控制器对系统噪声十分敏感，若没有I控制器的话，则系统一般不会回到参考值，而存在一个稳定的误差量。

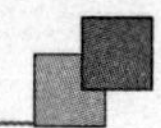

12.1.1　反馈的基本概念

PID 回路是要自动实现类似一位操作人员用量具和控制旋钮进行的工作。这个操作人员会用量具测系统输出的结果，然后用控制旋钮来调整这个系统的输入，直到系统的输出在量具上显示稳定的需求结果。在旧的控制文档里，这个过程叫做“复位”，量具被称为“测量”，需要的结果被称为“设定值”，而设定值和测量之间的差别被称为“误差”。

一个控制回路包括以下 3 部分：

① 系统的传感器得到的测量结果。

② 控制器做出决定。

③ 通过一个输出设备来做出反应。

控制器从传感器得到测量结果，然后用需求结果减去测量结果来得到误差。然后用误差计算出一个对系统的纠正值作为输入结果，这样系统就可以从它的输出结果中消除误差。

在一个 PID 回路中，这个纠正值有 3 种算法：消除目前的误差，平均过去的误差，透过误差的改变来预测将来的误差。

比如说，假如利用水箱为植物提供水，水箱的水需要保持在一定的高度。可以用传感器来检查水箱里水的高度，这样就得到了测量结果。控制器会有一个固定的用户输入值来表示水箱需要的水面高度，假设这个值是保持 65% 的水量。控制器的输出设备会连在由发动机控制的水阀门上。打开阀门就会给水箱注水，关上阀门就会让水箱里的水量下降。这个阀门的控制信号就是控制变量。

PID 控制器可以用来控制任何可被测量及可被控制变量。比如，它可以用来控制温度、压强、流量、化学成分、速度等。汽车上的巡航定速功能就是一个例子。

一些控制系统把数个 PID 控制器串联起来，或是联成网络。这样的话，一个主控制器可能会为其他控制输出结果。一个常见的例子是发动机的控制。控制系统会需要发动机有一个受控的速度，最后停在一个确定的位置。可由一个发动机子控制器用来管理速度，但是这个子控制器的速度是由控制发动机位置的主控制器来管理的。

联合和串级控制在化学过程控制系统中也相当常见。

12.1.2　历史及应用

PID 控制理论是由观察舵手(helmsmen)的动作而来，如图 12-2 所示。

PID 控制器可以追溯到 1890 年时期的调速器(governor device)设计。PID 控制器是在船舶自动操作系统中渐渐发展而来的。1911 年 Elmer Sperry 开发的控制器是最早期的 PID 型控制器，而第一个发表 PID 控制器理论分析论文的是俄裔美国工程师尼古拉斯·米诺尔斯基(Nicolas Minorsky)。米诺尔斯基当时在设计美国海军的自动操作系统，他的设计是基于对舵手的观察，控制船舶不只是依目前的误差，也考虑过去的误差以及误差的变化趋势，后来米诺尔斯基也用数学的方式加以推导。他的目的在于

图 12-2　PID 控制理论原型——舵手航行

稳定性，而不是泛用的控制，因此大大简化了问题。比例控制可以在小的扰动下有稳定性，但无法消除稳态误差，因此加入了积分项。后来又加入了微分项。

当时在新墨西哥号战舰上进行测试，利用控制器控制舵的角速度，利用 PI 控制器可以将角度误差维持在 $\pm 2°$ 以内，若加上 D 控制，角度误差维持在 $\pm(1/6)°$，比最好的舵手还要好。

不过因为海军人员的抗拒，那时候的海军并没有采用这套系统。在 1930 年前后也有其他人做了类似的研究。

在自动控制发展的早期，用机械设备来实现 PID 控制，比如杠杆、弹簧、阻尼及质量组成，而且多半会用压缩气体驱动。气动控制器曾一度是工业上的标准。

电子的比较器可以用晶体管、真空管、电容器及电阻器组成。许多复杂的电子系统中常会包括 PID 控制，例如磁盘的读/写头定位、电源供应器的电源条件甚至是现代地震仪的运动侦测线路。现代电子控制器已大幅被这些利用单芯片或 FPGA 来实现的数字控制器所取代。

现代工业使用的 PID 控制器多半会用 PLC 或有安装面板的数字控制器来实现。软件实现的好处是价格相对低廉，配合 PID 实现方式调整的灵敏度很大。在工业锅炉、塑胶射出机械、烫金机及包装行业中都会用到 PID 控制。

12.1.3　公式定义

PID 是以它的 3 种纠正方式而命名的。受控变数是 3 种控制量（比例、积分、微分）相加后的结果，即为其输出，其输入为误差值（设定值减去测量值后的结果）或是由误差值衍生的信号。若定义 $u(t)$ 为控制输出，PID 算法可以用下式表示：

$$u(t) = \mathrm{MV}(t) = K_{\mathrm{P}}e(t) + K_{\mathrm{I}}\int_0^t e(\tau)\mathrm{d}\tau + K_{\mathrm{D}}\frac{\mathrm{d}}{\mathrm{d}t}e(t)$$

式中：

K_{P}：比例增益；

K_I:积分增益;

K_D:微分增益;

e:误差=设定值(SP)- 反馈值(PV);

t:目前时间;

τ:积分变量,数值从 0 到目前时间 t。

用更专业的话来讲,PID 控制器可以视为是频域系统的滤波器。当计算控制器最终是否会达到稳定结果时,此性质很有用。如果数值挑选不当,控制系统的输入值就会反复振荡,这导致系统可能永远无法达到预设值。

PID 控制器的一般传递传递函数为

$$H(s) = \frac{K_D s^2 + K_P s + K_I}{s + C}$$

式中 C 是一个取决于系统带宽的常数。

1. 比例控制器功能

不同比例增益 K_p 下,受控变量的阶跃响应(K_I 和 K_d 维持定值)如图 12-3 所示。

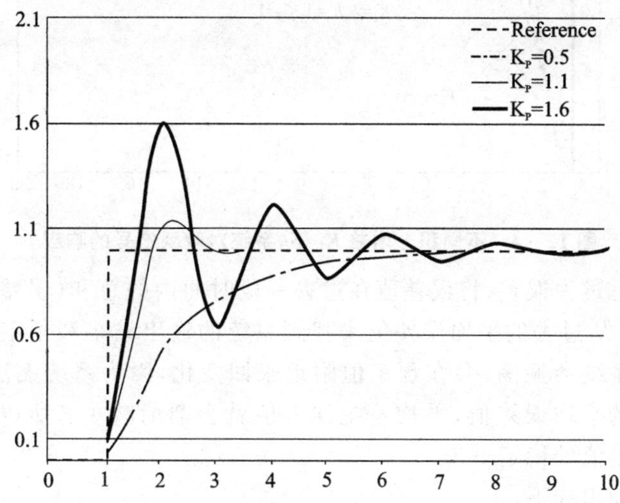

图 12-3 不同比例增益 K_p 下,系统对阶跃信号的响应

比例控制考虑当前误差,误差值和一个正值的常数 K_p(表示比例)相乘。K_p 只是在控制器的输出和系统的误差成比例的时候成立。比如说,一个电热器的控制器的比例尺范围是 10 ~20 ℃,它的预定值是 20 ℃。那么它在 10 ℃的时候会输出 100%,在 15 ℃的时候会输出 50%,在 19℃ 的时候输出 10%。注意:在误差是 0 的时候,控制器的输出也是 0。

比例控制的输出如下:

$$P_{out} = K_p e(t)$$

若比例增益大,在相同误差量下会有较大的输出,但若比例增益太大,则会使系统不稳定。相反的,若比例增益小,则在相同误差量下,其输出较小,因此控制器会响应较慢。这会导致当有干扰出现时，其控制信号可能不够大，而无法修正干扰的影响。

比例控制在误差为 0 时，其输出也会为 0。若要让受控输出为非零的数值，就需要有一个稳态误差或偏移量。稳态误差和比例增益成正比，和受控系统本身的增益成反比。若加入一个偏置，或是加入积分控制，可以消除稳态误差。

2. 积分控制器

不同积分增益 K_I 下，受控变量对时间的变化（K_P 和 K_D 维持定值）如图 12-4 所示。

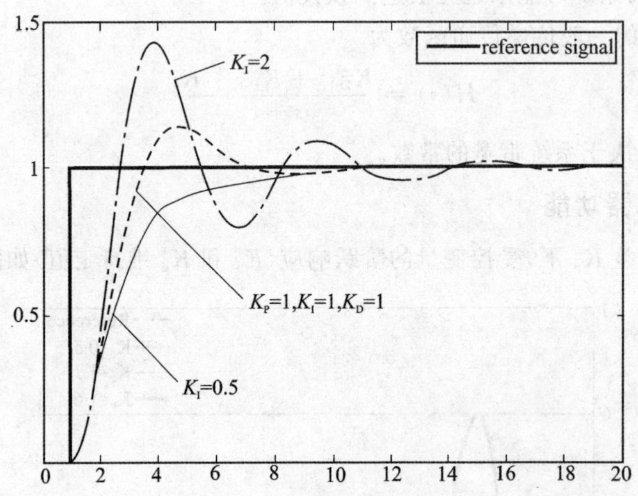

图 12-4　不同积分增益 K_I 下，系统对阶跃信号的响应

积分控制考虑过去误差，将误差值在过去一段时间内的总和（误差和）乘以一个正值的常数 K_I。K_I 从过去的平均误差值来找到系统的输出结果和预定值的平均误差。一个简单的比例系统会振荡，会在预定值附近来回变化，因为系统无法消除多余的纠正。通过加上负的平均误差值，平均系统误差值就会渐渐减小。所以，最终这个 PID 回路系统会在设定值处稳定下来。

积分控制的输出如下：

$$I_{out} = K_I \int_0^t e(\tau) d\tau$$

积分控制会加速系统趋近设定值的过程，并且消除纯比例控制器出现的稳态误差。积分增益越大，趋近设定值的速度越快，不过因为积分控制会累计过去所有的误差，可能会使反馈值出现过冲的情形。

3. 微分控制器

不同微分增益 K_D 下，受控变量对时间的变化（K_P 和 K_I 维持定值）如图 12-5 所示。

微分控制考虑将来误差，计算误差的变化率，并和一个正值的常数 K_D 相乘。这个变化率的控制会对系统的改变作出反应。导数的结果越大，那么控制系统就越能对输出结果做出更快速的反应。这个 K_D 参数也是 PID 被称为可预测的控制器的原因。

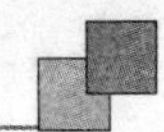

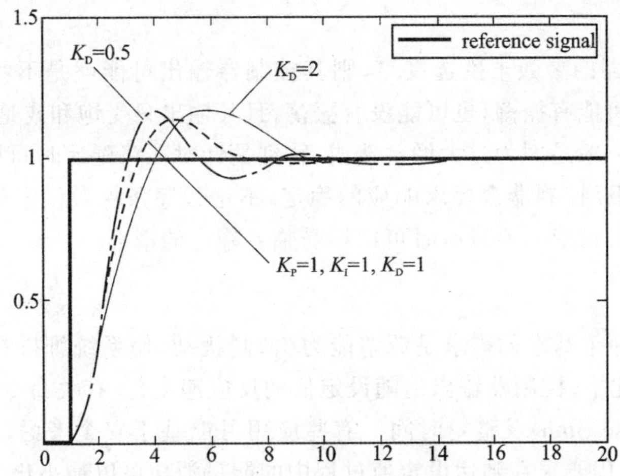

图 12-5　不同微分增益 K_D 下，系统对阶跃信号的响应

K_D 参数有助于减少控制器短期的改变。实际中一些速度缓慢的系统可以不需要 K_D 参数。

微分控制的输出为

$$D_{out} = K_D \frac{d}{dt}e(t)$$

微分控制可以提升整定时间及系统稳定性。不过因为纯微分器不是因果系统，因此在 PID 系统实现时，一般会为微分控制加上一个低通滤波器以限制高频增益和噪声。实际应用上较少用到微分控制，估计 PID 控制器中只有约 20%用到了微分控制。

12.2　飞行器 PID 参数调试

PID 的参数调试是指透过调整控制参数（比例增益、积分增益/时间、微分增益/时间）让系统达到最佳的控制效果。稳定性（不会有发散性的震荡）是首要条件。此外，不同系统有不同的行为，不同的应用其需求也不同，而且这些需求还可能会互相冲突。

PID 只有 3 个参数，在原理上容易说明，但 PID 参数调试是一项困难的工作，因为要符合一些特别的判据，而且 PID 控制有其限制存在。历史上有许多不同的 PID 参数调试方式，包括齐格勒-尼科尔斯方法等，其中也有一些已申请专利。

PID 控制器的设计及调试在概念上很直接，但若有多个（且互相冲突）的目标（例如高稳定性及快速的暂态时间）都要达到的话，在实际上很难完成。PID 控制器的参数若仔细调试会有很好的效果，相反的，若调适不当则效果会很差。一般初始设计常需要不断地进行环路模型仿真，并且修改参数，直到达到理想的性能或是可接受的偏差为止。

有些系统有非线性的特性，若在无负载条件下调试的参数可能无法在满负载的情况下正常工作。对这样的系统可以利用增益规划的方式进行修正（在不同的条件下选用不同的数值）。

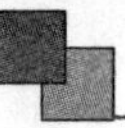

1. 稳定性

若 PID 控制器的参数未挑选妥当，则其控制器输出可能就是不稳定的，也就是其输出发散过程中可能有振荡，也可能没有振荡，且其输出只受饱和或是机械损坏等原因所限制。不稳定一般是因为过大增益造成，特别是针对环路延迟时间很长的系统。

一般而言，PID 控制器会要求响应的稳定，不论程序条件及设定值如何组合，都不能出现大幅振荡的情形。不过有时可以接受临界稳定的情形。

2. 最佳性能

PID 控制器两个基本的需求是调整能力(抑制扰动，使系统维持在设定值)及命令追随 (设定值变化下，控制器输出追随设定值的反应速度)。有关命令追随的一些判据包括上升时间(rise time)及整定时间。有些应用可能基于安全考虑，不允许输出超过设定值，也有些应用要求在到达设定值过程中的能量消耗可以最小化。

12.2.1 各方法的简介

有许多种调试 PID 控制器参数的方法，最有效的方式多半是建立某种流程，再依不同参数下的动态特性来调试参数。相对而言人工调试效率较低，若是系统的响应时间到数分钟以上，更可以看出人工调试效率的不佳。

调试方法的选择和是否可以暂时将控制回路“离线”有关，也和系统的响应时间有关。离线调试是指一个和实际使用有些不同的条件(例如不加负载)下进行的调试。在线调试是实际应用的条件，控制器的输出须考虑实际的系统。若控制回路可以离线，最好的调试方法是对系统给一个阶跃输入，测量其输出对时间的关系，再用其响应来决定参数。不同调试方法的比较如表 12－1 所列。

表 12－1 不同调试方式的比较

方 法	优 点	缺 点
人工调试	不需要数学，可以在线调试	需要有丰富的调试经验
齐格勒－尼科尔斯方法	被证实有效的方法，可以在线调试	会影响制程，需要试误，得到的参数可能使响应太快
软件工具	调试的一致性，可以在线调试或离线调试，可以配合计算机自动设计，包括阈及感测器的分析，可以在下载前进行模拟，可以支援非稳态(NSS)的调试	需要成本或是训练
Cohen－Coon	好的程序模型	需要数学基础，须离线调试，只对一阶系统有良好效果

1. 人工调整

若需在系统仍有负载的情形下进行调试(在线调试)，有一种做法是先将 K_I 及 K_D 设为 0，增加 K_P 一直到回路输出振荡为止，之后再将 K_P 设定为“1/4 振幅衰减”(使系

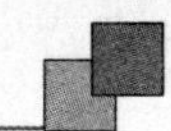

统第二次过冲量是第一次的1/4)增益的一半,然后增加 K_I 直到一定时间后的稳态误差可被修正为止。不过 K_I 可能会造成不稳定,最后若有需要可以增加 K_D,并确认在负载变动后回路可以及时回到其设定值,不过 K_D 太大会造成响应太快及过冲。一般而言快速反应的PID应该会有轻微的过冲,只是有些系统不允许过冲。因此需要将反馈系统调整为过阻尼系统,而 K_P 比造成振荡 K_P 的一半还要小很多。调整PID参数对系统的影响如表12-2所列。

表12-2 调整PID参数对系统的影响

调整方式	(on)上升时间	超调量	调节时间	稳态误差	稳定性
↑K_P	减少↓	增加↑	小幅增加↗	减少↓	变差↓
↑K_I	小幅减少↘	增加↑	增加↑	大幅减少↓↓	变差↓
↑K_D	小幅减少↘	减少↓	减少↓	变动不大→	变好↑

2. 齐格勒-尼科尔斯方法

齐格勒-尼科尔斯方法是另一种启发式的调试方式,由John G. Ziegler和Nathaniel B. Nichols在1940年代导出,一开始也是将 K_I 及 K_D 设定为0,增加比例增益直到系统开始振荡为止,当时的增益称为 K_u,而振荡周期为 P_u,即可用表12-3所列的方式计算增益。

表12-3 齐格勒-尼科尔斯方法

控制器种类	K_P	K_I	K_D
P	$0.50\ K_u$	—	—
PI	$0.45\ K_u$	$1.2\ K_P/P_u$	—
PID	$0.60\ K_u$	$2\ K_P/P_u$	$K_P/P_u/8$

12.2.2 PID调试软件

大部分现代的工业设备不再用上述人工计算的方式调试,而是用PID调试及最佳化软件来达到一致的效果。通过软件可以收集资料,建立模型,并提供最佳的调试结果,有些软件甚至可以用参考命令的变化来进行调试。

数学的PID调试会将脉冲加入系统,再用受控系统的频率响应来设计PID的参数。若是响应时间要数分钟的系统,建议用数学PID调试,因为用试误法可能要花上几天才能找到让系统稳定的参数。最佳解不太容易找到,有些数字的环路控制器有自我调试的程序,可利用微小的参考值来确认最佳的调试值。

也有其他调试的公式,是依不同的性能判据所产生的。许多有专利的公式已嵌入在PID调试软件及硬件模块中。

一些先进的PID调试软件也可以由算法在动态的情形下调整PID回路,这类软件会先将程序建模，给扰动量，再根据响应计算参数。

12.2.3 PID 控制的限制

PID 控制可以应用在许多控制问题上，多半在大略调整参数后就有不错的效果，不过有些应用下反而可能会有更差的效果，而且一般无法提供最佳控制。PID 控制的主要问题在于其为负反馈控制，系数为定值，不知道受控系统的信息，因此其整体性能常常是妥协的结果。在没有受控系统模型的条件下，PID 控制是最佳的控制器，若配合系统模型则可以有进一步的提升。

PID 控制器最显著的提升是配合前馈控制(feed forward control)，加入有关系统的信息，只用 PID 控制器来控制误差。另外，PID 控制器也有一些小幅的改善方式，例如调整参数(增益规划或是依性能进行适应性的调整)、提升性能(提高取样率、精度及准度，若有需要加入低波滤波器)，或是用多个串接的 PID 控制器。

1. 线 性

PID 控制器常见的问题是其线性且对称的特性，若应用在一些非线性的系统，其效果可能会有变化。以暖通空调中常见的温度控制为例，可能是采用主动加热(用加热器加热)，但冷却是使用被动冷却(不加热，自然冷却)，其冷却速度比加热速度慢很多，输出若有过冲则下降速度很慢，因此 PID 控制需调整为不会过冲的过阻尼，以减少或避免过冲，但这也延长了整定时间，使性能变差。

2. 噪声对微分器的影响

微分器的问题在于它对测量或程序产生的高频噪声会有放大效果，因此会对输出造成大幅的变动。因此真实的控制器不会有理想的微分器，只有一个有限带宽的微分器。一般为了移除高频的噪声，会在测量时加入低通滤波器，若低通滤波器和微分器对消，滤波效果也就受限了，因此低噪声的测量设备相当于中值滤波器。实际应用上可以使用中值滤波器，调整滤波效率及实际上的性能。有时可以将微分器关闭，对控制性能的影响不大，此时称为 PI 控制器。

12.2.4 PID 算法的修改

基本的 PID 算法在一些控制应用的条件下有些不足，需要进行小幅的修改。

1. 积分饱和

积分饱和是理想 PID 算法实现时常见的问题。若设定值有大的变动，其积分量会有大幅的变化，大到输出值被上下限限制而饱和，因此系统会有过冲，而且即使误差量符号改变，积分量变小，但输出值仍被上下限限制，维持在上限(或下限)，因此输出看似没有变化，系统仍会持续地过冲，一直到输出值落在上下限的范围内，系统的反馈值才会开始下降。此问题可以用以下方式处理：

① 在控制变量离开可控制范围时，暂停积分。

② 让积分值限制在一个较小的上下限范围内。

③ 重新计算积分项，使控制器输出维持在上下限之间的范围内。

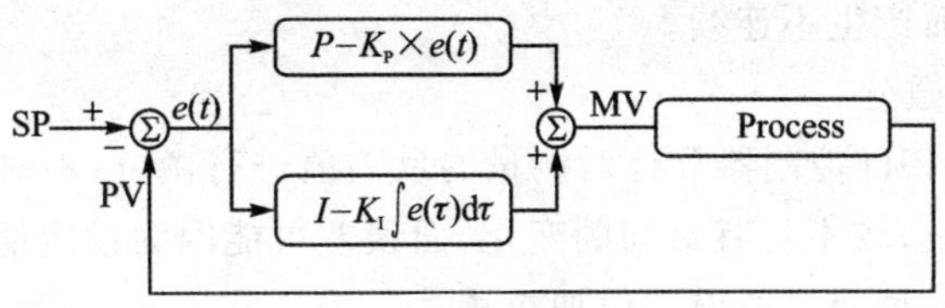

图 12-6 PI 控制器结构框图

2. PI 控制器

PI 控制器(比例-积分控制器)是不用微分单元的 PID 控制器，如图 12-6 所示。

控制器的输出为

$$K_P\Delta + K_I\int\Delta dt$$

其中 Δ 为设定值 SP 和测量值 PV 的误差：

$$\Delta = SP - PV$$

PI 控制器可以用 Simulink 之类的软件进行建模，方式是使用流程图(flow chart)。其传递函数为

$$C = \frac{G(1+\tau s)}{\tau s}$$

其中：

$G=K_P=$比例增益；

$G/\tau=K_P$ 积分增益。

G 值的选择须在减少过冲以及增加稳定时间之间取舍。

微分单元对输入中的高频信号格外敏感，PI 控制器因为没有微分单元，在信号噪声大时，在稳态时会更加稳定。但对状态快速变化的反应较慢，因此相比于调适到最佳值的 PID 控制器，PI 控制器会较慢地到达设定值，受干扰后也较慢地恢复到正常值。

3. 死　区

许多 PID 回路是控制机械元件(例如阀门)。机械保养的费用相当可观，磨损会使得机械在有输入信号时出现静摩擦或死区的情况，这会导致控制性能的下降。机械损耗的速度主要和设备多常改变其状态有关。若磨损是主要原因的话，PID 回路可能会有有输出死区以减少输出状态的改变。若变化小，仍在不动作区内，则让控制器的输出维持上一次的值。变化要大到超过死区，实际的状态才会随之变化。

4. 设定值的阶跃变化

若系统的设定值有阶跃变化，比例单元和微分单元也会有对应的变化，特别是微分单元对于阶跃变化的输出响应特别大，因此有些 PID 算法会配合以下的修改来处理设定值的变化。

① 设定值变化斜率

此修改方式下，设定值会用线性或是一阶滤波的方式，由原始值变到新的值，避免因为变化斜率过大而产生不连续。

② 只对反馈值微分

此修改方式下，PID 控制器只针对测量的反馈值进行微分，不对误差微分。程序反馈值是实际的物理量，较不易有瞬间的变化，而误差可能因为设定值的阶跃变化而产生瞬间变化。这也是一种简单的设定值加权法。

③ 设定值加权

设定值加权分别调整在比例单元及微分单元中的误差量，误差量的设定值乘以一个 0～1 之间的加权，积分单元的误差量须使用真实的设定值，以避免稳态误差。这两个参数不影响对负载变化及测量噪声的响应，可以提升对设定点变化的响应。

5. 无冲击运转

有时 PID 控制器会规划为无冲击的特性，在参数变化时重新计算适当的积分累计值，使输出不会因参数变化而产生不连续的改变。

12.2.5 串级 PID 控制器

两个 PID 控制器可以组合在一起得到较佳的效果，这称为串级 PID 控制。以两个 PID 控制器组成的串级 PID 控制为例，其中一个 PID 控制器在外回路，控制液面高度或是速度等主要的物理量，另一个 PID 控制器是内回路，以外回路 PID 控制器的输出作为其目标值，一般是控制较快速变化的参数，例如流量或加速度等。若利用串级 PID 控制，可以增加控制器的工作频率，并减小其时间常数。

例如一个温控的循环水浴设备有两个串级的 PID 控制器，分别有各自的热电耦温度感测器。外回路的控制器控制水温，其感测器距加热器很远，直接测量整体水温，其误差量是理想水温及整体水温的差值。外回路 PID 控制器的输出即为内回路控制器的目标值，内回路控制器控制加热器，其感测器是在加热器上，其误差量是加热器的理想温度及测量到温度的差值，其输出会使加热器维持在设定值附近。

内外回路控制器的参数可能会差很多，外回路的 PID 控制器有较大的时间常数，对应所有的水加热或是冷却需要的时间。内回路的 PID 控制器反应会比较快。每个控制器可以调整到符合其真正控制的系统，例如水槽中所有的水或是加热器本身。

12.2.6 其他 PID 的形式及其表示法

1. 理想的 PID 及标准形 PID

工业上常看到 PID 控制器，而许多工业相关资料中看到的都是标准形的 PID，其中比例增益 K_P 也作用在 I_{out} 及 D_{out} 两项上，因此得到

$$\mathrm{MV}(t) = K_P\left[e(t) + \frac{1}{T_I}\int_0^t e(\tau)\mathrm{d}\tau + T_D\frac{\mathrm{d}}{\mathrm{d}t}e(t)\right]$$

其中：

T_I 为积分时间；

T_D 为微分时间。

在标准形中，每一个参数都有其明确的物理意义，输出是根据现在误差、过去误差及未来误差而定的，加上微分项可以预测若控制系统不改变的话，T_D 时间后的误差，而积分项是用过去所有误差的和来调整输出，希望在 T_I 时间后可以完全消除误差，而输出的值会再乘以单一的增益 K_P。

在理想的平行式 PID 中，其方程如下：

$$\mathrm{MV}(t) = K_P e(t) + K_I \int_0^t e(\tau)\mathrm{d}\tau + K_D \frac{\mathrm{d}}{\mathrm{d}t} e(t)$$

其中的增益和标准形 PID 系数的关系如下：

$$K_I = \frac{K_P}{T_I}$$

$$K_D = K_P T_D$$

平行式 PID 中的参数都视为单纯的增益，应用最广泛，灵活性也最高，但没有物理意义，因此只用在 PID 的理论处理中，标准形 PID 在数学上比较复杂，在工业中较常使用。

2. PID 控制器在微控制器上的应用考虑

由于计算机的出现，计算机进入了控制领域。人们将模拟 PID 控制规律引入到计算机中来。由于计算机控制是一种采样控制，它只能根据采样的偏差计算控制量，而不能像模拟控制那样连续输出控制量，进行连续控制。典型的数字 PID 控制器有位置式 PID 控制器和增量式 PID 控制器。

(1) 位置式 PID 控制器

离散公式如下：

$$u(k) = K_P * e(k) + K_I * \sum_{i=0}^{k} e(i) + K_D * [e(k) - e(k-1)]$$

对于位置式 PID，可以选择的功能有：

① 滤波，可以为一阶惯性滤波。

② 饱和作用抑制。

遇限削弱积分法——一旦控制变量进入饱和区，将只执行削弱积分项的运算而停止进行增大积分项的运算。具体地说，在计算 $u(i)$ 时，将判断上一个时刻的控制量 $u(i-1)$ 是否已经超出限制范围，如果已经超出，那么将根据偏差的符号判断系统是否在超调区域，由此决定是否将相应偏差计入积分项。

积分分离法——在基本 PID 控制中，当有较大幅度的扰动或大幅度改变给定值时，由于此时有较大的偏差，且系统有惯性和滞后，故在积分项的作用下，往往会产生较大的超调量和长时间的波动。特别是对于温度、成份等变化缓慢的过程，这一现象将更严重。为此可以采用积分分离措施，即偏差较大时，取消积分作用；当偏差较小时才将积分作用投入。

另外,积分分离的阈值应视具体对象和要求而定。若阈值太大,达不到积分分离的目的,若太小又有可能因被控量无法跳出积分分离区,只进行 PD 控制,将会出现残差。

离散化公式如下:

$$\Delta u(t) = q_0 * e(t) + q_1 * e(t-1) + q_2 * e(t-2)$$

当$|e(t)| \leqslant \beta$时,有

$$q_0 = K_P * \left(1 + \frac{T}{T_I} + \frac{T_D}{T}\right)$$

$$q_1 = -\frac{K_P}{1 + 2\frac{T_D}{T}}$$

$$q_2 = K_P * \frac{T_D}{T}$$

当$|e(t)| > \beta$时,有

$$q_0 = K_P * \left(1 + \frac{T_D}{T}\right)$$

$$q_1 = -\frac{K_P}{1 + 2\frac{T_D}{T}}$$

$$q_2 = K_P * \frac{T_D}{T}$$

$$u(t) = u(t-1) + \Delta u(t)$$

式中各符号含义如下:

$u(t)$——控制器的输出值。

$e(t)$——控制器输入与设定值之间的误差。

K_P——比例系数。

T_I——积分时间常数。

T_D——微分时间常数(有的地方用"K_D"表示,这个解释应该是错的,因为之前说过 $K_D = T_D * K_P$)。

T——调节周期。

β——积分分离阈值。

有效偏差法——当根据 PID 位置算法算出的控制量超出限制范围时,控制量实际上只能取边际值 $U = U_{max}$ 或 $U = U_{min}$,有效偏差法是将相应的这一控制量的偏差值作为有效偏差值计入积分累计而不是将实际的偏差计入积分累计。因为按实际偏差计算出的控制量并没有执行。

微分先行 PID 算法——当控制系统的给定值发生阶跃时,微分作用将导致输出值大幅度变化,这样不利于稳定操作。因此在微分项中不考虑给定值,只对被控量(控制器输入值)进行微分。微分先行 PID 算法又叫测量值微分 PID 算法。

对于纯滞后对象的补偿,控制点采用了 Smith 预测器,使控制对象与补偿环节一起

构成一个简单的惯性环节。

(2)增量式 PID 控制器

增量式 PID 控制器的离散化公式如下：

$$\Delta u(k) = u(k) - u(k-1)$$

$$\Delta u(k) = K_P * [e(k) - e(k-1)] + K_I * e(k) + K_D * [e(k) - 2e(k-1) + e(k-2)]$$

可进一步改写成

$$\Delta u(k) = A * e(k) - B * e(k-1) + C * e(k-2)$$

对于增量式算法，可以选择的功能有以下 3 种。

① 滤波的选择。

可以对输入加一个前置滤波器，使得进入控制算法的给定值不突变，而是有一定惯性延迟的缓变量。

② 系统的动态过程加速。

在增量式算法中，比例项与积分项的符号有以下关系：如果被控量继续偏离给定值，则这两项符号相同，而当被控量向给定值方向变化时，则这两项的符号相反。

由于这一性质，当被控量接近给定值的时候，反号的比例作用阻碍了积分作用，因而避免了积分超调以及随之带来的振荡，这显然是有利于控制的。但如果被控量远未接近给定值，仅刚开始向给定值变化时，由于比例和积分反向，将会减慢控制过程。

为了加快开始的动态过程，我们可以设定一个偏差范围 v，当偏差 $|e(t)| < \beta$ 时，即被控量接近给定值时，就按正常规律调节，而当 $|e(t)| >= \beta$ 时，则不管比例作用为正或为负，都使它向有利于接近给定值的方向调整，即取其值为 $|e(t) - e(t-1)|$，其符号与积分项一致。利用这样的算法，可以加快控制的动态过程。

③ PID 增量算法的饱和作用及其抑制使用。

在 PID 增量算法中，由于执行元件本身是机械或物理的积分储存单元，如果给定值发生突变时，由算法的比例部分和微分部分计算出的控制增量可能比较大；如果该值超过了执行元件所允许的最大限度，那么实际上执行的控制增量将是受到限制时的值，多余的部分将丢失，将使系统的动态过程变长，因此需要采取一定的措施改善这种情况。

纠正这种缺陷的方法是采用积累补偿法，当超出执行机构的执行能力时，将其多余部分积累起来，而一旦可能时再补充执行。

12.2.7　飞行器 PID 参数调试

烈火四轴使用串级 PID 作为控制手段。PID 参数通过上位机进行写入，具体操作将在第 13 章进行介绍，此处不再赘述。

为了让大家更好地感受串级 PID 控制效果，这里加入了位置式 PID 的内容。先来讲解位置式 PID 的应用。实际调参的时候，是让小四轴低空飞起来调的，调试效果更加直观。

1. 位置式 PID 参数调试

① 随便设置一下 YAW 的参数 P 和 D。P 设置为 5，D 设置为 50，以免自转太严重，不方便调参。接下来只需要调 PITCH 和 ROLL 方向的参数了。

② 然后调节参数 D：参数 D 代表阻尼作用。阻尼太小，四轴就会振荡；阻尼太大，四轴也会振荡。参数 D 产生的阻尼力，与控制量（角度）的变化率（角速度）有关，变化率（角速度）越大，阻尼力越大。在调试的过程中，我们把 PITCH 和 ROLL 的参数 D 设为一致，从 0 开始增加。刚开始增加 D 的时候，四轴剧烈抖动，基本上马上就炸机了，是一种高频率的反复振荡。增加到 30 左右的时候，发现四轴振动越来越小了，变稳了一些，接着增加，发现到 100 时四轴会有抖动感，于是把 D 慢慢调小，最后确定在 80。

③ 接着调节参数 P：参数 P 代表四轴回复力的大小，即四轴偏离水平方向越多，这个回复力就越大。在调试的过程中，我们把 PITCH 和 ROLL 的参数 P 设为一致，从 0 开始往上增加。刚开始增加 P 的时候，四轴很快就侧翻了，不像调节参数 D 的时候处在高频振荡。慢慢增加 P 到 4 左右的时候，基本稳定下来了，最后把参数 P 确定在 6.0。

④ 调节参数 I：随便给一点点参数，先给了 0.005，感觉不太明显，后来加到0.030，感觉即使电池装的偏重心一点，也可以较好地飞行了。为避免参数 I 过大造成超调振荡，最终确定参数 I 为 0.030。

位置式 PID 调试的结果：四轴很容易达到悬停的效果，但是机动性很一般，或者说回中是缓慢的，遥控手感一般。

2. 串级 PID 参数调试

① 所有参数归零，先调 PITCH 和 ROLL 的内环 P（这个步骤跟调节位置式 PID 的参数 D 类似，主要是调节阻尼）。不断增大 P，直到四轴能平稳起飞了，记下这个值。然后不断增大到开始轻微振荡，把参数 P 调小一些，然后加入一点点参数 D 抑制振荡，内环暂时好了。此时四轴是一个三轴模式，有点类似 KK 飞控，只有陀螺仪会保持当前角度，但不会自己修正当前角度。把四轴拿在手中摆动，可以明显感觉到抵抗的力（如果此时四轴 YAW 方向会自旋，就给 YAW 内环加入参数 I，不断增大直到四轴不会自旋了）。

② 调 PITCH 和 ROLL 的外环 P，从 0 开始增大，你会感到四轴回复力度越来越大，但是会振荡（P 负责回复力度的大小）。加入一点点参数 D 抑制超调。再加入一点参数 I，就能有很好的手感了。如果内环调得好，外环参数就很容易整定，基本上试几次就可得到较好的效果了。

③ YAW 内环 P 从 0 开始增大，调节到转动平稳有力即可。

第 13 章

上位机功能介绍

本章将介绍并推荐大家使用 MWC 飞控的上位机软件。MultiWii 是一款通用遥控多旋翼飞行器控制软件，它现在可以使用多种传感器，目标是实现稳定优良的 FPV 并且允许任何一种特技飞行。目前，这个软件能够控制三轴、四轴和六轴飞行器。

13.1 上位机环境

MWC 上位机下载链接为 https://code.google.com/p/multiwii/，下载 MultiWi_2.3（如图 13-1 所示），也可从本书配套资料中找到。

Download

- **current pre 2.4 release:**
- **MultiWii_2.3**
- **MultiWii_2.2**
- **MultiWii_2.1**
- **MultiWii_2.0**
- **MultiWii_1.9**
- **MultiWii_1.8**
- **MultiWii_1.7**

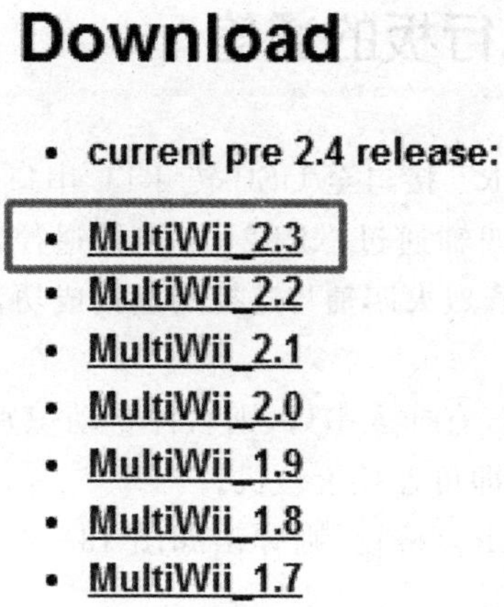

图 13-1 下载 MWC 上位机

下载后解压并打开 GUI，即 MultiWii/MultiWiiConf 文件夹下的 MultiWiiConf.exe。要想运行 MultiWiiConf.exe，得先安装 JAVA 虚拟机。Multiwii 的 GUI 程序需要 JAVA 虚拟机的支持，其下载安装链接为 http://java.com/zh_CN/download/manual.jsp?locale=zh_CN，也可从本书配套资料中找到。

如果你的电脑是 64 位的 Windows 7 系统，安装了 JAVA 虚拟机后 GUI 仍然运行不了，那你就需要到 C:\Program Files\Java\jre7\bin\ 找到并复制 javaw.exe，然后粘贴到 C:\Windows\SysWOW64\这个文件夹下面，再重新运行 GUI 即可。

成功运行后即出现如图 13-2 所示的界面。

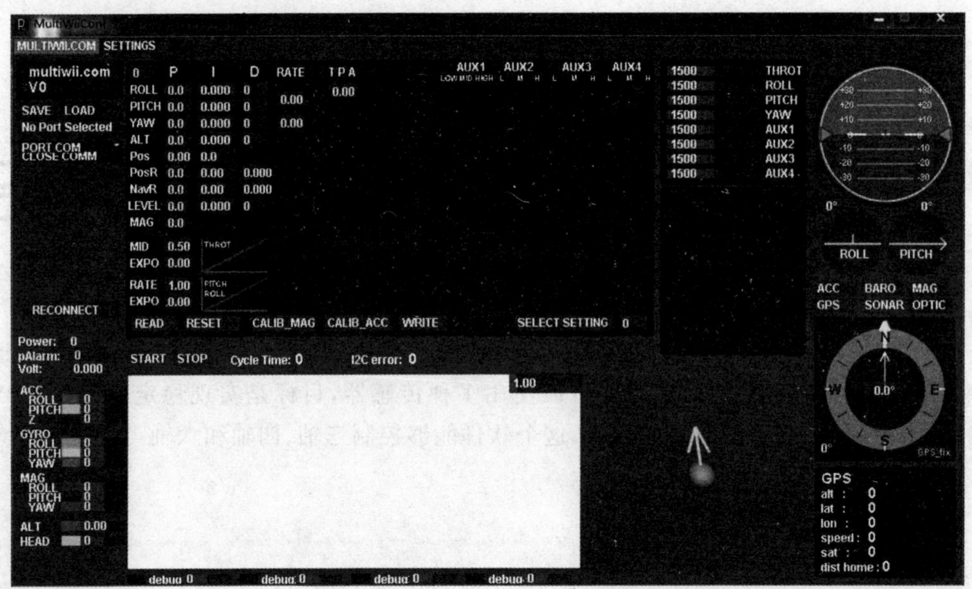

图 13-2 成功运行上位机界面

13.2 上位机与飞行板的通信

先连接遥控器上的 UART 接口至 USB 转 TTL 串口上，端口一一对应，再打开飞行器和遥控器的电源，烈火四轴通过 NRF2401 连接遥控器，遥控器通过串口连接 PC 上位机，如图 13-5 所示。若烈火四轴与遥控器连接成功，则烈火四轴及遥控器应分别亮起一个绿色 LED。

打开 MWC 上位机后，若有插入串口，则软件自动识别出串口，只需要单击当前串口号或单击 RECONNECT 即可连接上位机。

若连接成功，单击 START 按钮，则弹出如图 13-4 所示窗口。需要暂停上位机时，单击 STOP 按钮即可。

可以看到，加速度计(ACC)在飞行器静止时，这 3 轴读数会相对稳定。如果前后、左右、上下移动飞行器，图 13-4 中对应的 PITCH、ROLL、Z 会有读数变化，这表明加速度计工作正常。

陀螺(GYRO)在飞行器静止的时候，图 13-4 中 ROLL、PITCH、YAW 这 3 组数据都为 0，拿起飞行器分别朝向 3 个轴向摆动，会看到 3 组数据会随之变化，同时右边的状态图会跟着摆动的方向做指示。左右倾斜飞行器，右边的 ROLL 不会保持水平状态，会有对应的倾斜动作；前后倾斜飞行器，PITCH 也会产生相应的变化；转动飞行器，图 13-4 中的四轴飞行器也会有相应动作。

图 13-3　通信连接示意图

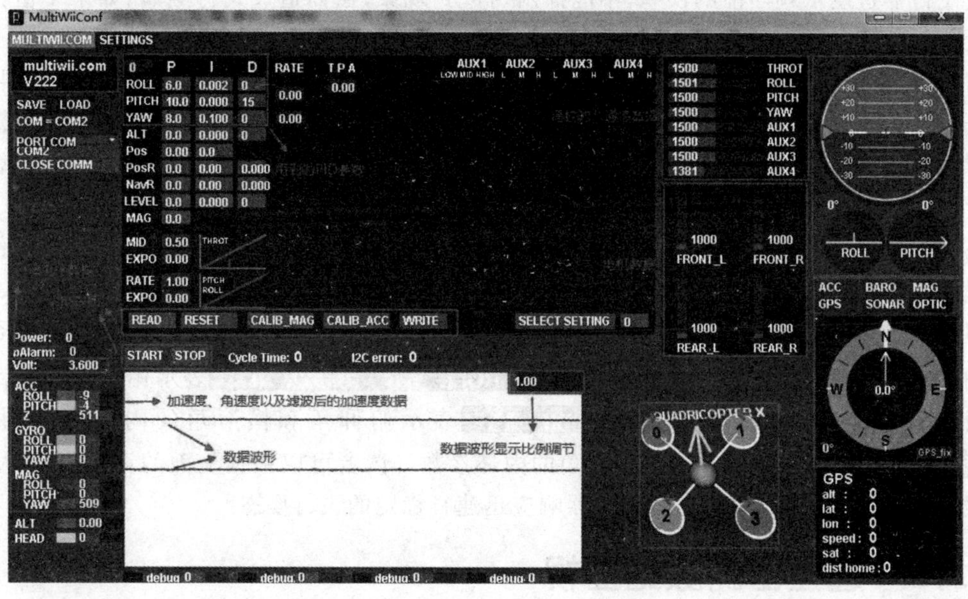

图 13-4　连接成功

13.3 加速度计和陀螺仪的校准

第一次试飞四轴，请按下面的方法校准加速度计和传感器，以确保能实现平稳的飞行。首先，在校准加速度计和陀螺仪之前，请将飞行器放在尽量水平的地面上，不要人为的去挪动飞行器，保持机身水平静止状态。单击 CALIB_ACC 按钮，等待大约 5 s，加速度计校准完成后，ROLL 和 PITCH 会显示为 0，Z 会显示为 512，表明加速度计校准完成。

由于小四轴上没用到磁力计，因此我们将 CALIB_MAG 作为校正陀螺仪的按钮（这里对下位机程序进行了修改，没有修改上位机）。在校正过程中，烈火四轴机身的指示灯会亮起，校正过程结束后则熄灭，这时 ROLL、PITCH、YAW 这 3 组数据都为 0，表明陀螺仪校准完成。

13.4 PID 参数的调试

PID 的 3 个参数的直观作用如下：

P(比例)：这是一个增益因子，当飞行器受外力的影响向一边倾斜时，*P* 值直接决定多轴飞行器的抵抗这种倾斜的力的大小。*P* 越大，飞行器抵抗意外倾斜的能力越强，但 *P* 过大时会引起飞行器抖动甚至猛烈侧翻；*P* 越小，多轴飞行器抵抗意外倾斜的能力越弱，但 *P* 过小时会引起多轴飞行器自平衡能力不足甚至朝一边侧翻。

I(积分)：这个参数决定了飞行器对过往飞行状态的依赖程度。如果 *I* 值太小，会使飞行器过度依赖当前的误差，不能抑制“抖动”现象，从而造成飞行颠簸；如果 *I* 值太大，则将过度削弱系统对误差的反应能力，造成反应迟缓。

D(微分)：一旦多轴飞行器发生倾斜，则认为多轴飞行器会继续向同一方向倾斜，合适的 *D* 参数能有效抑制未来可能发生的倾斜。如果 *D* 值太小，您会觉得多轴飞行器反应不够灵敏；如果 *D* 值太大，也会引起“抖动”。相较于 *P* 而言，*D* 反映更多的是灵敏度，而 *P* 反映的是纠正误差的力度。

上位机可以对四轴写入新的 PID 参数，将鼠标定位在待调整的 PID 参数上，按住鼠标左键左右移动鼠标即可调整该数值。调整完毕后，单击 WRITE 进行参数写入。写入 PID 参数时，烈火四轴机身指示灯将会快速地闪一下。单击 READ 可以检查受否 PID 参数是否写入成功。在这里，我们用 ROLL 6.0 0.002 0 表示俯仰角和横滚角的外环参数，用 PITCH 10.0 0.000 15 表示俯仰角和横滚角的内环参数，用 YAW 8.0 0.100 0 表示偏航角的内环参数。读者可以根据上面的调试方法，尝试修改不同的 PID 参数，达到飞行器响应迅速且稳定的飞行姿态。

13.5 遥控器的数据监视

烈火遥控器默认采用美国手方式，油门在左手边，右手控制前后、左右飞行。更改为日本手的方式会在遥控器代码分析中提到，日本手油门在右手边，左手控制前后、左右飞行。美国手和日本手功能互换，只需要修改一个宏定义即可。图 13－5 所示为遥控器上的各个通道数据。

THROT：油门动作量。当数值为 1 000 时，油门量最小，电机全部不转。

ROOL：俯仰（前后）动作量。当数值为 1 500 时，保持在 0 位。

PITCH：横滚（左右）动作量。当数值为 1 500 时，保持在 0 位。

YAW：航向动作量。当数值为 1 500 时，保持航向维持在当前方向不动。

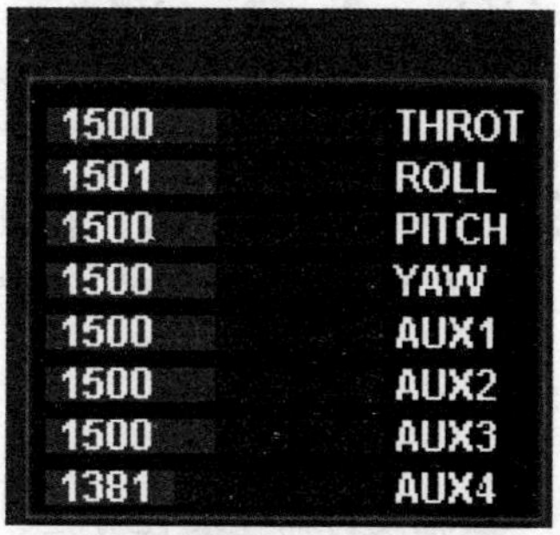

1500	THROT
1501	ROLL
1500	PITCH
1500	YAW
1500	AUX1
1500	AUX2
1500	AUX3
1381	AUX4

图 13－5　遥控器数据

AUX1、AUX2、AUX3 分别对应遥控上的 3 个旋钮。AUX4 用于反映遥控电压。当前 AUX4 的读数为 1 381，表示遥控电压为 3.81 V。使用上位机时，若发现前面 7 个通道数值不是处在 1 500 附近，则重启遥控器。重启过程中让摇杆位于物理中点，重启后遥控器会自动对中。听到蜂鸣器响一声表示对中完毕。

上位机的数据波形比例修改方式跟修改 PID 参数一样，将光标定位在比例条上，按住鼠标左键左右移动鼠标即可调整波形比例。我将烈火四轴放在桌面上，用手敲击桌面，然后在波形显示区域观察数据波形，可以发现滤波起到了很好的减震作用。滤波效果如图 13－6 所示。

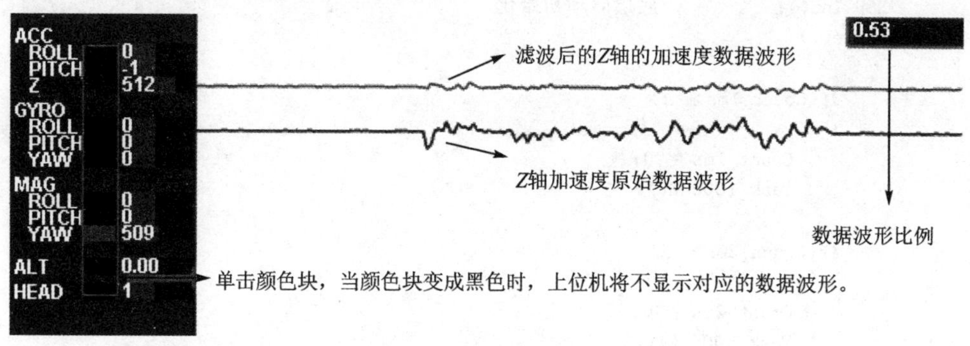

图 13－6　滤波效果

第 14 章 飞行器的软件实现

四轴飞行器主要任务是读取 MPU6050 数据，对数据滤波，进行姿态解算，并通过 PID 控制保持自稳；同时接收遥控器指令，完成对应的动作，并返回四轴的各种数据（姿态数据、电压数据、PID 参数等）。

14.1 主函数

主函数很简洁，进行底层驱动初始化后，就进入一个 while(1)循环，在循环中完成执行频率分别为 1 000 Hz、500 Hz 和 250 Hz 的 3 项任务。

```
int main(void)
{
    BSP_Int();          //底层驱动初始化
    while(1)
    {
        if(Count_1ms>= 1)
        {
            Count_1ms = 0;
            Task_1000HZ();
        }
        if(Count_2ms>= 2)
        {
            Count_2ms = 0;
            Task_500HZ();
        }
        if(Count_4ms>= 4)
        {
            Count_4ms = 0;
            Task_250HZ();
        }
    }
}
```

底层驱动初始化如下，其中大部分函数前面都介绍过了：

```
void BSP_Int(void)
```

```
{
    LED_Init();         //LED 初始化
    LED_ON_OFF();       //LED 闪烁
  Uart1_Init(115200);   //串口初始化:波特率 115 200,8 位数据,1 位停止位,禁用奇偶校验
  Timer3_Init(1000);    //Timer3 中断 1 kHz
  Nvic_Init();          //中断优先级初始化

  PrintString("\r\n RagingFire_Fly V2.2.2 \r\n");//版本号
  Motor_Init();                                   //PWM 初始化
  ADC1_Init();                                    //ADC 及 DMA 初始化

  SPI1_Init();           //SPI1 初始化
  NRF24L01_Init(40,RX);  //NRF24L01 选择 40 通道,接收模式
  NRF24L01_Check();      //检测 NRF24L01 是否正常

  I2C2_Int();            //I2C 初始化
  while( InitMPU6050()! = 1 );//若 MPU6050 初始化不成功,则程序不向下运行
  Calculate_FilteringCoefficient(0.001f,10.f);//计算 IIR 滤波器参数

  FLASH_Unlock();                                //Flash 解锁
  EEPROM_INIT();
  Bsp_Int_Ok = 1;
}
```

在烈火四轴上,我们用 TIM3 产生定时中断,作为主函数中 while(1)循环任务的调度时基。TIM3 初始化函数及中断函数如下:

```
void Timer3_Init(uint16_t Handler_Frequency)
{
    TIM_TimeBaseInitTypeDef TIM_TimeBaseStructure;
    RCC_APB1PeriphClockCmd(RCC_APB1Periph_TIM3,ENABLE);
    Timer3_Frequency = Handler_Frequency;
    TIM_DeInit(TIM3);
    TIM_TimeBaseStructure.TIM_Period = 1000 * 1000/Handler_Frequency ;//装载值
    TIM_TimeBaseStructure.TIM_Prescaler = 72 - 1;                    //分频系数
    TIM_TimeBaseStructure.TIM_ClockDivision = TIM_CKD_DIV1;          //不分割时钟
    TIM_TimeBaseStructure.TIM_CounterMode = TIM_CounterMode_Up;      //向上计数
    TIM_TimeBaseInit(TIM3,&TIM_TimeBaseStructure);
    TIM_ClearFlag(TIM3,TIM_FLAG_Update);                             //清除中断标志
    TIM_ITConfig(TIM3,TIM_IT_Update,ENABLE);
    TIM_Cmd(TIM3,ENABLE);                                            //使能定时器 3
}
void TIM3_IRQHandler(void)                                           //TIM3 中断
{
    if(TIM3 -> SR & TIM_IT_Update)
    {
        TIM3 -> SR = ~TIM_FLAG_Update;//清除中断标志
        if( Bsp_Int_Ok == 0 )return;  //硬件未初始化完成,则返回
        Timer3_Count ++ ;
        Count_1ms ++ ;
        Count_2ms ++ ;
        Count_4ms ++ ;
    }
```

```
}
```

EEPROM_INIT()如下,初始化由 STM32 内部 Flash 模拟的 EEPROM,读取 MPU6050 的零偏数据以及 PID 参数。这些数据都保存在模拟的 EEPROM 里,掉电后不会丢失。

```
void EEPROM_INIT(void)                    //EEPROM 初始化
{
    EE_Init();
    EEPROM_READ_ACC_OFFSET();
    EEPROM_READ_GYRO_OFFSET();
    EEPROM_READ_PID();
}
```

主函数中循环执行的任务如下:

```
/****************************************************************
函数原型:    void Task_1000HZ(void)
功    能:    主循环中运行频率为 1 000 Hz 任务
****************************************************************/
void Task_1000HZ(void)
{
    Debug1_H;
    if( MPU6050_SequenceRead() == 0 )  //若连续读取 MPU6050 数据寄存器失败
    {
        I2C_Erro ++ ;                  //统计 I²C 出错次数
        MPU6050_SingleRead();          //分次读 MPU6050 数据寄存器
    }
    MPU6050_Compose();                 //MPU6050 数据合成
    ACC_IIR_Filter(&acc,&filter_acc);  //对 ACC 做 IIR 滤波
    Gyro_Filter(&gyro,&filter_gyro);   //对 GYRO 做窗口滤波
    Get_Radian(&filter_gyro,&SI_gyro);//角速度数据转为弧度
    IMUupdate(SI_gyro.x,SI_gyro.y,SI_gyro.z,filter_acc.x,filter_acc.y,filter_acc.z);
                                                                        //姿态解算
    Nrf_Connect();                     //NRF24L01 连接函数
    Debug1_L;
}
/****************************************************************
函数原型:    void Task_500Hz(void)
功    能:    主循环中运行频率为 500 Hz 任务
****************************************************************/
void Task_500HZ(void)
{
    Debug2_H;
    Control_Gyro(&SI_gyro,&Rc,Rc_Lock);//内环控制
    Debug2_L;
}
/****************************************************************
函数原型:    void Task_250HZ(void)
功    能:    主循环中运行频率为 250 Hz 任务
****************************************************************/
```

```
void Task_250HZ(void)
{
    Debug3_H;
    Get_Eulerian_Angle(&out_angle);      //四元数转欧拉角
    Control_Angle(&out_angle,&Rc);       //外环控制
    Debug3_L;
}
```

14.2 主循环中运行频率为 1 000 Hz 的任务

在这个任务里，我们要进行 MPU6050 传感器数据的读取、滤波，然后做姿态解算。为了减少机身振动对加速度计的干扰，我们要对加速度数据做低通滤波；为了让四轴角速度数据更平滑利于 PID 控制，我们对其做滑动窗口滤波。两个滤波函数如下：

```
/********************************************************************
函数原型：   void ACC_IIR_Filter(struct _acc * Acc_in,struct _acc * Acc_out)
功    能：   IIR 低通滤波
********************************************************************/
void ACC_IIR_Filter(struct _acc * Acc_in,struct _acc * Acc_out)
{
    Acc_out->x = Acc_out->x + ACC_IIR_FACTOR * (Acc_in->x - Acc_out->x);
    Acc_out->y = Acc_out->y + ACC_IIR_FACTOR * (Acc_in->y - Acc_out->y);
    Acc_out->z = Acc_out->z + ACC_IIR_FACTOR * (Acc_in->z - Acc_out->z);
}
#define Filter_Num 2
/********************************************************************
函数原型：   void Gyro_Filter(struct _gyro * Gyro_in,struct _gyro * Gyro_out)
功    能：   gyro 窗口滑动滤波
********************************************************************/
void Gyro_Filter(struct _gyro * Gyro_in,struct _gyro * Gyro_out)
{
    static int16_t Filter_x[Filter_Num],Filter_y[Filter_Num],Filter_z[Filter_Num];
    static uint8_t Filter_count;
    int32_t Filter_sum_x = 0,Filter_sum_y = 0,Filter_sum_z = 0;
    Filter_x[Filter_count] = Gyro_in->x;
    Filter_y[Filter_count] = Gyro_in->y;
    Filter_z[Filter_count] = Gyro_in->z;
    for(uint8_t i = 0;i<Filter_Num;i++)
    {
        Filter_sum_x += Filter_x[i];
        Filter_sum_y += Filter_y[i];
        Filter_sum_z += Filter_z[i];
    }
    Gyro_out->x = Filter_sum_x / Filter_Num;
    Gyro_out->y = Filter_sum_y / Filter_Num;
    Gyro_out->z = Filter_sum_z / Filter_Num;
```

```
    Filter_count ++ ;

    if(Filter_count == Filter_Num)
    Filter_count = 0;
}
```

将角速度由原始数据转为弧度：

```
#define RawData_to_Radian0.0010653f
void Get_Radian(struct _gyro * Gyro_in,struct _SI_float * Gyro_out)
{
    Gyro_out->x = (float)(Gyro_in->x * RawData_to_Radian);
    Gyro_out->y = (float)(Gyro_in->y * RawData_to_Radian);
    Gyro_out->z = (float)(Gyro_in->z * RawData_to_Radian);
}
```

NRF24L01 连接函数如下：

```
void Nrf_Connect(void)           //1 kHz
{
    Nrf_Erro ++ ;
    if(Nrf_Erro == 1)
    {
        NRF24L01_Analyse();     //分析 NRF24L01 收到的数据帧
        Send_Data_Back();       //向遥控发送数据
    }
    if(Nrf_Erro % 100 == 0)     //0.1 s 未接收 NRF 数据，试图连接遥控
    {
        NRF24L01_IRQ();         //清除中断标志位
    }
    if(Nrf_Erro> = 1000)        //1 s 未接收 NRF 数据，锁定四轴,电机停转,防止意外发生
    {
        LED2_OFF;
        Nrf_Erro = 1;
        Rc_Lock = 1;            //上锁
    }
}
```

说到这里，读者应该还记得在 10.7 节留下的那个小问题吧。为了解决“死等”IRQ 引脚产生低电平中断 while(NRF_IRQ_Read)的可能带来的问题，我们采用硬件中断来处理，而不再使用查询中断了。IRQ 下降沿中断服务函数如下：

```
void EXTI0_IRQHandler(void)              //NRF24L01 中断
{
    if(EXTI_GetITStatus(EXTI_Line0) != RESET)
    {
        EXTI_ClearITPendingBit(EXTI_Line0);
        NRF24L01_IRQ();
    }
}
void NRF24L01_IRQ(void)
```

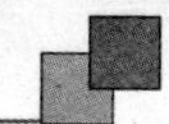

```
{
    uint8_t status = NRF_Read_Reg(NRF_READ_REG + NRFRegSTATUS);
    Battery_Fly=(int16_t)(2.0f * ADC_Value[0]/ADC_Value[1] * 1.2f * 100);
    if(Battery_Fly>200&&Battery_Fly<330 )
        LED3_ON_Frequency(10);
    if(status & (1<<RX_DR))                 //接收中断
    {
        uint8_t rx_len = NRF_Read_Reg(R_RX_PL_WID);
        if(rx_len==32)
        {
            NRF_Read_Buff(RD_RX_PLOAD,NRF24L01_RXDATA,rx_len);//读取接收 FIFO 数据
            Nrf_Erro = 0;
        }
        else
        {
            NRF_Write_Reg(FLUSH_RX,0xff);//清空接收缓冲区
        }
    }
    if(status & (1<<MAX_RT))                //达到最多次重发中断
    {
        if(status & (1<<TX_FULL))           //TX FIFO 溢出
        {
          NRF_Write_Reg(FLUSH_TX,0xff); //清空发送缓冲区
        }
    }
//     if(status&(1<<TX_DS))                //发送完成
//     {
        NRF24L01_Set_RX();                  //设置 NRF24L01 为接收模式
//     }
     NRF_Write_Reg(NRF_WRITE_REG + NRFRegSTATUS, status);//清除中断标志位
}
```

这样，我们在中断里进行 NRF24L01 收发数据状态的判断，并做相应的处理，这样就避免了“死等”IRQ 引脚产生低电平中断带来的危害。值得注意的是，在每次产生中断后，不论是否发送数据成功，都将四轴设置为接收模式，等待数据的到来。而在发送数据的时候，才进入发送模式。这样就让 NRF24L01 在尽可能多的时间里处于接收状态，增大接收到数据的成功率。

如果接收到数据，则令 Nrf_Erro = 0，在 Nrf_Connect(void)函数中将会 Nrf_Erro ++，再进行判断。如该变量为 1 时，则处理接收到的数据，并向遥控返回相应数据。

```
/**************************************************************
函数原型:     static void NRF24L01_Analyse(void)
功    能:     分析 NRF24L01 收到的数据帧
**************************************************************/
static void NRF24L01_Analyse(void)
{
    uint8_t sum = 0,i;
    uint8_t len = NRF24L01_RXDATA[3] + 5;
```

```
for(i=3;i<len;i++)
    sum ^= NRF24L01_RXDATA[i];
if( sum!=NRF24L01_RXDATA[len] )      return;    //数据校验
if( NRF24L01_RXDATA[0] != '$')       return;    //数据校验
if( NRF24L01_RXDATA[1] != 'M')       return;    //数据校验
if( NRF24L01_RXDATA[2] != '<')       return;    //上位机及遥控下发给飞控数据
if( NRF24L01_RXDATA[4] == MSP_RC )//功能帧标志
{
    LED2_ON;
    Rc.ROLL = ( (uint16_t)(NRF24L01_RXDATA[6]) <<8 ) | NRF24L01_RXDATA[5];
    Rc.PITCH = ( (uint16_t)(NRF24L01_RXDATA[8])  <<8 ) | NRF24L01_RXDATA[7];
    Rc.YAW = ( (uint16_t)(NRF24L01_RXDATA[10])<<8 ) | NRF24L01_RXDATA[9];
    Rc.THROTTLE = ( (uint16_t)(NRF24L01_RXDATA[12])<<8 ) | NRF24L01_RXDATA[11];
    Rc.AUX1 = ( (uint16_t)(NRF24L01_RXDATA[14])<<8 ) | NRF24L01_RXDATA[13];
    Rc.AUX2 = ( (uint16_t)(NRF24L01_RXDATA[16])<<8 ) | NRF24L01_RXDATA[15];
    Rc.AUX3 = ( (uint16_t)(NRF24L01_RXDATA[18])<<8 ) | NRF24L01_RXDATA[17];
    Rc.AUX4 = ( (uint16_t)(NRF24L01_RXDATA[20])<<8 ) | NRF24L01_RXDATA[19];
    if(Battery_Fly>330)
    {
        if(Rc.AUX4 & Led_Mode)          //夜间模式
            LED3_ON;
        else
            LED3_OFF;
    }
    RC_Limit(&Rc);
    RC_LOCK();
}
if( NRF24L01_RXDATA[4] == MSP_SET_PID )//功能帧标志
{
    LED3_ON;
    roll.kp  = (float)NRF24L01_RXDATA[5]/10.f;
    roll.ki  = (float)NRF24L01_RXDATA[6]/1000.0f;
    roll.kd  = (float)NRF24L01_RXDATA[7];
    pitch.kp = roll.kp;
    pitch.ki = roll.ki;
    pitch.kd = roll.kd;

    gyro_roll.kp  = (float)NRF24L01_RXDATA[8]/10.f;
    gyro_roll.ki  = (float)NRF24L01_RXDATA[9]/1000.f;
    gyro_roll.kd  = (float)NRF24L01_RXDATA[10];
    gyro_pitch.kp = gyro_roll.kp;
    gyro_pitch.ki = gyro_roll.ki;
    gyro_pitch.kd = gyro_roll.kd;

    gyro_yaw.kp = (float)NRF24L01_RXDATA[11]/10.f;
    gyro_yaw.ki = (float)NRF24L01_RXDATA[12]/1000.f;
    gyro_yaw.kd = (float)NRF24L01_RXDATA[13];
```

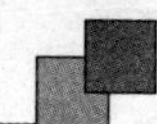

```
        EEPROM_SAVE_PID();
        LED3_OFF;
    }
    if( NRF24L01_RXDATA[4] == MSP_ACC_CALIBRATION )//功能帧标志
    {
        Do_ACC_Offset();                              //校正加速度计
    }
    if( NRF24L01_RXDATA[4] == MSP_MAG_CALIBRATION )//功能帧标志
    {
        Do_GYRO_Offset();                             //校正陀螺仪
    }
    if( NRF24L01_RXDATA[4] == MSP_RESET_CONF )    //功能帧标志
    {
        PID_Reset();                                  //重置 PID 参数
    }
}
/ * * * * * * * * * * * * * * * * * * * * * * * * * * * * * * * * * * * * * * * * * * * * * * * * * * * * * * *
函数原型：    void Send_Data_Back(void)
功    能：    向遥控发送数据
* * * * * * * * * * * * * * * * * * * * * * * * * * * * * * * * * * * * * * * * * * * * * * * * * * * * * * * * /
void Send_Data_Back(void)
{
    static uint8_t turn_count;
    turn_count ++ ;
    switch(turn_count)
    {
        case 1: Print_MSP_RAW_IMU();break;
        case 2: Print_MSP_ATTITUDE();break;
        case 3: Print_MSP_FLY_DATA();
                turn_count = 0;break;
        default:turn_count = 0;
    }
}
```

烈火四轴发送数据的函数如下：

```
/ * * * * * * * * * * * * * * * * * * * * * * * * * * * * * * * * * * * * * * * * * * * * * * * * * * * * * * *
函数原型：    void Print_MSP_RAW_IMU(void)
功    能：    发送传感器原始数据
* * * * * * * * * * * * * * * * * * * * * * * * * * * * * * * * * * * * * * * * * * * * * * * * * * * * * * * * /
void Print_MSP_RAW_IMU(void)
{
    uint8_t     data[32];
    int16_t     send_data;
    data[0] = '$';
    data[1] = 'M';
    data[2] = '>';            //发给上位机
    data[3] = 18;
    data[4] = MSP_RAW_IMU;
```

```
    send_data = (int16_t)(acc.x/4);
    data[5] = send_data & 0xFF;
    data[6] = (send_data>>8) & 0xFF;
    send_data = (int16_t)(acc.y/4);
    data[7] =  send_data & 0xFF ;
    data[8] = (send_data>>8) & 0xFF;
    send_data = (int16_t)(acc.z/4);
    data[9] =  send_data & 0xFF ;
    data[10] = (send_data>>8) & 0xFF;
    send_data = (int16_t)(gyro.y);
    data[11] =  send_data & 0xFF ;
    data[12] = (send_data>>8) & 0xFF;
    send_data = (int16_t)(gyro.x);
    data[13] =  send_data & 0xFF ;
    data[14] = (send_data>>8) & 0xFF;
    send_data = (int16_t)(-gyro.z);
    data[15] =  send_data & 0xFF ;
    data[16] = (send_data>>8) & 0xFF;
    send_data = (int16_t)(filter_acc.x * 0.75f);
    data[17] =  send_data & 0xFF ;
    data[18] = (send_data>>8) & 0xFF;
    send_data = (int16_t)(filter_acc.y * 0.75f);
    data[19] =  send_data & 0xFF ;
    data[20] = (send_data>>8) & 0xFF;
    send_data = (int16_t)(filter_acc.z * 0.75f);
    data[21] =  send_data & 0xFF ;
    data[22] = (send_data>>8) & 0xFF;
    data[23] = Get_Checksum(data);
    NRF_Send_TX(data,32);
}
/**********************************************************************
函数原型:    void Print_MSP_ATTITUDE(void)
功    能:    发送姿态数据
**********************************************************************/
void Print_MSP_ATTITUDE(void)
{
    uint8_tdata[32];
    int16_t send_data;
    data[0] = '$';
    data[1] = 'M';
    data[2] = '>';//发给上位机
    data[3] = 6;
    data[4] = MSP_ATTITUDE;
    send_data = (int16_t)(out_angle.roll * 10);
    data[5] =  send_data & 0xFF ;
    data[6] = (send_data>>8) & 0xFF;
    send_data = (int16_t)(out_angle.pitch * 10);
    data[7] =  send_data & 0xFF ;
    data[8] = (send_data>>8) & 0xFF;
    send_data = (int16_t)(-out_angle.yaw);
```

```
    data[9] =   send_data & 0xFF ;
    data[10] = (send_data>>8) & 0xFF;
    data[11] = Get_Checksum(data);
    NRF_Send_TX(data,32);
}
/************************************************************
函数原型:    void Print_MSP_FLY_DATA(void)
功    能:    发送飞控数据(自定义通信)
************************************************************/
void Print_MSP_FLY_DATA(void)
{
    uint8_tdata[32];
    int16_t send_data;
    data[0] = '$';
    data[1] = 'M';
    data[2] = '>';          //发给遥控器
    data[3] = 23;
    data[4] = MSP_FLY_DATA;
    send_data = (int16_t)(2.0f * ADC_Value[0]/ADC_Value[1] * 1.2f * 100);
                                                        //电池电压值的 100 倍
    data[5] =   send_data & 0xFF ;
    data[6] = (send_data>>8) & 0xFF;
//////////////////////////////////////////////////////////
    data[7] =   (TIM2->CCR1 + 1000) & 0xFF;
    data[8] =   ((TIM2->CCR1 + 1000)>>8) & 0xFF;
    data[9] =   (TIM2->CCR2 + 1000) & 0xFF;
    data[10] =  ((TIM2->CCR2 + 1000)>>8) & 0xFF;
    data[11] =  (TIM2->CCR3 + 1000) & 0xFF;
    data[12] =  ((TIM2->CCR3 + 1000)>>8) & 0xFF;
    data[13] =  (TIM2->CCR4 + 1000) & 0xFF;
    data[14] =  ((TIM2->CCR4 + 1000)>>8) & 0xFF;
//////////////////////////////////////////////////////////
    data[15] = (uint8_t)(roll.kp * 10);
    data[16] = (uint8_t)(roll.ki * 1000);
    data[17] = (uint8_t)(roll.kd);
//////////////////////////////////////////////////////////
    data[18] = (uint8_t)(gyro_roll.kp * 10);
    data[19] = (uint8_t)(gyro_roll.ki * 1000);
    data[20] = (uint8_t)(gyro_roll.kd);
//////////////////////////////////////////////////////////
    data[21] = (uint8_t)(gyro_yaw.kp * 10);
    data[22] = (uint8_t)(gyro_yaw.ki * 1000);
    data[23] = (uint8_t)(gyro_yaw.kd);
    data[24] =   I2C_Erro & 0xFF;
    data[25] = (I2C_Erro>>8) & 0xFF;
    data[26] = (I2C_Erro>>16) & 0xFF;
    data[27] = (I2C_Erro>>24) & 0xFF;
    data[28] = Get_Checksum(data);
    NRF_Send_TX(data,32);
}
```

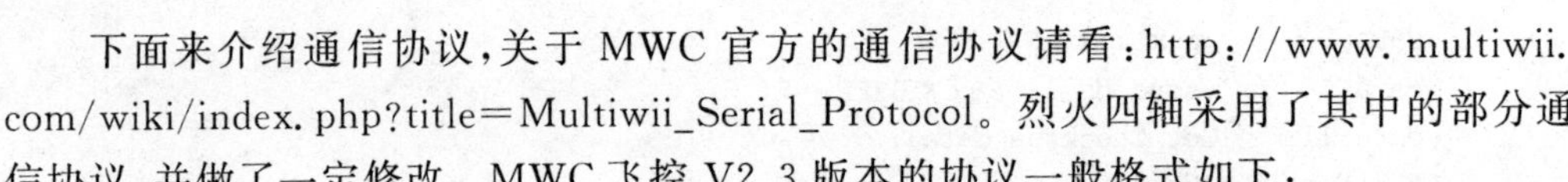

下面来介绍通信协议，关于 MWC 官方的通信协议请看：http://www.multiwii.com/wiki/index.php?title=Multiwii_Serial_Protocol。烈火四轴采用了其中的部分通信协议，并做了一定修改。MWC 飞控 V2.3 版本的协议一般格式如下：

发给上位机：'$''M''>'[data length][code][data][checksum]

发给四轴：'$''M''<'[data length][code][data][checksum]

'$''M''>'这 3 个字符作为帧头；data length 是数据长度，即 data 的个数，指的是所有数据用 unsigned char 型来表示的个数，如函数 Print_MSP_RAW_IMU()中要发送 9 个 16 位数据，则数据长度为 18；code 是功能帧标志，均定义在 Protocol.h 中；data 即要发送的数据/指令，低位在前，高位在后；checksum 是数据的校验位，由[data length][code][data]数据按字"异或"得到。计算校验码的函数如下：

```
uint8_t Get_Checksum(uint8_t mydata[])
{
    uint8_t i;
    uint8_t checksum = 0;
    uint8_t length = mydata[3];

    for(i = 0;i<length + 2;i ++ )
    {
        checksum ^= (mydata[3 + i]&0xFF);
    }
    return checksum;
}
```

烈火四轴发送给遥控器的功能帧标志和数据如表 14-1 所列，遥控器发给四轴和上位机的功能帧标志和数据将在第 15 章进行介绍。

表 14-1　烈火四轴发送给遥控器的功能帧标志和数据

功能帧标志	方　向	数　据	类　型	说　明
MSP_RAW_IMU	>	acc.x	INT 16	acc：原始加速度数据； gyro：原始角速度数据； filter_acc：滤波后的加速度计数据
		acc.y	INT 16	
		acc.z	INT 16	
		gyro.x	INT 16	
		gyro.x	INT 16	
		gyro.x	INT 16	
		filter_acc.x	INT 16	
		filter_acc.y	INT 16	
		filter_acc.z	INT 16	
MSP_ATTITUDE	>	out_angle.roll	INT 16	out_angle：姿态解算得到的角度数据
		out_angle.pitch	INT 16	
		out_angle.yaw	INT 16	

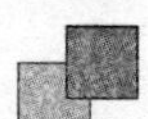

续表 14-1

功能帧标志	方向	数　据	类　型	说　明
MSP_FLY_DATA	>	Battery_Fly	INT 16	Battery_Fly：四轴电池电压的 100 倍； TIM2 —> CCRx：电机的 PWM 值； roll：俯仰与横滚角外环 PID 参数； gyro_roll：俯仰与横滚角内环 PID 参数； gyro_yaw：偏航角内环参数； I2C_Erro：I^2C 总线出错次数
		TIM2—>CCR1	UINT 16	
		TIM2—>CCR2	UINT 16	
		TIM2—>CCR3	UINT 16	
		TIM2—>CCR4	UINT 16	
		roll.kp	UINT 8	
		roll.ki	UINT 8	
		roll.kd	UINT 8	
		gyro_roll.kp	UINT 8	
		gyro_roll.ki	UINT 8	
		gyro_roll.kd	UINT 8	
		gyro_yaw.kp	UINT 8	
		gyro_yaw.ki	UINT 8	
		gyro_yaw.kd	UINT 8	
		I2C_Erro	UINT 32	

14.3　主循环中运行频率为 500 Hz 的任务

在这个任务中，只需要处理内环 PID 的控制。以下为内环 PID 代码：

```
#define Radian_to_Angle      57.2957795f
#define gyro_max             50.0f
#define gyro_integral_max      5000.0f
/*******************************************************************
函数原型：   void Control_Gyro(struct _SI_float * gyro,struct _Rc * rc,uint8_t Lock)
功    能：   PID 控制器(内环)
*******************************************************************/
void Control_Gyro(struct _SI_float * gyro,struct _Rc * rc,uint8_t Lock)
{
    static struct _out_angle control_gyro;
    static struct _out_angle last_gyro;
    int16_t throttle1,throttle2,throttle3,throttle4;
//////////////////////////////////////////////////////////////////
//以下为角速度环
//////////////////////////////////////////////////////////////////
    if(rc->YAW>1400 && rc->YAW<1600)
        rc->YAW = 1500;
    if(rc->AUX3>1495 && rc->AUX3<1505)
        rc->AUX3 = 1500;
//////////////////////////////////////////////////////////////////
```

```
    control_gyro.roll    = - roll.output - gyro->y * Radian_to_Angle;
    control_gyro.pitch = pitch.output - gyro->x * Radian_to_Angle;
    if(rc->AUX4 & Lock_Mode)
    control_gyro.yaw = - gyro->z * Radian_to_Angle - (rc->AUX3 - 1500)/100.0f;
                                                                //锁尾模式
    else
    control_gyro.yaw = - (rc->YAW - 1500)/2.0f - gyro->z * Radian_to_Angle + (rc->
AUX3 - 1500)/50.0f;                                             //非锁尾模式
//////////////////////////////////////////////////////////////////////////
    if(control_gyro.roll>  gyro_max)                            //GYRO_ROLL
        gyro_roll.integral +=  gyro_max;
    if(control_gyro.roll< - gyro_max)
        gyro_roll.integral += - gyro_max;
    else
        gyro_roll.integral += control_gyro.roll;
if(gyro_roll.integral>  gyro_integral_max)
       gyro_roll.integral =  gyro_integral_max;
    if(gyro_roll.integral< - gyro_integral_max)
       gyro_roll.integral = - gyro_integral_max;
//////////////////////////////////////////////////////////////////////////
    if(control_gyro.pitch>  gyro_max)                           //GYRO_PITCH
        gyro_pitch.integral +=  gyro_max;
    if(control_gyro.pitch< - gyro_max)
        gyro_pitch.integral += - gyro_max;
    else
        gyro_pitch.integral += control_gyro.pitch;

    if(gyro_pitch.integral>  gyro_integral_max)
       gyro_pitch.integral =  gyro_integral_max;
    if(gyro_pitch.integral< - gyro_integral_max)
       gyro_pitch.integral = - gyro_integral_max;
//////////////////////////////////////////////////////////////////////////
//    if(control_gyro.yaw>  gyro_max)                           //GYRO_YAW
//        gyro_yaw.integral +=  gyro_max;
//    if(control_gyro.yaw< - gyro_max)
//        gyro_yaw.integral += - gyro_max;
//   else
        gyro_yaw.integral += control_gyro.yaw;

    if(gyro_yaw.integral>  gyro_integral_max)
       gyro_yaw.integral =  gyro_integral_max;
    if(gyro_yaw.integral< - gyro_integral_max)
       gyro_yaw.integral = - gyro_integral_max;
//////////////////////////////////////////////////////////////////////////
    if(rc->THROTTLE<1200)                                       //油门较小时,积分清零
    {
        gyro_yaw.integral   = 0;
    }
//////////////////////////////////////////////////////////////////////////
    gyro_roll.output   = gyro_roll.kp * control_gyro.roll   + gyro_roll.ki * gyro_
```

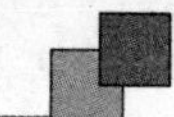

```
roll. integral    + gyro_roll. kd * (control_gyro. roll - last_gyro. roll );
    gyro_pitch. output  =  gyro_pitch. kp * control_gyro. pitch  +  gyro_pitch. ki * gyro_
pitch. integral  + gyro_pitch. kd * (control_gyro. pitch - last_gyro. pitch);
    gyro_yaw. output     =  gyro_yaw. kp    * control_gyro. yaw      +  gyro_yaw. ki    * gyro_
yaw. integral      + gyro_yaw. kd    * (control_gyro. yaw     - last_gyro. yaw    );
////////////////////////////////////////////////////////////////////////
    last_gyro. roll  = control_gyro. roll;
    last_gyro. pitch = control_gyro. pitch;
last_gyro. yaw     = control_gyro. yaw;
////////////////////////////////////////////////////////////////////////
    if(rc -> THROTTLE > 1200 && Lock = = 0)
    {
        throttle1  =  rc -> THROTTLE  -  1050  +  gyro_pitch. output  +  gyro_roll. output  -
gyro_yaw. output;
        throttle2  =  rc -> THROTTLE  -  1050  +  gyro_pitch. output  -  gyro_roll. output  +
gyro_yaw. output;
        throttle3  =  rc -> THROTTLE  -  1050  -  gyro_pitch. output  +  gyro_roll. output  +
gyro_yaw. output;
        throttle4  =  rc -> THROTTLE  -  1050  -  gyro_pitch. output  -  gyro_roll. output  -
gyro_yaw. output;
    }
    else
    {
        throttle1 = 0;
        throttle2 = 0;
        throttle3 = 0;
        throttle4 = 0;
    }
    Motor_Out(throttle1,throttle2,throttle3,throttle4);
}
```

内环 PID 的代码实质上是对角速度进行控制，是一个位置式的 PID。这里要注意的是：最终输出的 PWM＝THROTTLE－1 050＋PID 输出，从程序中可看出，满足起飞条件的 THROTTLE 的范围是 1 200～2 000，在这里减去 1 050 后，范围就是 150～950，这样就给 PID 输出留下了一定的空间（PWM 输出范围是 0～1 000），当油门推到最高时，PID 仍然是能够起到控制作用的；否则若油门推到最高时，四路 PWM 均输出满量程，会削弱了 PID 的控制作用，导致小四轴飞行不稳定。

14.4 主循环中运行频率为 250 Hz 的任务

该任务中只做以下两件事情：

① 将四元数转为欧拉角：

```
void Get_Eulerian_Angle(struct _out_angle * angle)
{
    angle -> pitch  =  - atan2(2.0f * (q0 * q1  +  q2 * q3),q0 * q0  -  q1 * q1  -  q2 * q2  +  q3
* q3) * Radian_to_Angle;
```

```
    angle->roll  =  asin(2.0f*(q0*q2 - q1*q3))*Radian_to_Angle;
}
```

YAW 由积分得到，位于姿态解算函数中，积分频率 1 kHz。

② 外环 PID 控制：

```
#define angle_max               10.0f
#define angle_integral_max    1000.0f
/*******************************************************************
函数原型:   void Control_Angle(struct _out_angle *angle,struct _Rc *rc)
功    能:   PID控制器(外环)
*******************************************************************/
void Control_Angle(struct _out_angle *angle,struct _Rc *rc)
{
    static struct _out_angle control_angle;
    static struct _out_angle last_angle;
//////////////////////////////////////////////////////////////////
//以下为角度环
//////////////////////////////////////////////////////////////////
    if(rc->ROLL>1490 && rc->ROLL<1510)
        rc->ROLL = 1500;
    if(rc->PITCH>1490 && rc->PITCH<1510)
        rc->PITCH = 1500;
//////////////////////////////////////////////////////////////////
    if(rc->AUX1>1495 && rc->AUX1<1505)
        rc->AUX1 = 1500;
    if(rc->AUX2>1495 && rc->AUX2<1505)
        rc->AUX2 = 1500;
//////////////////////////////////////////////////////////////////
    control_angle.roll  = angle->roll  - (rc->ROLL  - 1500)/16.0f + (rc->AUX2
- 1500)/100.0f;
    control_angle.pitch = angle->pitch - (rc->PITCH - 1500)/16.0f - (rc->AUX1 -
1500)/100.0f;
//////////////////////////////////////////////////////////////////
    if(control_angle.roll>  angle_max)     //ROLL
        roll.integral +=  angle_max;
    if(control_angle.roll<-angle_max)
        roll.integral += -angle_max;
    else
        roll.integral += control_angle.roll;

    if(roll.integral>  angle_integral_max)
       roll.integral =  angle_integral_max;
    if(roll.integral<-angle_integral_max)
       roll.integral = -angle_integral_max;
//////////////////////////////////////////////////////////////////
    if(control_angle.pitch>  angle_max)     //PITCH
       pitch.integral +=  angle_max;
    if(control_angle.pitch<-angle_max)
       pitch.integral += -angle_max;
```

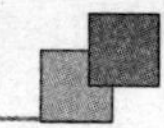

```
    else
        pitch.integral += control_angle.pitch;

    if(pitch.integral >  angle_integral_max)
       pitch.integral =  angle_integral_max;
    if(pitch.integral < - angle_integral_max)
       pitch.integral = - angle_integral_max;
//////////////////////////////////////////////////////////////////////
    if(rc->THROTTLE<1200)//油门较小时,积分清零
    {
        roll.integral  = 0;
        pitch.integral = 0;
    }
//////////////////////////////////////////////////////////////////////
    roll.output   = roll.kp * control_angle.roll   + roll.ki * roll.integral   +
roll.kd *(control_angle.roll - last_angle.roll );
    pitch.output = pitch.kp * control_angle.pitch + pitch.ki * pitch.integral + pitch.
kd *(control_angle.pitch- last_angle.pitch);
//////////////////////////////////////////////////////////////////////
    last_angle.roll = control_angle.roll;
    last_angle.pitch= control_angle.pitch;
}
```

外环 PID 的实质是对角度误差做 PID 运算,将运算结果作为角度环的输入,要求外环 PID 的处理速度比内环 PID 低,因此外环运行在 250 Hz,内环运行在 500 Hz。

第 15 章

遥控器的软件实现

15.1 遥控器的作用

烈火遥控器主要功能就是 MCU 不断采集摇杆电位器上的模拟电压和微调电位器上的模拟电压和按键的电平检测，再转化成控制指令，通过 NRF24L01 无线模块，给烈火四轴发送控制指令，同时实现遥控器和飞行器的数据交换，在四轴和上位机之间的数据传输起到桥梁作用，类似于中转站。

遥控器作用图解如图 15-1 所示。

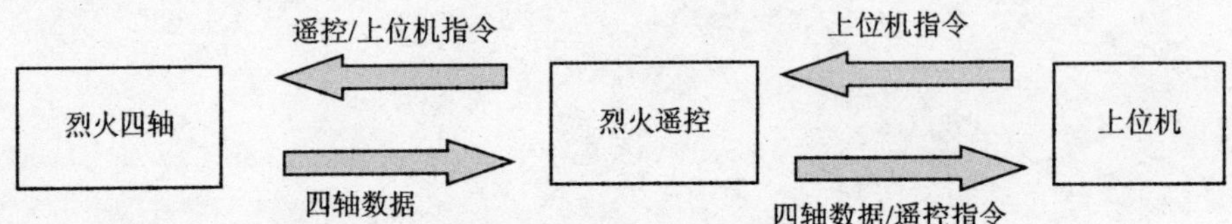

图 15-1 遥控器作用图解

遥控发送的指令有：

```
void Print_MSP_RC('<');            //发送遥控数据给四轴
void Print_MSP_SET_PID(void);      //设置飞控 PID 参数
```

遥控发送的数据有：

```
void Print_MSP_RC('>');             //发送遥控数据给上位机
void Print_MSP_PID(void);           //发送 PID 参数
void Print_MSP_IDENT(void);         //发送版本信息
void Print_MSP_MOTOR(void);         //发送电机数据
void Print_MSP_ANALOG(void);        //发送电压数据
void Print_MSP_MOTOR_PINS(void);    //发送四轴电机 I/O 配置
```

以上函数均位于 Protocol. c 中。遥控器部分的通信协议，将在本章最后介绍。

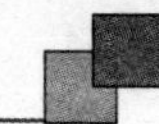

15.2　遥控器的初始化

遥控器所有硬件的初始化代码如下：

```
void BSP_Int(void)
{
    LED_Init();             //LED 初始化
    LED_ON_OFF();           //LED 闪烁
    KEY_Init();             //按键初始化
    Uart1_Init(115200);     //串口初始化:波特率 115 200,8 位数据,1 位停止位,禁用奇偶校验
    Timer3_Init(500);       //TIM3 中断 500 Hz
    Nvic_Init();            //中断优先级初始化
    PrintString("\r\n RagingFire_RC V2.2.2 \r\n");//版本号
    ADC1_Init();                                  //ADC 及 DMA 初始化
    SPI2_Init();                                  //SPI2 初始化
    NRF24L01_Init(40,TX);                         //NRF24L01 选择 40 通道,发送模式
    NRF24L01_Check();                             //检测 NRF24L01 是否正常
    Bsp_Int_Ok = 1;
}
```

以上代码包括两个 LED、两个按键、串口、ADC、NRF24L01 等。要注意的是串口要初始化为 115 200,才能配合 MWC 上位机进行使用。大部分初始化跟四轴上硬件的初始化差不多。不一样的主要是以下 3 处：

① 将 NRF24L01 配置成发送模式(四轴是接收模式)。

② 配置 TIM3 中断 500 Hz(四轴是 1 000 Hz)。TIM3 中断在程序中的作用是提供一个时基,让四轴/遥控器在这个时基上进行任务调度。在四轴上,需要每秒读取 1 000次 MPU6050 的数据,因此配置四轴 TIM3 定时中断 1 000 Hz。在遥控器上,不需要过高的任务调度速度,只需要 500 Hz 就可以了,因此配置遥控器 TIM3 定时中断 500 Hz。

TIM3 中断服务函数如下：

```
void TIM3_IRQHandler(void)                          //Timer3 中断
{
    if(TIM3 ->SR & TIM_IT_Update)
    {
        TIM3 ->SR = ～TIM_FLAG_Update;       //清除中断标志
        if( Bsp_Int_Ok == 0 )     return;    //硬件未初始化完成,则返回
        Timer3_Count ++ ;
        Count_2ms ++ ;
        Count_10ms ++ ;
        Count_40ms ++ ;
        Count_250ms ++ ;
    }
}
```

③ 将按键设置为下降沿触发,两个按键的初始化及中断服务函数如下：

```
void KEY_Init(void)
{
    GPIO_InitTypeDef GPIO_InitStructure;
    EXTI_InitTypeDef EXTI_InitStructure;
    RCC_APB2PeriphClockCmd(RCC_APB2Periph_GPIOB | RCC_APB2Periph_AFIO,ENABLE);
    GPIO_InitStructure.GPIO_Pin = GPIO_Pin_1;      //MODE 按键
    GPIO_InitStructure.GPIO_Mode = GPIO_Mode_IPU;
    GPIO_Init(GPIOB,&GPIO_InitStructure);
    GPIO_InitStructure.GPIO_Pin = GPIO_Pin_9;      //FUN 按键
    GPIO_InitStructure.GPIO_Mode = GPIO_Mode_IPU;
    GPIO_Init(GPIOB,&GPIO_InitStructure);
    GPIO_EXTILineConfig(GPIO_PortSourceGPIOB,GPIO_PinSource1);
    GPIO_EXTILineConfig(GPIO_PortSourceGPIOB,GPIO_PinSource9);
    EXTI_InitStructure.EXTI_Line = EXTI_Line1|EXTI_Line9;
    EXTI_InitStructure.EXTI_Mode = EXTI_Mode_Interrupt;     //外部中断
    EXTI_InitStructure.EXTI_Trigger = EXTI_Trigger_Falling;//下降沿触发
    EXTI_InitStructure.EXTI_LineCmd = ENABLE;
    EXTI_Init(&EXTI_InitStructure);
}
void EXTI1_IRQHandler(void)                         //MODE 按键中断
{
    static uint32_t Key_Delay = 0;
    if(EXTI_GetITStatus(EXTI_Line1) != RESET)
    {
        EXTI_ClearITPendingBit(EXTI_Line1);
        if(Key_Delay<(Timer3_Count - 100))          //消抖
        {
            Key_Delay = Timer3_Count;
            if(Mode)
                Mode = 0;
            else
                Mode = 1;
        }
    }
}
void EXTI9_5_IRQHandler(void)                       //FUN 按键中断
{
    static uint32_t Key_Delay = 0;
    if(EXTI_GetITStatus(EXTI_Line9) != RESET)
    {
        EXTI_ClearITPendingBit(EXTI_Line9);
        if(Key_Delay<(Timer3_Count - 100)           //消抖
        {
            Key_Delay = Timer3_Count;
            if(Fun)
                Fun = 0;
            else
                Fun = 1;
        }
    }
```

```
}
```

在这里介绍一下按键消抖的处理：Timer3_Count 是每次进入 TIM3 中断时都累加的变量，每秒累加 500 次。当 Key_Delay<(Timer3_Count－100)时，说明这次按键触发的中断和上次触发中断间相隔不到 0.2 s，这样我们就认为按键只按下了一次，从而做到了消抖。这样按键能识别到最大按下频率为 5 Hz，实际上我们很少连续按下按键的，5 Hz 消抖处理是 OK 的。

15.3 主循环中运行频率为 500 Hz 的任务

在这个任务里，我们需要检查 NRF24L01 是否收到四轴发来的数据，并计算遥控指令和对指令进行滤波处理。

程序代码如下：

```
void Task_500HZ(void)
{
    Nrf_Connect();                //NRF24L01 连接函数
    Rc_Filter(&Rc,&Filter_Rc);    //计算遥控指令 + 滤波
}
```

遥控器的 Nrf_Connect()与四轴上的 Nrf_Connect()有所不同。

程序代码如下：

```
void Nrf_Connect(void)            //500 Hz
{
    Nrf_Erro ++ ;
    if(Nrf_Erro == 1)
    {
        NRF24L01_Analyse();       //分析 NRF24L01 收到的数据帧
    }
    if(Nrf_Erro % 50 == 0)        //0.1 s 未接收 NRF 数据 ,试图连接飞控
    {
        NRF24L01_IRQ();           //清除中断标志位
    }
    if(Nrf_Erro> = 500)           //1 s 未接收 NRF 数据,关闭绿色 LED 指示灯
    {
        LEDGreen_OFF;
        Nrf_Erro = 1;
        Battery_Fly = 0;
    }
}
```

如 0.1 s 未收到四轴数据，则进入接收模式，等待四轴发回来的数据。这样即使通信出现故障，只要四轴和遥控的 NRF24L01 还在工作，就能够建立通信。遥控器上对于数据的处理和四轴也不尽相同，但都是按照一定的通信协议。

程序代码如下：

```
static void NRF24L01_Analyse(void)
{
    uint8_t sum = 0,i;
    uint8_t len = NRF24L01_RXDATA[3] + 5;
    for(i = 3;i<len;i++)
        sum ^= NRF24L01_RXDATA[i];
    if( sum!= NRF24L01_RXDATA[len] )    return;    //数据校验
    if( NRF24L01_RXDATA[0] != '$' )     return;    //数据校验
    if( NRF24L01_RXDATA[1] != 'M' )     return;    //数据校验
    if( NRF24L01_RXDATA[2] != '>' )     return;    //MWC 发送给上位机的标志
    LEDGreen_ON;
    if( NRF24L01_RXDATA[4] == MSP_FLY_DATA )       //功能帧标志
    {
    Battery_Fly = ( (uint16_t)(NRF24L01_RXDATA[6]) <<8 ) | NRF24L01_RXDATA[5];
    THROTTLE1  = ( (uint16_t)(NRF24L01_RXDATA[8]) <<8 ) | NRF24L01_RXDATA[7];
    THROTTLE2  = ( (uint16_t)(NRF24L01_RXDATA[10]) <<8 ) | NRF24L01_RXDATA[9];
    THROTTLE3  = ( (uint16_t)(NRF24L01_RXDATA[12]) <<8 ) | NRF24L01_RXDATA[11];
    THROTTLE4  = ( (uint16_t)(NRF24L01_RXDATA[14]) <<8 ) | NRF24L01_RXDATA[13];
        pid.kp[0] = NRF24L01_RXDATA[15];
        pid.ki[0] = NRF24L01_RXDATA[16];
        pid.kd[0] = NRF24L01_RXDATA[17];

        pid.kp[1] = NRF24L01_RXDATA[18];
        pid.ki[1] = NRF24L01_RXDATA[19];
        pid.kd[1] = NRF24L01_RXDATA[20];

        pid.kp[2] = NRF24L01_RXDATA[21];
        pid.ki[2] = NRF24L01_RXDATA[22];
        pid.kd[2] = NRF24L01_RXDATA[23];
    }
    else if( NRF24L01_RXDATA[4] == MSP_RAW_IMU || NRF24L01_RXDATA[4] == MSP_ATTITUDE
)       //功能帧标志
        Uart_Send(NRF24L01_RXDATA,len + 1);
}
```

如果接收到飞控发来的自定义数据帧，则接收四轴电压、电机 PWM 值及 PID 参数等数据。如收到传感器和姿态数据，则直接通过串口将数据转发到上位机，上位机做出相应显示。这部分的通信协议在第 14 章中已有介绍，此处不再赘述。

下面来看遥控指令的计算和滤波：

```
#define Filter_Num 5
/*****************************************************************
函数原型：   void Rc_Filter( struct _Rc *Rc_in,struct _Rc *Rc_out)
功    能：   遥控指令滤波
*****************************************************************/
void Rc_Filter( struct _Rc *Rc_in,struct _Rc *Rc_out)
{
    static uint16_t Filter_A[Filter_Num],Filter_B[Filter_Num],Filter_C[Filter_Num],
Filter_D[Filter_Num];
    static uint8_t Filter_count;
```

```
    uint32_t Filter_sum_A = 0,Filter_sum_B = 0,Filter_sum_C = 0,Filter_sum_D = 0;
//////////////////////////////////////////////////////////////////////
//由 AD 值计算遥控数据
//////////////////////////////////////////////////////////////////////
#ifdef American_Mode    //美国手
    Rc_in->THROTTLE = 1000 + (uint16_t)(0.25f * ADC_Value[4]) - offset0;//油门
    Rc_in->PITCH = 2000 - (uint16_t)(0.25f * ADC_Value[7]) - offset2;//升降舵
#else                   //日本手
    Rc_in->THROTTLE = 2000 - (uint16_t)(0.25f * ADC_Value[7]) - offset0;//油门
    Rc_in->PITCH = 1000 + (uint16_t)(0.25f * ADC_Value[4]) - offset2;//升降舵
#endif
    Rc_in->YAW = 1000 + (uint16_t)(0.25f * ADC_Value[5]) - offset1;//方向
    Rc_in->ROLL = 2000 - (uint16_t)(0.25f * ADC_Value[6]) - offset3;//副翼
    Rc_in->AUX1 = 1000 + (uint16_t)(0.25f * ADC_Value[2]) - offset4;//升降舵微调
    Rc_in->AUX2 = 1000 + (uint16_t)(0.25f * ADC_Value[0]) - offset5;//副翼微调
    Rc_in->AUX3 = 1000 + (uint16_t)(0.25f * ADC_Value[1]) - offset6;//方向微调

    Battery_Rc = (uint16_t)(2.0f * ADC_Value[3]/ADC_Value[8] * 1.2f * 100);
                                                            //遥控电压值的 100 倍
//////////////////////////////////////////////////////////////////////
//将遥控数据限制在 1 000~2 000
//////////////////////////////////////////////////////////////////////
    RC_Limit(Rc_in);
    Do_Offset();//遥控上电后自动对中,响一声后即对中完成
//////////////////////////////////////////////////////////////////////
//遥控指令滤波
//////////////////////////////////////////////////////////////////////
    Filter_A[Filter_count] = Rc_in->PITCH;
    Filter_B[Filter_count] = Rc_in->ROLL;
    Filter_C[Filter_count] = Rc_in->THROTTLE;
    Filter_D[Filter_count] = Rc_in->YAW;
    for(uint8_t i = 0;i<Filter_Num;i++)
    {
        Filter_sum_A += Filter_A[i];
        Filter_sum_B += Filter_B[i];
        Filter_sum_C += Filter_C[i];
        Filter_sum_D += Filter_D[i];
    }
    Rc_out->PITCH       = Filter_sum_A / Filter_Num;
    Rc_out->ROLL        = Filter_sum_B / Filter_Num;
    Rc_out->THROTTLE    = Filter_sum_C / Filter_Num;
    Rc_out->YAW         = Filter_sum_D / Filter_Num;

    Filter_count++;
    if(Filter_count == Filter_Num)
    Filter_count = 0;
}
```

针对手势习惯不一致的问题，遥控器提供了美国手和日本手两种操作习惯。遥控默认是美国手，需要使用日本手时，把 struct_all.h 中的 #define American_Mode 前加注释符号"//"，重新编译下载程序后即可。

15.4 主循环中运行频率为 100 Hz 的任务

在这个任务里，我们只需要将遥控指令从 NRF2401 发出即可，即 Print_MSP_RC('<')。下面来看实现代码：

```
void Print_MSP_RC(uint8_t direction)
{
    uint8_t     data[32];
    uint8_t count;

    data[0] = '$';
    data[1] = 'M';
    data[2] = direction;                        //数据方向设置
    data[3] = 16;
    data[4] = MSP_RC;
    data[5] =   Filter_Rc.ROLL & 0xFF ;
    data[6] = (Filter_Rc.ROLL > >8)& 0xFF;
    data[7] =   Filter_Rc.PITCH & 0xFF ;
    data[8] = (Filter_Rc.PITCH > >8)& 0xFF;
    data[9] =   Filter_Rc.YAW & 0xFF ;
    data[10] = (Filter_Rc.YAW > >8)& 0xFF;
    data[11] = Filter_Rc.THROTTLE & 0xFF ;
    data[12] = (Filter_Rc.THROTTLE > >8)& 0xFF;
    data[13] =   Rc.AUX1 & 0xFF ;
    data[14] = (Rc.AUX1 > >8)& 0xFF;
    data[15] =   Rc.AUX2 & 0xFF ;
    data[16] = (Rc.AUX2 > >8)& 0xFF;
    data[17] =   Rc.AUX3 & 0xFF ;
    data[18] = (Rc.AUX3 > >8)& 0xFF;
    if(direction == '<')                        //发给四轴
    {
        Rc.AUX4 = 0;
        if(Mode)                                //Mode 按键
            Rc.AUX4 |=      Lock_Mode;          //锁尾模式
        if(Fun)                                 //Fun 按键
            Rc.AUX4 |=   Led_Mode;              //夜间模式
        data[19] =   Rc.AUX4 & 0xFF ;
        data[20] = (Rc.AUX4 > >8)& 0xFF;
        data[21] = Get_Checksum(data);

            NRF_Send_TX(data,32);
    }
    else if(direction == '>')                   //发给上位机
    {
        Rc.AUX4 = 1000 + Battery_Rc;
```

```
        data[19] =   Rc.AUX4 & 0xFF ;
        data[20] = (Rc.AUX4 > >8)& 0xFF;
        data[21] = Get_Checksum(data);
        for(count = 0;count<22;count ++ )
        }
            PrintHexU8(data[count]);
}
```

我们注意到，遥控发给四轴和上位机的第四通道数据是不一样的。发给上位机的第四通道数据是遥控电压的 100 倍＋1 000；发给四轴的第四通道数据由 MODE 按键和 FUN 按键按下的次数决定。四轴接收到第四通道数据后，会判断是否进入锁尾模式和夜间模式。

Get_Checksum()就是计算数据校验值的函数，在第 14 章中已经介绍过了。

15.5　主循环中运行频率为 25 Hz 的任务

在该任务中，我们将遥控指令和电机 PWM 值发到上位机进行显示，同时执行 LED 的周期闪烁函数。发送遥控指令函数在前面介绍过了，下面是发送电机 PWM 值函数：

```
void Print_MSP_MOTOR(void)
{
    uint8_t    data[32];
    uint8_t count;

    data[0] = '$';
    data[1] = 'M';
    data[2] = '>';//发给上位机
    data[3] = 16;
    data[4] = MSP_MOTOR;
    data[5] =    (THROTTLE4) & 0xFF;
    data[6] =  ((THROTTLE4) > >8) & 0xFF;
    data[7] =    (THROTTLE2) & 0xFF;
    data[8] =  ((THROTTLE2) > >8) & 0xFF;
    data[9] =    (THROTTLE3) & 0xFF;
    data[10] =  ((THROTTLE3) > >8) & 0xFF;
    data[11] =    (THROTTLE1) & 0xFF;
    data[12] =  ((THROTTLE1) > >8) & 0xFF;
//////////////////////////////////
    data[13] = 0;
    data[14] =0;
    data[15] = 0;
    data[16] = 0;
    data[17] = 0;
    data[18] = 0;

    data[19] = 0;
    data[20] = 0;
    data[21] = Get_Checksum(data);
```

```
    for(count = 0;count<22;count ++ )
    {
        PrintHexU8(data[count]);
    }
}
```

由于烈火四轴只用 4 个电机，因此我们也只发送 4 个电机的 PWM 值。

下面看 LED_Show()函数：

```
void LED_Show(void)
{
    if( (Battery_Fly>200 && Battery_Fly<330) || (Battery_Rc>200 && Battery_Rc<360) )
                                                        //低压报警
    {
        Bee_ON;
        LED3_ON_Frequency(10);                          //红色 LED 10 Hz 闪烁
    }
    else if(Mode)                                       //锁尾模式
    {
        Bee_OFF;
        LED3_ON_Frequency(4);                           //红色 LED 4 Hz 闪烁
    }
    else                                                //非锁尾模式
    {
        Bee_OFF;
        LED3_ON_Frequency(1);                           //红色 LED 1 Hz 闪烁
    }
}
```

该函数主要用于指示当前程序运行状态。其中，Battery_Fly 和 Battery_Rc 分别是四轴电压和遥控电压的 100 倍。当四轴电池电压处在 2.00～3.30 V 或遥控电池电压处在 2.00～3.60 V 时，红色 LED 将以 10 Hz 速度闪烁，并响起蜂鸣器报警；若当前四轴进入了锁尾模式，则红色 LED 以 4 Hz 频率闪烁；若其他情况，则红色 LED 以1 Hz 频率闪烁。根据指示灯状态就知道当前程序运行状态了。

LED 闪烁频率是建立在定时器 TIM3 上面的，具体代码如下，主要就是数学关系：

- Light_Frequency 是 LED 闪烁频率(Hz)。
- Timer3_Frequency 是 TIM3 定时器的中断频率(Hz)。
- Timer3_Count 在 TIM3 中断中计数，每次中断时加 1，加到 500 时即代表 1 s。
- time_count 是计算出 LED 切换亮灭状态需要的 Timer3_Count 计数个数。
- Now_time 是当前 Timer3_Count 的值。
- Last_time 上次切换 LED 亮灭状态时 Timer3_Count 的值。

```
void LED3_ON_Frequency(uint8_t Light_Frequency)
{
    uint16_t time_count;
    static uint8_t Light_On;
    static uint32_t Last_time,Now_time;
```

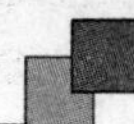

```
    Now_time = Timer3_Count;
    if( Light_On )
    {
        time_count = (uint16_t)(Timer3_Frequency / Light_Frequency / 2 );

        if( Now_time - Last_time > = time_count)
        {
            LEDRed_OFF;
            Light_On = 0;
            Last_time = Timer3_Count;
        }
    }
    else
    {
        time_count = (uint16_t)(Timer3_Frequency / Light_Frequency / 2 );

        if( Now_time - Last_time > = time_count)
        {
            LEDRed_ON;
            Light_On = 1;
            Last_time = Timer3_Count;
        }
    }
}
```

15.6　主循环中运行频率为 4 Hz 的任务

在这个任务中就是向上位机发送一些不需要快速刷新的数据，如：

```
void Task_4HZ(void)
{
    static uint8_t turn_count;

    turn_count ++ ;
switch(turn_count)
    {
        case 1: Print_MSP_ANALOG();          break;
        case 2: Print_MSP_IDENT();           break;
        case 3: Print_MSP_ANALOG();          break;
        case 4: Print_MSP_MOTOR_PINS();
                turn_count = 0;              break;
    }
}
```

3 个发送函数如下：

```
/*************************************************************
函数原型:    void Print_MSP_ANALOG(void)
功    能:    发送电压数据
*************************************************************/
```

```
void Print_MSP_ANALOG(void)
{
    uint8_t    data[13];
    uint8_t count;

    data[0] = '$';
    data[1] = 'M';
    data[2] = '>';//发给上位机
    data[3] = 7;
    data[4] = MSP_ANALOG;
    data[5] =  (uint8_t)(Battery_Fly/10.0f)& 0xFF;
    data[6] =  0;
    data[7] =  0;
    data[8] =  0;
    data[9]  = 0;
    data[10] = 0;
    data[11] = 0;
    data[12] = Get_Checksum(data);
    for(count = 0;count<13;count ++ )
    {
        PrintHexU8(data[count]);
    }
}
/*************************************************************
函数原型:    void Print_MSP_IDENT(void)
功    能:    发送版本信息
*************************************************************/
void Print_MSP_IDENT(void)
{
    uint8_t    data[13];
    uint8_t count;

    data[0] = '$';
    data[1] = 'M';
    data[2] = '>';     //发给上位机
    data[3] = 7;
    data[4] = MSP_IDENT;
    data[5] =  VERSION;
    data[6] =  QUADX;
    data[7] =  MSP_VERSION;
    data[8] =  0;
    data[9] =  0;
    data[10]=  0;
    data[11] = 12;
    data[12] = Get_Checksum(data);
    for(count = 0;count<13;count ++ )
    {
        PrintHexU8(data[count]);
    }
}
/*************************************************************
函数原型:    void Print_MSP_MOTOR_PINS(void)
```

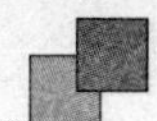

```
功    能：   发送四轴电机 I/O 配置
*****************************************************************/
void Print_MSP_MOTOR_PINS(void)
{
    uint8_t    data[14];
    uint8_t count;

    data[0] = '$';
    data[1] = 'M';
    data[2] = '>';     //发给上位机
    data[3] = 8;
    data[4] = MSP_MOTOR_PINS;
    data[5] =   3;
    data[6] =   1;
    data[7] =   2;
    data[8] =   0;
    data[9]  = 0;
    data[10] = 0;
    data[11] = 0;
    data[12] = 0;
data[13] = Get_Checksum(data);
for(count = 0;count<14;count ++ )
    {
        PrintHexU8(data[count]);
    }
}
```

遥控器部分的通信协议，将放在本章最后进行介绍。

15.7 串口数据的处理

主函数如下：

```
int main(void)
{
    BSP_Int();          //底层驱动初始化
    while(1)
    {
        Uart_Check();//处理串口接收到的数据

        if(Count_2ms> = 1)
        {
            Count_2ms = 0;
            Task_500HZ();
        }
        if(Count_10ms> = 5)
        {
            Count_10ms = 0;
            Task_100HZ();
        }
```

```
        if(Count_40ms> = 20)
        {
            Count_40ms = 0;
            Task_25HZ();
        }
        if(Count_250ms> = 125)
        {
            Count_250ms = 0;
            Task_4HZ();
        }
    }
}
```

其中 Uart_Check()用于处理串口接收到的数据,即上位机下发的数据。在进入该函数前,先看一下串口中断中是如何对数据进行分帧读取的:

```
void USART1_IRQHandler(void)
{
    if(USART_GetFlagStatus(USART1, USART_FLAG_ORE) != RESET)          //ORE 中断
    {
        USART_ReceiveData(USART1);
    }
    if(USART1->SR & USART_SR_TC && (USART1->CR1 & USART_CR1_TXEIE))  //发送中断
    {
        USART1->DR = TxBuff[TxCount++];              //写 DR 清除中断标志
if(TxCount == Count)
        {
            USART1->CR1 &= ~USART_CR1_TXEIE;     //关闭 TXE 中断
        }
    }
    if(USART1->SR & USART_SR_RXNE)                   //接收中断
    {
        static uint8_t Head = 0;
        static uint8_t Line = 0;
        uint8_t com_data = USART1->DR;
        if(Head == 0)                                //寻找帧头
        {
            if(com_data == '$')
            {
                RxBuff[Line][0] = com_data;
                Head = 1;
            }
        }
        else if(Head == 1)
        {
            if(com_data == 'M')
            {
                RxBuff[Line][1] = com_data;
                Head = 2;
            }
            else
```

```
            Head = 0;
        }
        else if(Head == 2)
        {
            if(com_data == '<')                         //上位机发送给 MWC
            {
                RxBuff[Line][2] = com_data;
                Head = 3;
    }
            else
                Head = 0;
        }
        else
        {
            RxBuff[Line][Head] = com_data;
            Head ++ ;
        }
        if(Head == RxBuff[Line][3] + 6)                 //数据接收完毕
        {
            Head = 0;
            if(Line)
            {
                Line = 0;                               //切换缓存
                Line1 = 1;
            }
            else
            {
                Line = 1;
                Line0 = 1;
            }
        }
    }
}
```

程序比较长，主要看接收中断即可。根据通信协议，寻找帧头“$M<”，找到后则开始接收数据。若收到的本帧数据能通过校验，则切换串口缓存，并设置相应标志位。在 Uart_Check()中若检测到相应的标志位，则处理该缓存上的数据：

```
void Uart_Check(void)
{
    uint8_t Line_address;
    if(Line0 == 1 || Line1 == 1)
    {
        if(Line0 == 1)          //确定缓冲队列
        {
            Line0 = 0;
            Line_address = 0;
        }
        else
        {
            Line1 = 0;
```

```
            Line_address = 1;
        }

        switch (RxBuff[Line_address][4])
        {
        case MSP_SET_PID :          //设置 PID 参数
                pid.kp[0] = RxBuff[Line_address][5];
                pid.ki[0] = RxBuff[Line_address][6];
                pid.kd[0] = RxBuff[Line_address][7];
                pid.kp[1] = RxBuff[Line_address][8];
                pid.ki[1] = RxBuff[Line_address][9];
                pid.kd[1] = RxBuff[Line_address][10];

                pid.kp[2] = RxBuff[Line_address][11];
                pid.ki[2] = RxBuff[Line_address][12];
                pid.kd[2] = RxBuff[Line_address][13];
                Print_MSP_SET_PID();
            break;
          case MSP_PID :                  //读取 PID 参数
            Print_MSP_PID();
            break;
          case MSP_ACC_CALIBRATION :      //校正加速度计
            NRF_Send_TX(RxBuff[Line_address],32);
            break;
          case MSP_MAG_CALIBRATION :      //原是校正磁力计,这里用来校正陀螺仪
            NRF_Send_TX(RxBuff[Line_address],32);
            break;
          case MSP_RESET_CONF :           //重置 PID
            NRF_Send_TX(RxBuff[Line_address],32);
            break;
        }
    }
}
```

当遥控收到校正加速度计、校正陀螺仪或重置 PID 的指令时,直接将指令通过 NRF24L01 转发给四轴,四轴收到指令后,会执行相应的程序。当遥控收到设置 PID 参数的指令时,会把前 3 组 PID 参数保存下来,并发给四轴:

```
/********************************************************************
函数原型:    void Print_MSP_SET_PID(void)
功    能:    设置飞控 PID 参数
********************************************************************/
void Print_MSP_SET_PID(void)
{
    uint8_t data[32];

    data[0] = '$';
    data[1] = 'M';
    data[2] = '<';      //发给飞控
    data[3] = 9;
    data[4] = MSP_SET_PID;
```

```
    data[5]  =   pid[0].kp & 0xFF;
    data[6]  =   pid[0].ki & 0xFF;
    data[7]  =   pid[0].kd & 0xFF;
    data[8]  =   pid[1].kp & 0xFF;
    data[9]  =   pid[1].ki & 0xFF;

    data[10] =   pid[1].kd & 0xFF;
    data[11]  =   pid[2].kp & 0xFF;
    data[12]  =   pid[2].ki & 0xFF;
    data[13]  =   pid[2].kd & 0xFF;
    data[14] = Get_Checksum(data);
    NRF_Send_TX(data,32);
}
```

当遥控收到读取 PID 参数的指令时，会把 PID 参数发给上位机：

```
/************************************************************
函数原型：    void Print_MSP_PID(void)
功    能：    发送 PID 参数
*************************************************************/
void Print_MSP_PID(void)
{
    uint8_t data[40];
    uint8_t count;

    data[0] = '$';
    data[1] = 'M';
    data[2] = '>';//发给上位机
    data[3] = 27;
    data[4] = MSP_PID;
    data[5]  =   pid[0].kp & 0xFF;
    data[6]  =   pid[0].ki & 0xFF;
    data[7]  =   pid[0].kd & 0xFF;
    data[8]  =   pid[1].kp & 0xFF;
    data[9]  =   pid[1].ki & 0xFF;
    data[10] =   pid[1].kd & 0xFF;
    data[11]  =   pid[2].kp & 0xFF;
    data[12]  =   pid[2].ki & 0xFF;
    data[13]  =   pid[2].kd & 0xFF;
    data[14]  =   pid[3].kp & 0xFF;
    data[15]  =   pid[3].ki & 0xFF;
    data[16]  =   pid[3].kd & 0xFF;
    data[17]  =   pid[4].kp & 0xFF;
    data[18]  =   pid[4].ki & 0xFF;
    data[19]  =   pid[4].kd & 0xFF;
    data[20]  =   pid[5].kp & 0xFF;
    data[21]  =   pid[5].ki & 0xFF;
    data[22]  =   pid[5].kd & 0xFF;
    data[23]  =   pid[6].kp & 0xFF;
    data[24]  =   pid[6].ki & 0xFF;
    data[25]  =   pid[6].kd & 0xFF;
    data[26]  =   pid[7].kp & 0xFF;
    data[27]  =   pid[7].ki & 0xFF;
```

```
    data[28] =   pid[7].kd & 0xFF;
    data[29] =   pid[8].kp & 0xFF;
    data[30] =   pid[8].ki & 0xFF;
    data[31] =   pid[8].kd & 0xFF;
    data[32] = Get_Checksum(data);
    for(count = 0;count<33;count ++ )
    {
        PrintHexU8(data[count]);
    }
}
```

最后介绍一下遥控部分的通信协议。在第 14 章中介绍了 MWC 飞控 V2.3 版本的协议一般格式如下(在遥控器上,这两种格式都会用上):

发给上位机:'$''M''>'[data length][code][data][checksum]

发给四轴:'$''M''<'[data length][code][data][checksum]

烈火遥控发送给上位机的功能帧标志和数据如表 15-1 所列。

表 15-1　烈火遥控发送给上位机的功能帧标志和数据

功能帧标志	方　向	数　据	类　型	说　明
MSP_RC	>	Filter_Rc. ROLL	UINT 16	Filter_Rc:滤波后的遥控指令; Rc:未滤波的遥控指令
		Filter_Rc. PITCH	UINT 16	
		Filter_Rc. YAW	UINT 16	
		Filter_Rc. THROTTLE	UINT 16	
		Rc. AUX1	UINT 16	
		Rc. AUX2	UINT 16	
		Rc. AUX3	UINT 16	
		Rc. AUX4	UINT 16	
MSP_MOTOR	>	THROTTLE4	UINT 16	电机 PWM 数据
		THROTTLE2	UINT 16	
		THROTTLE3	UINT 16	
		THROTTLE1	UINT 16	
MSP_ANALOG	>	(uint8_t)(Battery_Fly/10.0f)& 0xFF	UINT 8	四轴电压值的 10 倍
MSP_IDENT	>	VERSION	UINT 8	版本号
		QUADX	UINT 8	四轴模型
		MSP_VERSION	UINT 8	无用的
MSP_MOTOR_PINS	>	3	UINT 8	四轴电机 I/O 配置
		1	UINT 8	
		2	UINT 8	
		0	UINT 8	

续表 15-1

功能帧标志	方　向	数　据	类　型	说　明
MSP_PID	>	pid[0]. kp	UINT 8	一共发送给上位机 9 组 PID 数据，实际上我们用到的只有 pid[0]、pid[1]、pid[2]，分别对应上位机显示的 ROLL、PITCH、YAW 这 3 组 PID
		pid[0]. ki	UINT 8	
		pid[0]. kd	UINT 8	
		pid[1]. kp	UINT 8	
		pid[1]. ki	UINT 8	
		pid[1]. kd	UINT 8	
		pid[2]. kp	UINT 8	
		pid[2]. ki	UINT 8	
		pid[2]. kd	UINT 8	
		pid[3]. kp	UINT 8	
		pid[3]. ki	UINT 8	
		pid[3]. kd	UINT 8	
		pid[4]. kp	UINT 8	
		pid[4]. ki	UINT 8	
		pid[4]. kd	UINT 8	
		pid[5]. kp	UINT 8	
		pid[5]. ki	UINT 8	
		pid[5]. kd	UINT 8	
		pid[6]. kp	UINT 8	
		pid[6]. ki	UINT 8	
		pid[6]. kd	UINT 8	
		pid[7]. kp	UINT 8	
		pid[7]. ki	UINT 8	
		pid[7]. kd	UINT 8	
		pid[8]. kp	UINT 8	
		pid[8]. ki	UINT 8	
		pid[8]. kd	UINT 8	

烈火遥控发送给烈火四轴的功能帧标志和数据如表 15-2 所列。

表 15-2　烈火遥控发送给烈火四轴的功能帧标志和数据

功能帧标志	方　向	数　据	类　型	说　明
MSP_RC	<	Filter_Rc. ROLL	UINT 16	
		Filter_Rc. PITCH	UINT 16	
		Filter_Rc. YAW	UINT 16	

续表 15 - 2

功能帧标志	方 向	数 据	类 型	说 明
MSP_RC	<	Filter_Rc. THROTTLE	UINT 16	Filter_Rc：滤波后的遥控指令； Rc：未滤波的遥控指令
		Rc. AUX1	UINT 16	
		Rc. AUX2	UINT 16	
		Rc. AUX3	UINT 16	
		Rc. AUX4	UINT 16	
MSP_SET_PID	<	pid[0]. kp	UINT 8	pid[0]：俯仰与横滚角外环 PID 参数； pid[1]：俯仰与横滚角内环 PID 参数； pid[2]：偏航角内环参数
		pid[0]. ki	UINT 8	
		pid[0]. kd	UINT 8	
		pid[1]. kp	UINT 8	
		pid[1]. ki	UINT 8	
		pid[1]. kd	UINT 8	
		pid[2]. kp	UINT 8	
		pid[2]. ki	UINT 8	
		pid[2]. kd	UINT 8	

至此，本篇的最后一章也结束了。希望读完本篇的你有不小的收获！

第四篇　拓展篇

本篇主要介绍飞行器的操作入门、航拍等，以及多旋翼飞行器在不同行业的应用。

第 16 章 飞行器控制操作入门

16.1 练习"对尾飞行"

在 7.3 节中讲到烈火飞行器操作说明，按照上面的步骤可以控制飞行器。但是很多新手从来没有玩过此类的飞行器，也没有操作过直升机或是固定翼，这对入门确实有点难，可能比学驾驶还要难一些。油门、离合、刹车、挡位，要熟练地配合使用才能开好车。操作多旋翼飞行器也一样，油门、转向、前后、左右都要熟练地控制才能飞出想要的效果。操作手柄的功能如图 16-1 所示(以美国手为例)。

首先，按照 7.3 节讲过的烈火飞行器操作说明进行解锁。4 路摇杆分别对应油门、转向、前后、左右的功能，且全部是按线性比例的，比如油门越向上，电机的转速越快。

在讲解操作前，我们先来了解航向的概念。航向实际上就是指机头的朝向，飞行器和遥控器按图 16-2 放置，飞行器的运动方向和遥控器的操作方向就是相对应的。如果飞行器的机头不是按照图示摆放，那么左手的油门和转向功能还是相对应的，而右手的前后左右功能和实际飞行器在天空中的运动状态就不是对应的了。图 16-3 为飞行器航向 2，左手的油门和转向功能是相对应的，遥控器右手的前进操作实际上变成了后退动作，后退操作则变成前进动作。左右的操作也反向了，这足以把新手搞得晕头转向的。我们可以从桨的颜色上区分飞行器的机头，也可以从机身的 LED 上区分，保持电机处的绿色 LED 朝向自己即可。

新手操作第一步是正确放置飞行器，确保航向与遥控器的响应一一对应，练习"对尾飞行"。由于油门和转向是由同一个摇杆控制，新手很容易不自觉地改变飞行器航向，造成遥控器的操作和飞行器的动作不一致，最终炸机。为了解决这个问题，在遥控器上面设置了锁尾的按键。进入锁尾模式后，飞行器会记住当前的航向并保持，不再去响应摇杆的转向命令。这个功能使得操作更加容易，并且是玩具四轴上所没有的功能。在飞行前按一次锁尾后，不用再去担心飞行器航向改变。当受到外力改变航向时，飞行器会自动恢复锁尾之前的航向。这样一来，只需要控制好油门和前后左右的方向，就能实现理想的飞行。这个功能在超视距飞行时非常有用。锁定航向后飞得再远，也可以

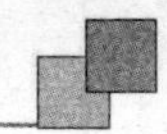

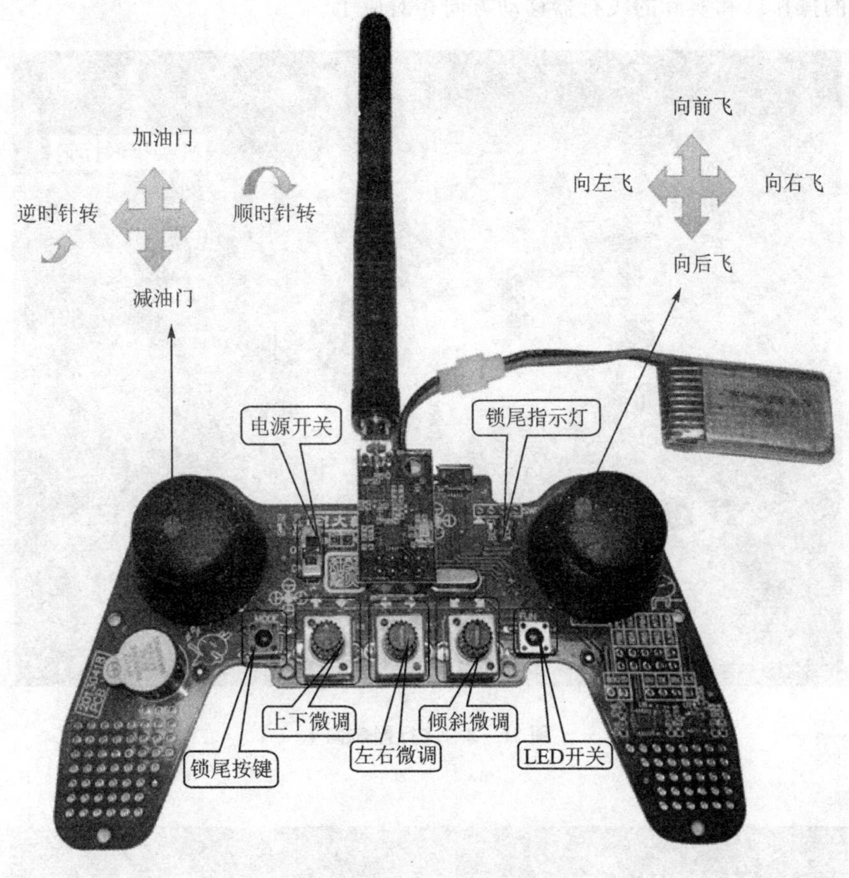

图 16－1　遥控器功能图

原路返回来。

接下来要熟悉油门操控。很多新手一上来就把油门推到最大，结果就是飞行器瞬间飞得没有踪影了。要适度控制油门，先练习保持高度：让飞行器保持在离地面 1 m 左右的高度为佳。飞行器下降就要及时补油门，上升就要松油门，直到飞行器能够平稳地飞行在一定的高度。

遥控器右手摇杆的控制要轻柔，操作和油门类似，尽量保持飞行器留在原地上空飞行。在没有熟练掌握操作前，不要快速大幅度做动作，而要实现平稳起飞，平稳降落。

在能控制好油门和飞行器的前后左右动作后，可以尝试取消锁尾功能，让飞行器可以改变航向。注意航向可能会在油门摇杆动作后发生变化，这个时候不要慌着马上关闭全部油门，让飞行器自由落体。虽然飞行器结构上做了非常多的保护，有电机座和护罩，但是飞得太高并不能保证每次炸机都万无一失。尽管曾经有网友飞到 20 m 以上高度，直接摔下炸机，结果没有任何损坏，放平后照样起飞，但请不要每次都存在这样的侥幸心理。发生这种情况时，应保持原先油门位置不动，左手摇杆向左或是向右慢慢偏转，这时会发现飞行器跟着左手的动作自动改变航向，直到飞行器的尾部对着自己，这时右手的操作就和实际的飞行器移动方向相对应了。

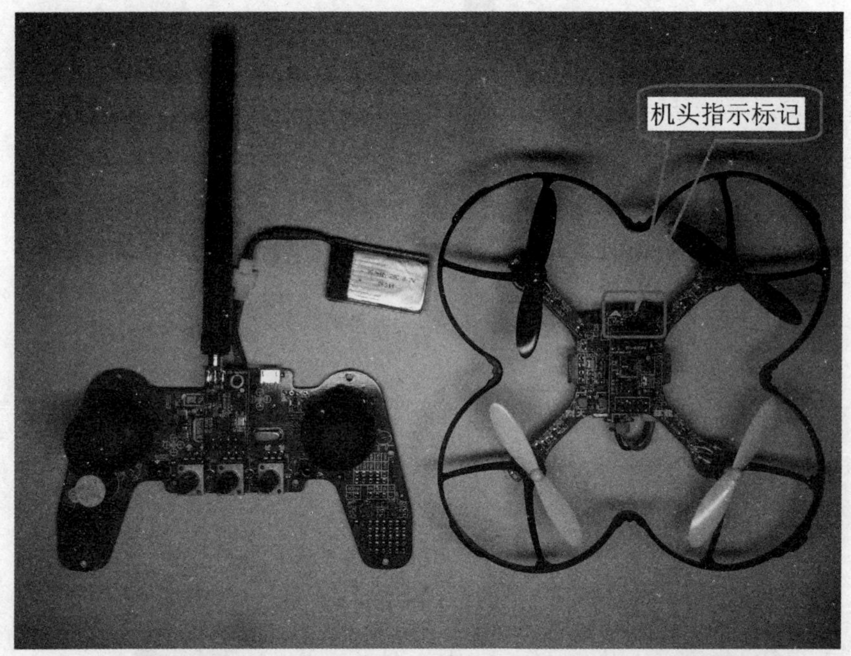

图 16－2　飞行器航向 1

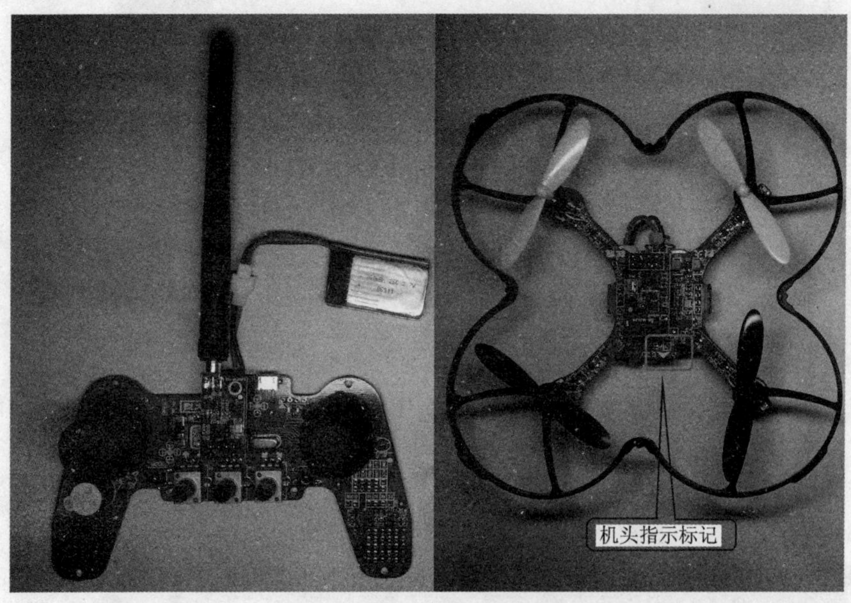

图 16－3　飞行器航向 2

16.2 练习"对头飞行"

在练习好"对尾飞行"后,接下来可以尝试做一些高难度的动作。比如保持机头顺时针转 90°,左手的油门和转向功能保持不变,右手的摇杆前后功能就变成飞行器实际运动方向的右左运动,右手的摇杆左右功能就变成飞行器实际运动方向的前后运动;或是逆时针转 90°,左手的油门和转向功能保持不变,右手的摇杆前后功能就变成飞行器实际运动方向的左右运动,右手的摇杆左右功能就变成飞行器实际运动方向的后前运动。

"对头飞行"是指飞行器机头指向自己,左手的油门和转向功能保持不变,右手的摇杆前后功能就变成飞行器实际运动方向的后前运动,右手的摇杆左右功能就变成飞行器实际运动方向的右左运动。注意:这时的实际操作方向都是反向的,比如想控制飞行器向前飞,那么右手的摇杆要向后掰。

16.3 练习飞航线

经过前面的练习,相信读者的飞行技术有了进一步的提升,接下来就可以做一些飞航线的动作,比如飞个 8 字形的航线、实现手中起降等。

这种飞行技术的练习没有任何的捷径,只能从头开始一点点地练习。

第 17 章 微型四旋翼的航拍和 FPV

17.1 微型四旋翼的航拍

微型飞行器本身加上电池的质量是 38.5 g，我们是否能让它携带一个微型的摄像头完成空中拍摄呢？答案是肯定的！我找了一套成像质量非常好的 MOBIUS 808＃16 的摄像头模块，加上外壳和自带的微型电池的质量近 20 g，挂在飞行器上面由于太重飞不起来。为了减小质量，我拆掉壳子和锂电池，最终负载小于 10 g，这时完全满足携带的要求，如图 7－1 所示。

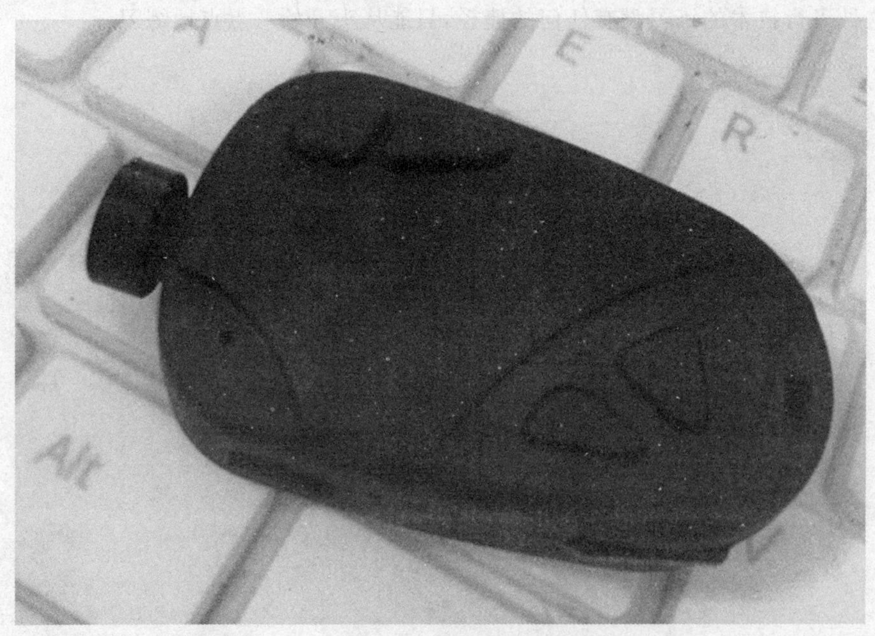

图 17－1 MOBIUS 摄像头

由于 MOBIUS 对电源要求比较高，直接用飞行器上的锂电池供电，在飞行器飞行时电池电压的纹波非常大，拍出来的视频效果非常差。后来把电源进行了改造，重新做了一个升压型的 DCDC 模块，原理图见图 17－2，把锂电池的电压升压并稳定在 5 V，拍出来的效果就非常好。实物图如图 17－3、图 17－4、图 17－5 所示。

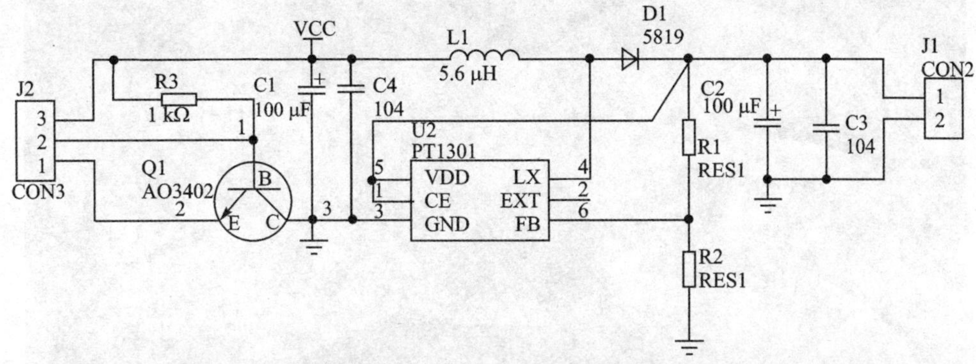

图 17－2　DCDC 升压原理图

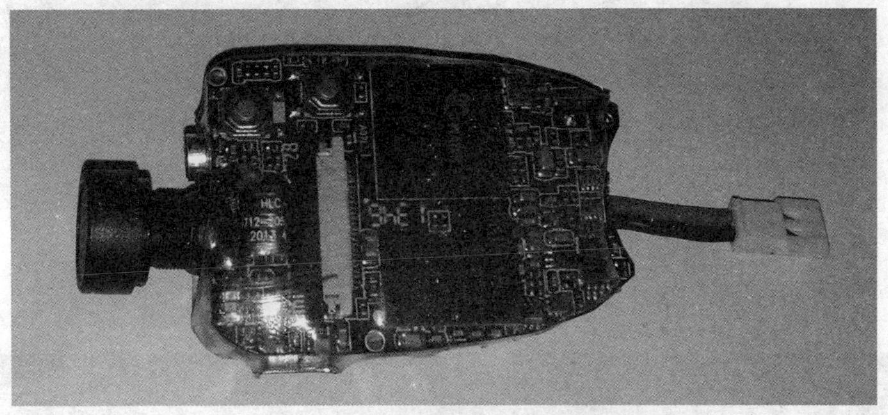

图 17－3　改造后的 MOBIUS 摄像头正面

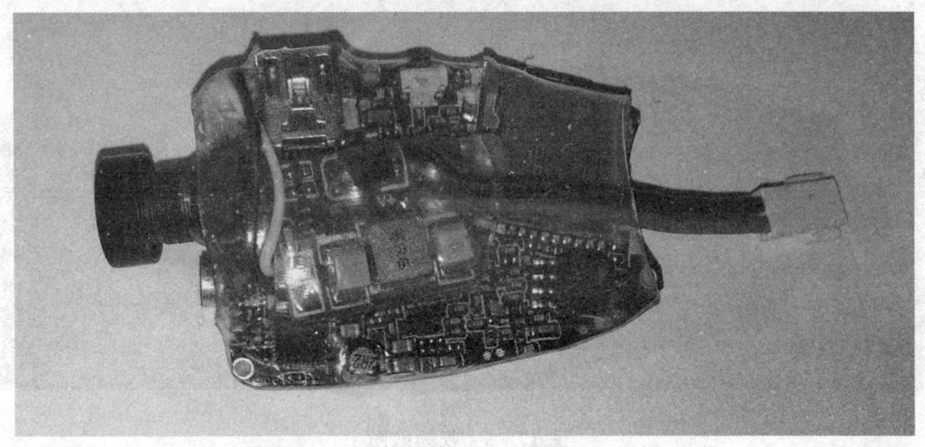

图 17－4　改造后的 MOBIUS 摄像头反面

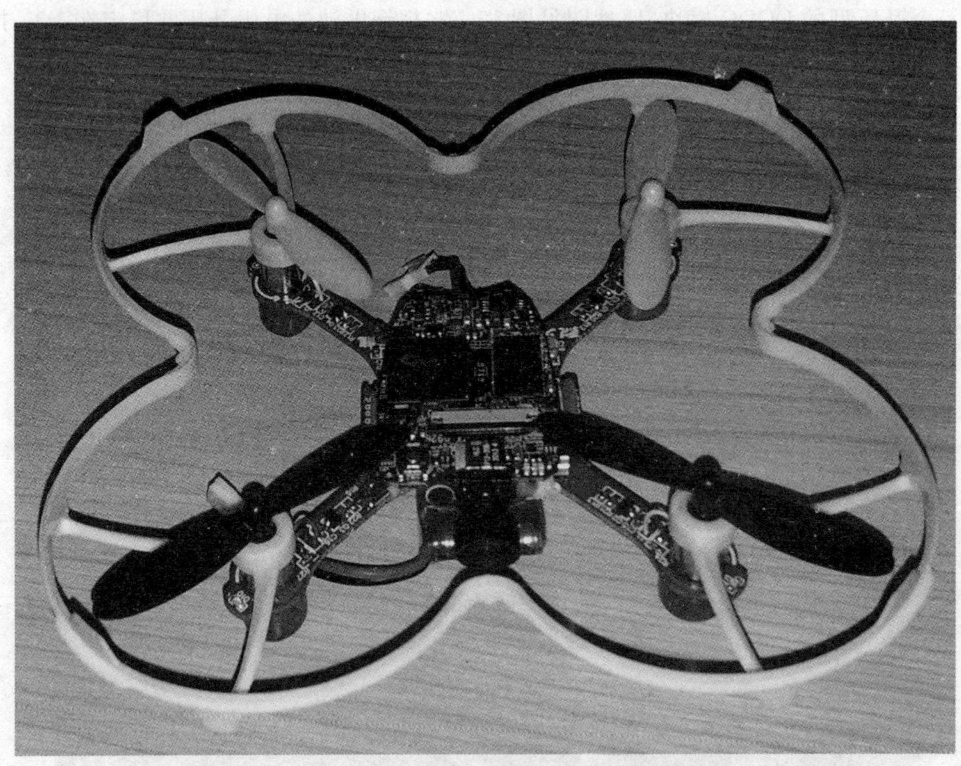

图 17-5　烈火微型航拍四旋翼

图 17-6　视频截图

17.2　微型四旋翼的 FPV

接下来做一台可以回传实时图像到地面显示器的飞行器，实现实时 FPV。选用微型摄像头带红外夜视功能，无线模块采用 5.8 GHz、200 mW 的视频发送模块，同样电源采用升压型的 DCDC，所有的功能集成到一块板子上。做好的 FPV 图传设备、飞行器、接收器、显示器的实物图如图 17－7～图 17－10 所示 。

图 17－7　FPV 图传设备

图 17－8　烈火微型 FPV 飞行器

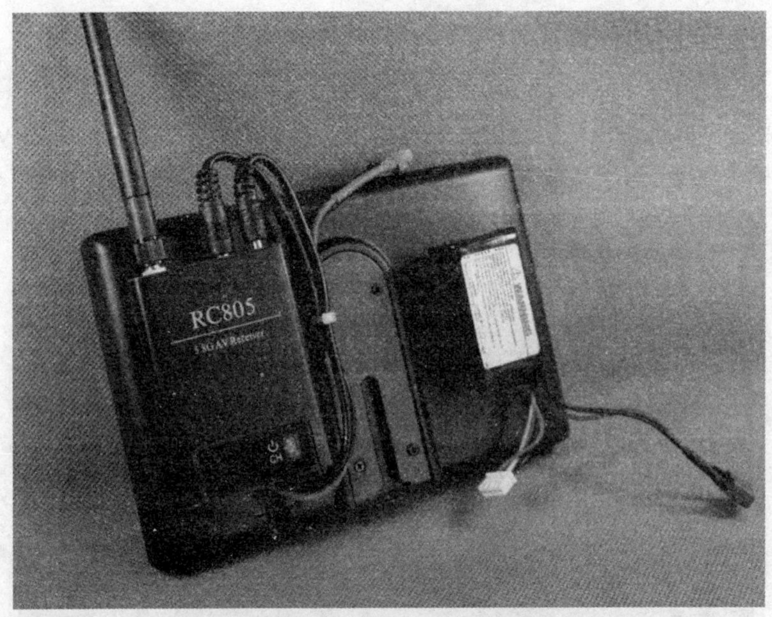

图 17－9　烈火微型 FPV 接收器

图 17－10　烈火微型 FPV 显示器

与微型航拍不同的是，微型实时图传可以实时得到飞行器上传回来的画面，能够实现第一视角飞行。微型的实时图传加航拍一起，因为功耗和质量的关系没有再继续进一步做了。

第 18 章

深入算法研究

18.1 四轴飞行器动力学

飞行器的控制有多种方法，但这些控制方法大都基于飞行器的动力学模型。掌握四轴飞行器的动力学[1]模型，对于理解不同的控制方法大有裨益。

图 18-1 所示为某四轴飞行器相关的坐标系和参数。全局坐标系为 F_w，采用 NED 坐标表示方法。NED 即为 North（北）－East（东）－Down（下），为飞行器建模中常用的坐标系。与四轴飞行器固定的坐标系为 F_b，且假设 F_b 与飞行器的几何中心、质心都重合。F_b 的 X_b 方向即定义为飞行器的前方，Y_b 方向则为飞行器的右方，而 Z_b 可以通过右手系法则得出，即为飞行器的正下方。飞行器坐标系 F_b 相对于全局坐标系

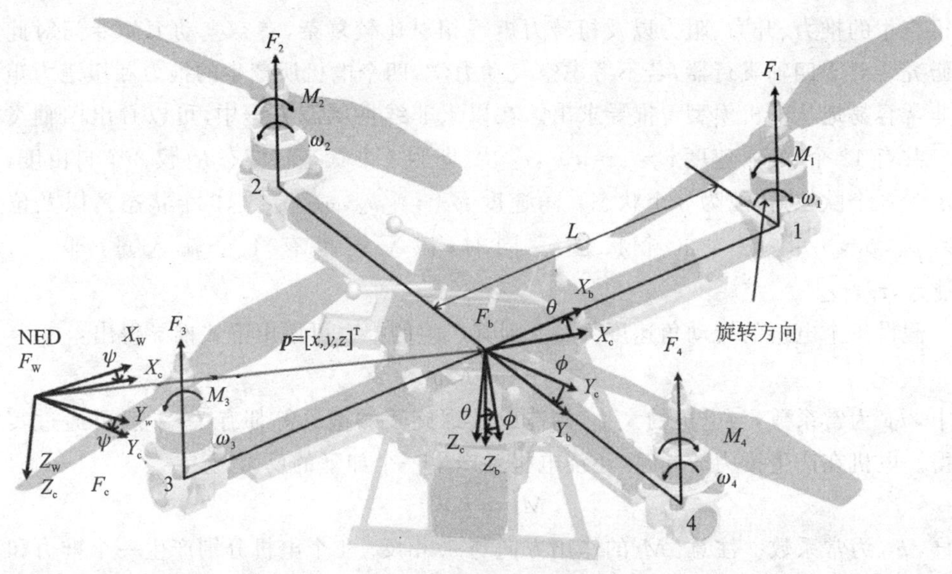

图 18-1　四轴飞行器相关的坐标系及参数

F_w 可以用欧拉角表示。在不考虑飞行器所在全局坐标系中位置的情况下，假设 F_b 与 F_w 重合，F_b 首先 F_w 绕的 Z_w 轴转动偏航角 ψ(即 yaw)之后即定义为坐标系 F_c，F_c 再绕自身的 Y_c 轴转动倾斜角 θ(即 pitch)得到新坐标系(图 18－1 中未给出)，最后该坐标系再绕其自身的 X 轴转动翻滚角 ϕ（即 roll)即得到飞行器的最终姿态。图中又设电机轴到飞行器质心的距离为 L。

飞行器的动力学是如下一组非线性方程：

$$\left.\begin{aligned}\dot{\boldsymbol{v}} &= g\boldsymbol{e}_3 + \frac{1}{m}Rf_Z\boldsymbol{e}_3 \\ \dot{\boldsymbol{R}} &= \boldsymbol{R\Omega} \\ \dot{\boldsymbol{\omega}}_b &= \boldsymbol{J}^{-1}\boldsymbol{\tau} - \boldsymbol{J}^{-1}\boldsymbol{\Omega J\omega}_b \\ \dot{\boldsymbol{p}} &= \boldsymbol{v}\end{aligned}\right\} \tag{18.1}$$

其中，$\boldsymbol{v}=[v_X,v_Y,v_Z]^T$ 为飞行器在全局坐标系 F_w 中的速度，g 是重力加速度，m 是飞行器的质量，f_Z 是 4 个电机产生的总升力，$\boldsymbol{e}_3=[0,0,1]^T$，所以 $f_Z\boldsymbol{e}_3$ 的方向即为 F_b 的 Z_b 轴的反方向。$\boldsymbol{R}$ 为 F_b 相对于 F_w 的旋转矩阵，从而 $Rf_Z\boldsymbol{e}_3$ 把 4 个电机产生的总升力表示在全局坐标系 F_w 中的的作用力。$\boldsymbol{\omega}_b=[\omega_X,\omega_Y,\omega_Z]^T$ 为四轴飞行器相对于全局坐标系的角速度，但它是飞行器自身坐标系 F_b 中的变量，而 $\boldsymbol{\Omega}=\boldsymbol{\omega}_b^\wedge=[0,-\omega_Z,\omega_Y;\omega_Z,0,-\omega_X;-\omega_Y,\omega_X,0]$，为 $\boldsymbol{\omega}_b$ 的矩阵表达。飞行器的 4 个电机不但产生总的升力，它们还一起产生四轴飞行器相对于自身质心的扭矩力矩 $\boldsymbol{\tau}=[\tau_X,\tau_Y,\tau_Z]^T$，它表示飞行器自身坐标系 F_b 中的变量。$\boldsymbol{J}$ 为飞行器的转动惯量。最后，$\boldsymbol{p}=[p_X,p_Y,p_Z]^T$ 为飞行器在全局坐标系 F_w 中的位置。值得注意的是，该飞行器的动力学方程适用于任何在三维空间内运动的刚体，比如固定翼飞机、飞船等。对于固定翼飞机，动力系统和空气流动对飞机产生的推力、升力、阻力以及扭转力矩等相对比较复杂，有空气动力学专门对此进行研究。对于四轴飞行器，若不考虑空气动力学，四个电机所产生的推力和扭矩力矩可以非常容易地从电机模型[2]推导求出。在以上非线性状态方程中，可以看出四轴飞行器一共有 12 个状态：速度 $\boldsymbol{v}=[v_X,v_Y,v_Z]^T$（即为 3 个状态)、姿态 $\boldsymbol{R}$(仅 3 个自由度，可表示为 3 个欧拉角，故为 3 个状态)、角速度 $\boldsymbol{\omega}_b=[\omega_X,\omega_Y,\omega_Z]^T$（3 个状态)，以及位置 $\boldsymbol{p}=[p_X,p_Y,p_Z]^T$(也为 3 个状态)。同时，该系统也有 4 个输入量，即 f_Z 和 $\boldsymbol{\tau}=[\tau_X,\tau_Y,\tau_Z]^T$。

假设每个电机的转动角速度为 ω_i，则其产生的推力可以由下式推导得出：

$$F_i = k_F\omega_i^2$$

式中，k_F 为常系数，与电机的大小、构造以及螺旋桨的型号等都有关，一般可通过实验测得。电机在产生推力的同时，还绕电机轴产生一个如下的反力矩：

$$M_i = k_M\omega_i^2$$

同样，k_M 为常系数。注意：M_i 的作用方向与 ω_i 相反。4 个电机分别产生一个推力和一个反力矩，它们即可组成飞行器动力学方程中的 f_Z 和 $\boldsymbol{\tau}$。在如图 18－1 所示的配置中，可以得到以下一组关系式：

$$\left.\begin{aligned} f_Z &= F_1 + F_2 + F_3 + F_4 \\ \tau_X &= (F_2 - F_4) \cdot L \\ \tau_Y &= (F_1 - F_3) \cdot L \\ \tau_Z &= -M_1 + M_2 - M_3 + M_4 \end{aligned}\right\} \tag{18.2}$$

于是

$$\begin{bmatrix} f_Z \\ \tau_X \\ \tau_Y \\ \tau_Z \end{bmatrix} = \begin{bmatrix} k_F & k_F & k_F & k_F \\ 0 & k_F L & 0 & -k_F L \\ k_F L & 0 & -k_F L & 0 \\ -k_M & k_M & -k_M & k_M \end{bmatrix} \begin{bmatrix} \omega_1^2 \\ \omega_2^2 \\ \omega_3^2 \\ \omega_4^2 \end{bmatrix} \tag{18.3}$$

18.2　四轴飞行器的线性化控制方法

18.1 节中的四轴飞行器动力学方程是一组非线性状态方程。在实际控制当中，我们可以把方程线性化之后再按经典的线性控制理论[1]设计其控制器。

18.1 节中的状态方程中使用了旋转矩阵 $\boldsymbol{R}$，方程的线性化有一定的困难，且旋转矩阵表达的姿态并不直观。若使用欧拉角，即可将 $\dot{\boldsymbol{R}} = \boldsymbol{R\Omega}$ 更改为[3]

$$\begin{bmatrix} \dot{\phi} \\ \dot{\theta} \\ \dot{\psi} \end{bmatrix} = \begin{bmatrix} 1 & \tan\theta\sin\phi & \tan\theta\cos\phi \\ 0 & \cos\phi & -\sin\phi \\ 0 & \sin\phi/\cos\theta & \cos\phi/\cos\theta \end{bmatrix} \begin{bmatrix} \omega_X \\ \omega_Y \\ \omega_Z \end{bmatrix} \tag{18.4}$$

注意:式(18.4)与参考文献[2]中同一式子表达不同,因为采用的是 $Z-Y-X$ 欧拉角。

非线性状态方程组的线性化是围绕线性化点进行的,在四轴飞行器的控制当中,即绕悬停状态点进行线性化。悬停状态即指速度为 $\boldsymbol{v} = [v_X, v_Y, v_Z]^{\mathrm{T}} = [0,0,0]^{\mathrm{T}}$，欧拉角中的翻滚角为 $\phi = 0$，倾斜角为 $\theta = 0$，以及角速度为 $\boldsymbol{\omega}_{\mathrm{b}} = [\omega_X, \omega_Y, \omega_Z]^{\mathrm{T}} = [0,0,0]^{\mathrm{T}}$。而其他状态(比如位置和偏航角)则为一固定值。

基于以上分析,可知各个电机的名义推力为

$$F_{i,0} = \frac{mg}{4}$$

于是,可得电机的名义转速为

$$\omega_{i,0} = \omega_h = \sqrt{\frac{mg}{4k_F}}$$

在此基础上,我们即可设计四轴飞行器在悬停状态下的姿态控制。假设四轴飞行器具有很高的对称性,则

$$\boldsymbol{J} = \begin{bmatrix} I_{XX} & 0 & 0 \\ 0 & I_{YY} & 0 \\ 0 & 0 & I_{ZZ} \end{bmatrix}$$

且 $I_{XX} \approx I_{YY}$，于是可得

$$\left.\begin{aligned} I_{XX}\dot{\omega}_X &= Lk_F(\omega_2^2 - \omega_4^2) - \omega_Y\omega_Z(I_{ZZ} - I_{YY}) \\ I_{YY}\dot{\omega}_Y &= Lk_F(\omega_1^2 - \omega_3^2) - \omega_X\omega_Z(I_{XX} - I_{ZZ}) \\ I_{ZZ}\dot{\omega}_Z &= k_M(-\omega_1^2 + \omega_2^2 - \omega_3^2 + \omega_4^2) \end{aligned}\right\} \tag{18.5}$$

4 个电机的期望值可由下式得到

$$\begin{bmatrix} \omega_1^{des} \\ \omega_2^{des} \\ \omega_3^{des} \\ \omega_4^{des} \end{bmatrix} = \begin{bmatrix} 1 & 0 & 1 & -1 \\ 1 & 1 & 0 & 1 \\ 1 & 0 & -1 & -1 \\ 1 & -1 & 0 & 1 \end{bmatrix} \begin{bmatrix} \omega_h + \Delta\omega_F \\ \Delta\omega_\phi \\ \Delta\omega_\theta \\ \Delta\omega_\psi \end{bmatrix} \tag{18.6}$$

式中 ω_h 即为名义转速。理想状态下，四个电机保持该理想状态即可使飞行器保持平衡。而 $\Delta\omega_F$ 、$\Delta\omega_\phi$ 、$\Delta\omega_\theta$ 和 $\Delta\omega_\psi$ 为所需的偏移量，它们分别可产生 $-Z_b$ 方向的推力以及三个轴上的力矩。

对式(18.5)线性化，可得

$$\left.\begin{aligned} \omega_X^{des} &= \frac{4k_F L\omega_h}{I_{XX}}\Delta\omega_\phi \\ \omega_Y^{des} &= \frac{4k_F L\omega_h}{I_{YY}}\Delta\omega_\theta \\ \omega_Z^{des} &= \frac{8k_M\omega_h}{I_{ZZ}}\Delta\omega_\psi \end{aligned}\right\} \tag{18.7}$$

在靠近悬停的状态区域，有 $\dot{\phi} = \omega_X$ 、$\dot{\theta} = \omega_Y$ 和 $\dot{\psi} = \omega_Z$ 。于是我们设计的 PD 控制器即为

$$\left.\begin{aligned} \Delta\omega_\phi &= k_{p,\phi}(\phi^{des} - \phi) + k_{d,\phi}(\omega_X^{des} - \omega_X) \\ \Delta\omega_\theta &= k_{p,\theta}(\theta^{des} - \theta) + k_{d,\theta}(\omega_Y^{des} - \omega_Y) \\ \Delta\omega_\psi &= k_{p,\psi}(\psi^{des} - \psi) + k_{d,\psi}(\omega_Z^{des} - \omega_Z) \end{aligned}\right\} \tag{18.8}$$

将式(18.8)代入到式(18.7)中，即可得到所需要的电机转速值。

18.3 卡尔曼滤波器介绍

R. E. Kalman 于 1960 年发表了关于连续离散信号的递归滤波算法，这个著名的算法后来即被称之为卡尔曼(Kalman)滤波器[4-6]。随着计算机技术的进步，卡尔曼滤波器越来越被工业和科研领域，特别是自动控制领域所重视。卡尔曼滤波器是一个高效的递归算法，其对系统状态进行估算时，能最大限度地减小误差(means of square error)。下面介绍卡尔曼滤波器的使用，具体理论分析可参见参考文献[4]和[5]。

18.3.1 系统模型

卡尔曼滤波器的设计要求系统模型为离散模型。假设我们要设计滤波器的系统为

$$\left.\begin{aligned} x_k &= f(x_{k-1}, u_{k-1}) + \omega_{k-1} \\ z_k &= h(x_k) + v_k \end{aligned}\right\} \tag{18.9}$$

式中，x 为系统状态，u 为控制输入，z 为系统输出或可观测值。$k-1$ 为系统前一时刻点，而 k 为当前时间点，并假设该离散系统的周期为 Δt（式中未给出）。ω_k 和 v_k 分别为系统误差和观测误差，设其均为高斯分布，对应的协方差分别为 Q_k 和 R_k。

在卡尔曼滤波器中，通过之前的状态估计值，可使用系统函数 $f(\cdot)$ 计算状态预测值；同样，通过之前的预测状态值，可通过系统函数 $h(\cdot)$ 计算预测观测值。但是，这两个函数并不能直接参与计算，参与计算的是其对应的雅可比偏导数。在每一步的卡尔曼滤波计算中都要进行一次雅可比计算，因此要求系统在每一时刻都对系统围绕当前的状态进行一行线性化操作。当然，该线性化操作可以事先计算好，只需要在每一次进行雅可比计算的时候，将当前状态代入计算即可。

18.3.2　卡尔曼滤波方程

简而言之，卡尔曼滤波方程分为以下两个步骤。

① 预测：

预测状态估计　　$\hat{x}_{k|k-1} = f(\hat{x}_{k-1|k-1}, u_{k-1})$

预测协方差估计　　$P_{k|k-1} = F_{k-1} P_{k-1|k-1} F_{k-1}^T + Q_{k-1}$

② 更新：

测量余量　　$\tilde{y}_k = z_k - h(\hat{x}_{k|k-1})$

测量余量协方差　　$S_k = H_k P_{k|k-1} H_k^T + R_k$

近最优卡尔曼增益　　$K_k = P_{k|k-1} H_k^T S_k^{-1}$

状态估计更新　　$\hat{x}_{k|k} = \hat{x}_{k|k-1} + K_k \tilde{y}_k$

预测协方差更新　　$P_{k|k} = (I - K_k H_k) P_{k|k-1}$

以上式子中的 F_k 和 H_k 可通过以下雅可比偏导求得

$$F_{k-1|k-1} = \frac{\partial f}{\partial x}\Big|_{\hat{x}_{k-1|k-1}, u_{k-1}}$$

$$H_k = \frac{\partial h}{\partial x}\Big|_{\hat{x}_{k|k-1}}$$

18.3.3　卡尔曼滤波器在四轴飞行器上的应用

从卡尔曼滤波器方程的 7 个公式和 2 个雅可比偏导方程可见，卡尔曼滤波器的计算量是巨大的，这是互补滤波更容易被接受的一个原因。另外，飞行器板上资源并不能直接观测到速度值和位置值，因此在全局坐标系中的定位就不起作用。

然而，在研究四轴飞行器的运动、编队飞行等的实验室中一般安装有利用红外线的定位系统，比如 OptiTrack 和 Vicon。

图 18－2 所示为 OptiTrack 系统的软件界面。在一个典型的 OptiTrack 系统，可以配套安装多个摄像头，布置于实验室的四周。需要跟踪的物体，比如四轴飞行器，可

以安装多个红外反射球以辅助摄像头捕捉。摄像头上安装有红外光源，可以被跟踪物体上的反射球反射，从而再被摄像头捕捉。因此，系统就只可见跟踪物体上的反射球，而直接过滤掉其他可见光。OptiTrack 系统可以直接输出跟踪物的位置信息和姿态信息(四元数)。

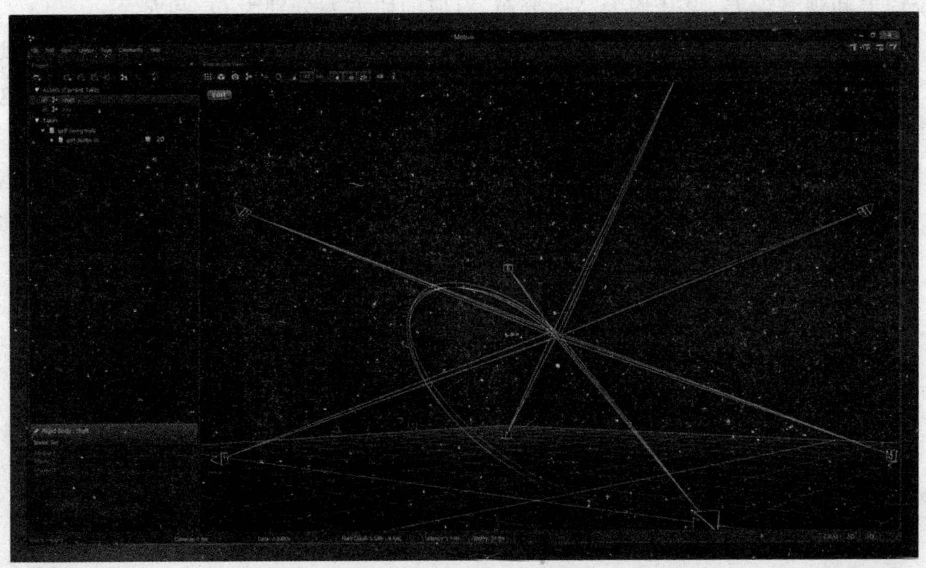

图 18-2 OptiTrack 系统界面

图 18-3 所示为典型的基于 OptiTrack 的四轴飞行器实验系统。多个摄像头通过集线器和路由器连接于 OptiTrack 计算机，该计算机安装有专业软件分析影像数据以计算各个飞行器的位置和姿态。同时，控制器计算机即可读取这些数据，同时计算飞行

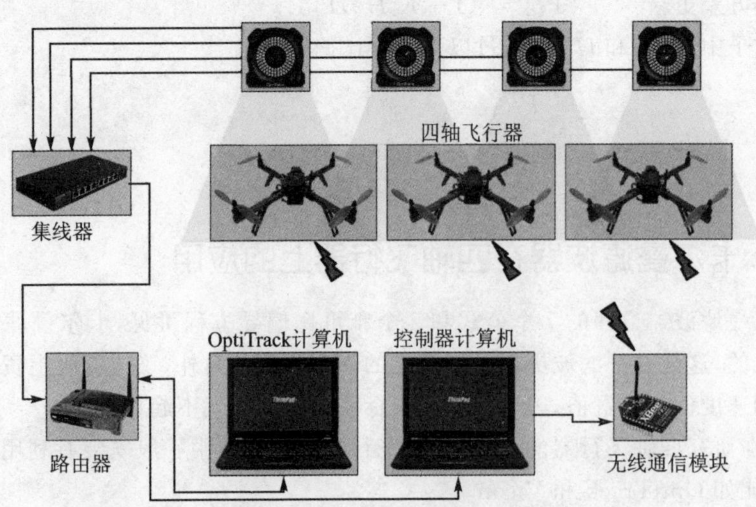

图 18-3 基于 OptiTrack 的四轴飞行器实验系统

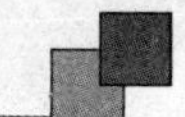

器的控制量,并通过无线通信模块发送至飞行器控制其飞行。这是一个典型的反馈控制系统。

至此,我们可针对式(18.1)设计卡尔曼滤波器。

第 19 章

多旋翼飞行器的应用

多旋翼飞行器可广泛应用于农业低空撒种与喷洒农药、治安监控、森林灭火、灾情监视、应急通信、电力应用、海运应用、气象监测、航拍航测。另外，它在空中勘探、无声侦查、边境巡逻、核辐射探测、航空探矿、交通巡逻等 30 多个行业的应用也将得到进一步开发。

19.1　在影视行业的应用

现在的多旋翼飞行器可以携带高清摄像机、高画质单反照相机进行稳定飞行，可完成视频航拍（见图 19-1），其航拍设备见图 19-2。多旋翼飞行器可以尽可能低空飞行以达到动感的视频效果，这也是载人直升机不能完成的超低空飞行可以说它填补了在超低空领域航拍的空白。

图 19-1　高清航拍图片

图 19-2　高清航拍设备

19.2　在消防行业的应用

现场火灾的蔓延、林区火势的详情、高层起火的救生等方面都是消防工作部署的关键，多旋翼飞行器可以到现场迅速升空，有了高度就能把详细情况实时传送给地面指挥车，可以为消防部署提供真实有效的参考。火灾现场监控图见图 19-3。

图 19-3　火灾现场监控图

19.3 在电力行业的应用

高压线路的巡查、高压线塔的检修维护是一项长期而艰巨的工作。有了多旋翼飞行器这一有力的工具，使得线路巡视、线塔检修成为简单易行的工作，尤其是在多山地区的传输线路，更能发挥多旋翼飞行器的优势。同样在交通巡查、油田管路巡查、高铁高架巡查等方面的应用都与此类似。电气线路检测见图 19-4。

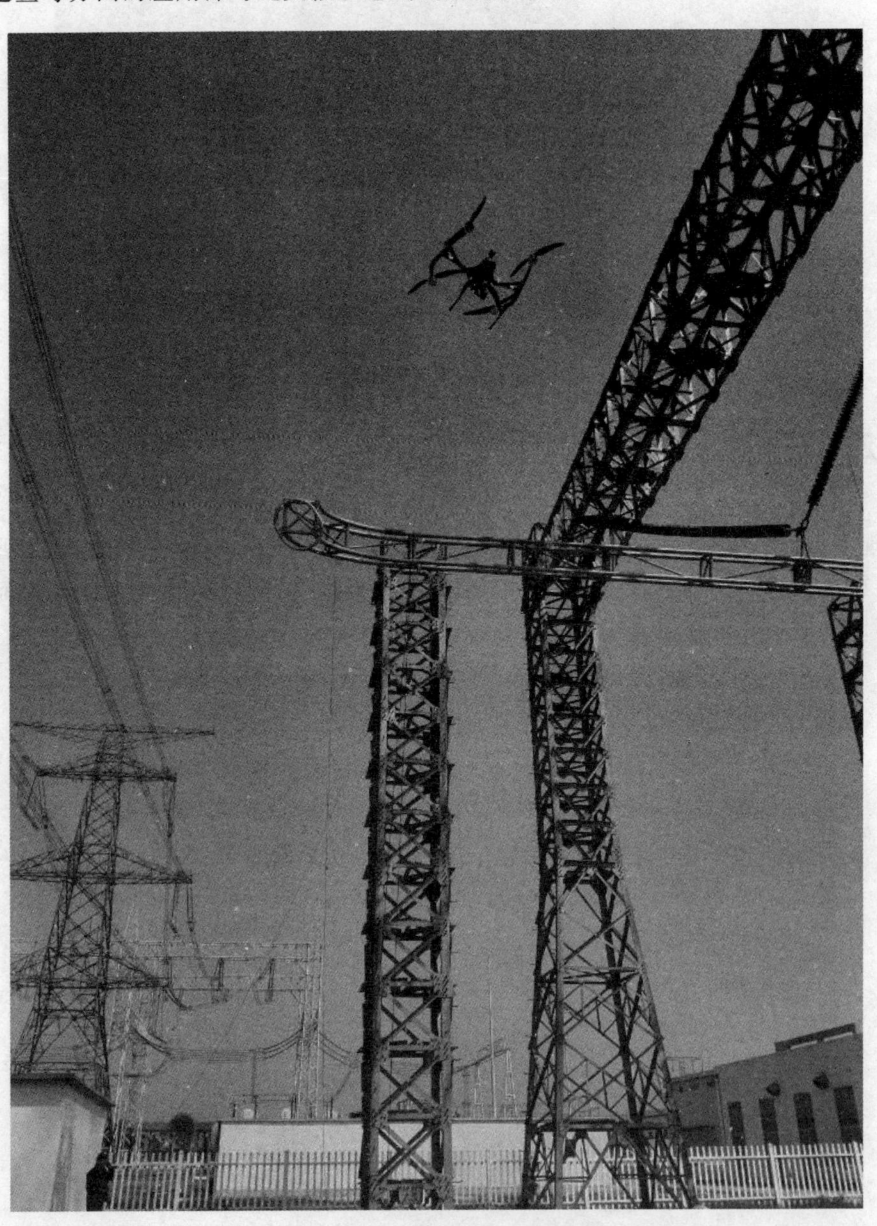

图 19-4　电气线路检测

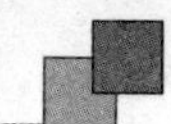

19.4　在农业行业的应用

我国作为农业大国，农作物病虫害的防治任重而道远。水稻田等的农药喷洒一直都是人力所不及，并且对人体伤害很大。

多旋翼飞行器具有稳定飞行和操作简单的特性，方便携带药液进行低空喷洒（比农作物高 2 m），可以实现喷洒均匀，极大地节约了人力，实现高效率作业（见图 19－5）。飞行器携带病虫色谱摄影设备还可以对大面积植被进行病虫害监测和预警，做到及早发现，及时治理。

图 19－5　无人机自动喷农药

19.5　在快递行业的应用

无人机送货的好处多多。一方面，同城一小时内的运送，可以实现同城物流的加急业务，进一步开辟物流行业的细分市场，使物流网点、终端之间的流转获得更高效率。另一方面，无人机的运营成本大幅降低后，还可以大幅减少人力的使用。

图 19－6 所示为顺丰自主研发的用于派送快件的无人机，已完成内部测试，并在局部地区试运行。这种无人机采用八旋翼，下设载物区，飞行高度约 100 m，内置导航系统，工作人员预先设置目的地和路线，无人机自动将包裹送达目的地，误差可控制在 2 m 以内。

图 19-6　顺丰自主研发的用于派送快件的无人机

19.6　在载人多旋翼飞行器

以为图 19-7 中所示的只是一个直升机玩具吗？那你就错了。这是一个真正的直升机，是由德国 E-Volo 团队设计的 18 旋翼 VC200 Volocopter 双座电动直升机。在经过原型和多次试验之后，图 19-7 中所示的这款直升机最终正式发布。

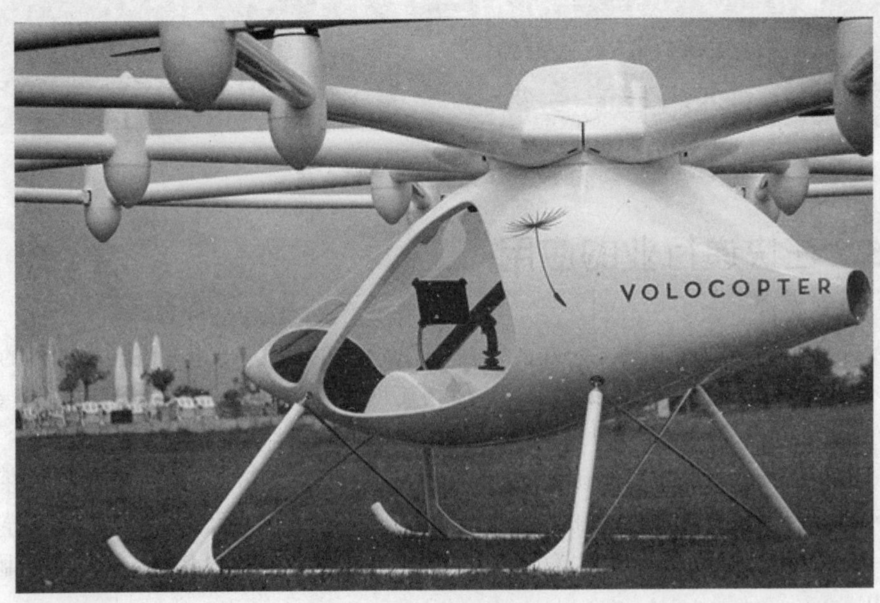

图 19-7　载人多旋翼飞行器

Volocopter 在外形上和目前很多玩家玩的四旋翼直升机有相似之处，不同的是它的尺寸和正常直升机差不多，双人驾驶舱顶部伸出 6 根支撑臂，然后每根支撑杆再延伸出两个小支撑臂，3 个节点共使用了 3 台电动旋转机翼，这样一共 18 个旋转机翼。所有发动机由 6 块电池驱动，目前可以在空中飞行 20 分钟。E－Volo 对 Volocopter 的设计标准是未来量产时可实现在 2 000 米高空中以 100 km/h 的速度巡航，并可达到一小时的飞行时长。

E－Volo 对他们这种特殊的直升机设计既区别于传统的直升机，又区别于汽车和飞行汽车。同时 Volocopter 在安全性方面的要求也很高，每个飞行臂可以由 3 块电池驱动，所以只要相邻的两块电池没有完全坏掉，整个飞行系统就仍然能正常工作。为应对可能出现的无法降落或意外情况，下部驾驶舱位置还设有降落伞装置。

在控制系统上，Volocopter 也有自己独立的计算机控制系统，飞行时可以直接设定航线，也可以由地面人员进行控制。Volocopter 的飞行旋转机翼也使用了独立的控制系统，整个飞机使用了 20 台微型电脑进行旋翼飞行控制。

图 19－8 和图 19－9 分别为实物照片和室内悬停照片。

图 19－8　C200 Volocopter 实物

图 19-9　C200 Volocopter 室内悬停

参考文献

[1] King Sunfu，Gonzalez Rafael C，Lee C S George. Robotics：Control Sensing，Vision and Intelligence[M]. McGraw-Hill Education，1987.

[2] 秦永元. 惯性导航[M]. 北京：科学出版社，2006.

[3] Mahony Robert，Hamel Tarek，Pflimlin Jean Michel. Nonlinear Complementary Filters on The Special Orthogonal Group[J]. IEEE Transactions：Automatic Control，2008，53(5)：1203-1218.

[4] Zhou Dingjiang，Schwager Mac. Vector Field Following for Quadrotors Using Differential Flatness[G]. Robotics and Automation (ICRA)，2014 IEEE International Conference：6567-6572.

[5] Nathan Michael，Mellinger Daniel，Quentin Lindsey，et al. The Grasp Multiple Micro-Uavtestbed [J]. IEEE：Robotics & Automation Magazine，2010，17(3)：56-65.

[6] Brian L Stevens，Lewis Frank L. Aircraft Control and Simulation. John Wiley & Sons，2003.

[7] Welch Greg，Bishop Gary. An Introduction to The Kalman Filter. https://www.cs.unc.edu/～welch/media/pdf/kalman_intro.pdf.

[8] Bishop Gary，Welchan Greg，姚旭晨. 卡尔曼滤波器介绍. https://www.cs.unc.edu/～welch/kalman/media/pdf/kalman_intro_chinese.pdf.

[9] Wikipedia：Extended Kalman Filter. http://en.wikipedia.org/wiki/Extended_Kalman_filter.